U0221265

微电网分布式控制理论与方法

Distributed Control Theory and Method of Microgrid

顾 伟 楼冠男 柳 伟 著

科 学 出 版 社

北 京

内 容 简 介

微电网是实现分布式电源高效利用的重要途径，其研究和发展受到广泛关注。因微电网内分布式电源种类繁多、运行模式多样，传统电力系统的运行控制方法已不能完全适用和满足微电网控制要求。本书旨在介绍微电网分布式控制理论与方法，探究微电网多源协同控制体系，以期推动微电网控制理论和技术的发展。全书共9章，第1章介绍微电网的概念和分布式控制特征；第2~3章介绍典型分布式电源建模方法和微电网基础控制方法；第4~5章介绍微电网分层控制和传统控制方法；第6章介绍微电网分布式一致性控制策略；第7章阐述微电网分布式控制结构和控制器参数优化方法；第8章介绍微电网分布式预测一致性控制策略；第9章介绍微电网分布式控制器硬件在环实时仿真。

本书既可供微电网系统规划、运行控制、设备研发及工程建设相关领域的科技工作者阅读，也可作为高等院校电力系统及其自动化专业的研究生和本科生的教程。

图书在版编目(CIP)数据

微电网分布式控制理论与方法/顾伟, 楼冠男, 柳伟著. —北京: 科学出版社, 2019.12

ISBN 978-7-03-062874-9

Ⅰ. ①微… Ⅱ. ①顾… ②楼… ③柳… Ⅲ.①电网-分布控制-研究 Ⅳ. ①TM727

中国版本图书馆 CIP 数据核字 (2019) 第 242424 号

责任编辑: 惠　雪 / 责任校对: 杨聪敏
责任印制: 赵　博 / 封面设计: 许　瑞

科学出版社 出版
北京东黄城根北街 16 号
邮政编码：100717
http://www.sciencep.com
三河市春园印刷有限公司印刷
科学出版社发行　各地新华书店经销
*
2019 年 12 月第 一 版　开本: 720 × 1000　1/16
2025 年 1 月第六次印刷　印张: 18 1/2
字数: 373 000
定价: **168.00 元**
(如有印装质量问题, 我社负责调换)

序

开发利用可再生能源有助于解决当前面临的能源和环境双重危机，也是未来智能电网的主要特征之一，然而大规模分布式可再生能源直接并网将使电网稳定性面临许多新的挑战。微电网是由多种分布式电源、储能、负载以及相关监控保护装置构成的能够实现自我控制和管理的自治型电力系统，既可以与电网并网运行，也可以以孤岛运行。现有研究和实践表明，将分布式电源以微电网形式接入配电网，是发挥分布式电源效能的有效途径。近年来，世界各国都加大了对分布式发电以及微电网技术的关注和发展力度，微电网技术正在快速发展，成果也在大力推广应用过程中。

与传统电力系统相比，微电网内分布式电源种类繁多、控制方式各异、可控程度不同，对微电网的运行控制提出了新的问题和挑战，恰当有效的多源协调控制是实现系统稳定可靠高效运行的关键，也是解决优化配置、继电保护等其它问题的前提。相比于集中式控制依赖于复杂通信网络以及高性能中央控制器，分布式控制则基于局部信息交互进行类全局信息共享，以稀疏通信方式实现本地控制决策的全局优化，更适应于微电网运行对实时性、灵活性和可靠性的控制需求以及分布式电源"即插即用"的控制场景，因此分布式控制受到了国内外微电网领域众多专家学者的广泛关注。在微电网技术不断发展、建设项目不断增多的情况下，深入研究微电网分布式控制的控制理论、控制策略以及仿真验证，对解决微电网运行管理中的各类问题以及实现分布式电源的高效利用和智能电网的科学发展，具有重要的学术价值和实际意义。

《微电网分布式控制理论与方法》首先介绍了微电网基础内容，包括分布式电源建模、微电网分层控制结构和逆变器控制方法等，对现有技术系统地进行了总结，比如下垂控制的分类、传统下垂控制的改进方法以及虚拟同步机与下垂控制的关系等。在此基础上，该书就微电网分布式控制理论与方法的重点和难点展开了论述，包括微电网分布式协同控制策略、分布式控制结构与控制器优化、分布式系统仿真验证三部分。其中，第一部分叙述了微电网分布式平均一致性和分布式牵制一致性控制算法，给出了以分布式预测一致性控制为例的微电网智能一致性控制算法，内容层层递进，丰富而不失简洁，理论与算例相结合有助于读者掌握一致性理论的核心思想与具体应用；第二部分介绍了作者建立的以动态收敛性、通信延时裕度和链路数目为目标的分布式控制结构优化方法，以及基于线性二次调节法和临界特征根跟踪法的分布式控制器参数优化方法，并对其在微电网分布式控制策略应用中的实际指导意义进行分析，通过对微电网分布式控制策略优化方法进行明确系统的介绍，有效解决了控制结构和参数设计的问题；第三部分介绍了微电网分布式控制硬件在环实时仿真技术，包括分布式仿真平台搭建、分布式控制律设计以及硬件在环仿真流程，为实际微电网分布式控制策略性能验证提供了有效途径。

东南大学顾伟教授团队长期致力于分布式发电和微电网领域的技术研究，是国内最早开展微电网分布式控制理论研究的团队之一。该著作凝聚了研究团队近十年的研究成果，期间得到了国家 863 计划、国家重点研发计划和国家自然科学基金等项目的支持，2015 年顾伟教授团队参与设计了国内首个全分布式的多能互补微网实验系统，2019 年又自主开发了首套适应于大规模分布式电源集群接入的实时仿真测试平台。同时，其研究成果在多个微电网示范性工程中得到应用，取得了重要的创新性成果。微电网分布式控制是微电网协同运行技术的研究热点，也是构建智能电网非常关键的领域，但目前尚缺乏系统性的专著，该著作出版在很大程度上弥补了这一不足，相信该著作将为微电网领域的许多同行和科研工作者提供很好的参考作用。

2019 年 11 月

前　　言

全球关注的能源环境问题迫使人们重新审视能源供给结构,各国政府发展可再生绿色能源、推进化石替代的意愿空前强烈。以光伏、风电为代表的分布式电源因资源分布广、单体投资规模小、配置灵活、就地消纳等优势,迅速成为世界各国能源可持续发展战略的重要举措,获得广泛应用,同时涌现出许多含高密度分布式电源的区域电网。然而高密度分布式电源并网使电网的稳定运行面临新的挑战:一方面,风电、光伏等间歇性新能源的输出具有波动性和不确定性,简单并网将对用户造成功率冲击,给系统可靠性带来诸多影响;另一方面,随着分布式电源的大规模接入,输/配电网间的双向功率流、电源/负荷的不确定使传统电网的运行模式难以适应新的控制需求。

微电网是指由多种分布式电源、储能、负荷及相关监控保护装置构成,能够实现自我控制和管理的区域自治型电力系统。微电网可缓解分布式电源与传统电力系统之间的矛盾,在充分挖掘分布式电源的效益和价值的同时,削弱分布式发电对用户和电网造成的负面影响。微电网内多种分布式电源的随机性、间歇性、双向功率流特性,多样化负荷的波动特性,以及用户对高品质供用电的定制需求,使其运行控制对实时性、灵活性、适应性要求更高,控制维度和难度均显著提高,也具有更高的挑战性。为实现高效灵活的微电网控制,国内外学者提出了微电网分层控制结构:第一层是一次控制层,主要功能为维持系统内电压、频率的稳定以及按照指令输出功率;第二层是二次调节层,侧重于微电网动态运行控制,主要实现微电网电压频率恢复以及负荷功率的优化分配;第三层是优化管理层,涉及微电网间以及微电网与配电网间调度控制以实现电力系统经济运行。具体控制方式主要有集中式控制、分散式控制和分布式控制。其中,集中式控制通过中央控制器实现全局最优化控制,但复杂的通信链路和控制器对系统可靠性和扩展性产生影响;分散式控制具有结构简单、实现方便和可靠性高等优点,但由于不涉及子系统间信息交互,难以实现精确的全局优化。分布式控制方式结合了集中式控制和分散式控制的优势,基于局部信息交互实现本地控制决策的类全局优化,可降低通信和计算的复杂度,提升系统可靠性和扩展性,更符合微电网的实际控制需求。因此,对微电网分布式控制进行系统和科学的研究,是一项具有重要意义的工作。

本书以微电网多源协同控制为目标,以分布式控制方法为手段,从分布式协同控制策略、分布式通信拓扑优化、分布式控制器参数优化以及分布式先进控制算法等方面系统介绍微电网分布式控制的理论框架和实施方法,特色内容主要包括:

① 分布式平均一致性控制，基于分布式电源局部信息交互，实现无中央控制器的本地控制决策类全局优化，适应微电网控制对可靠性、实时性和扩展性的更高要求；② 分布式牵制一致性控制，选择性地对部分牵制分布式电源施加控制，其他分布式电源通过通信耦合关联向牵制微源搜寻同步，从而实现分布式全局协同控制；③ 分布式控制结构和控制器参数优化，以提高动态收敛性和通信延时裕度、提升协同性能、降低链路数目为目标，分布式优化拓扑和优化控制器相较于普通拓扑和控制器可显著提高微电网动态性能和延时鲁棒性；④ 分布式预测一致性控制，通过对未来时间断面的微电网运行状况进行线性和非线性预测，优化控制决策制定过程，避免控制量反向问题，进一步提升了微电网动态性能和鲁棒性。以上内容构建了多目标、多层次、多属性的微电网分布式控制理论与方法，可为微电网安全可靠、经济高效运行提供支撑，为其他学科应用分布式控制方法提供案例借鉴。

　　本书工作得到国家 863 计划（含分布式电源的微电网关键技术研发，2011AA-05A107）、国家重点研发计划（分布式可再生能源发电集群实时仿真和测试技术，2016YFB0900404）和国家自然科学基金（基于源荷储分散式协同的自治电力系统紧急控制研究，51477029；冷热电联供型微电网高效运行的建模和优化方法，51277027）等项目的支持，获得了其他科研院校和实际生产部门许多专家的大力帮助。本书得以成稿，需要感谢课题组研究生陈明、洪灏灏、杨权、曹戈、史文博、盛丽娜、曹阳、薛帅等辛勤付出。同时，特别感谢天津大学王成山教授，清华–伯克利深圳学院许银亮老师，东南大学窦晓波教授、吴在军教授、全相军老师在本书研究和写作过程中给予的帮助和支持。在本书写作过程中，一直得到科学出版社相关领导和编辑的鼓励和支持，他们为本书顺利出版做了大量细致而辛苦的工作，在此一并表示感谢。

　　本书工作是我们课题组在微电网分布式控制领域近十年科研成果的总结，希望对广大同行有一定的参考作用。写作过程持续了 3 年，其间几易其稿，但因微电网运行控制涉及面广，作者水平有限，本书内容中可能存在不妥之处，恳请各位专家和读者批评指正。

顾　伟

2019 年 5 月 23 日

目　　录

第1章 绪 论

1.1 概 述

电力系统的安全稳定和经济运行对提高国民生活水平和社会生产力具有重要意义,电力生产就是将各种一次能源大规模地转化为电能并传输、分配的过程。目前,传统化石能源发电面临着储量日渐短缺和环境污染等问题,根据《BP世界能源统计年鉴 2018 版》[1],按照当前能源消耗速度,截至 2017 年全球已探明石油、煤炭和天然气的储量分别仅能满足 50.2 年、134 年和 52.6 年的开采需求。相比化石能源,太阳能、风能、水能、生物质能等可再生能源取之不尽、用之不竭,并且具有清洁、污染少等特点,加强可再生能源利用是缓解能源需求和能源紧缺间矛盾的有效方式。图 1.1 给出可再生能源中应用较为广泛的风力发电和光伏发电的全球累计装机容量,可见可再生能源得到越来越广泛的应用。此外,发展传统集中式可再生能源存在环境破坏、局部消纳困难、长距离输送占用通道及损耗高等问题[2,3]。因此,世界各国纷纷将目光投向能源利用效率高、环境污染小的分布式发电技术。

分布式发电是指将容量在兆瓦以内的可再生能源(风能、太阳能、生物质能、海洋能等)和部分化石类能源(天然气、柴油等),布置在用户或负荷附近进行就地发电的技术。与传统的集中式发电相比,分布式发电具有低污染排放、灵活方便、高可靠性和高效率的优点,一方面可以消纳本地丰富的可再生新能源,缓解能源危机,另一方面有效解决了电力在升压和长途输送过程中的损耗问题。然而分布式电源的大规模应用和接入给传统电网的稳定运行提出了新的挑战:风、光等可再生能源功率输出具有间歇性和波动性,尤其是在高渗透下系统稳定性变差[3-5];分布式电源的接入改变了传统电网单向潮流的格局,对电力系统的供电可靠性和电能质量将产生影响;此外,传统大电网通常采取限制、隔离的方式处理一些不可控分布式电源,这对分布式电源大规模并网有着较大的限制。

为了减少分布式电源接入对电网产生的不利影响,并充分挖掘可再生能源的效益和价值,国内外学者提出了微电网的概念[6-9]。微电网是指由多种分布式电源、储能、负荷及相关监控保护装置构成的能够实现自我控制和管理的区域自治型电力系统。图 1.2 描述了一个多电压等级的微电网系统结构示意图,内部包括风、光等可再生能源、微型燃气轮机、燃料电池、储能系统、工业和居民负荷以及相关电力设备。图中微电网通过公共连接点(point of common coupling, PCC)接入外部电网,通常情况下微电网工作在并网模式,功率可在两者间双向流动,当 PCC

点断开时，微电网进入孤岛运行模式，维持系统内部的功率平衡。此时微电网可进一步划分为若干个不同电压等级的小型微电网，各子网也可以根据实际需要与主微电网系统解列并独立运行。

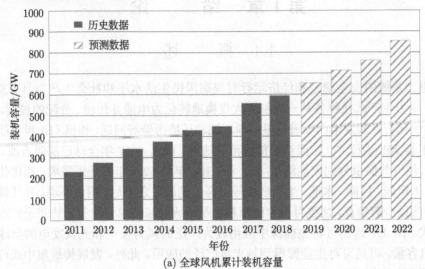

(a) 全球风机累计装机容量

(b) 全球光伏累计装机容量

图 1.1　全球风机和光伏装机容量图

微电网概念的提出旨在实现分布式电源灵活、高效的应用，解决数量庞大、形式多样的分布式电源并网问题，最终为用户提供稳定、可靠和经济的电力供应。由于组成结构和运行形式的特殊性，微电网具有双重角色，即本身是将分布式电源、负荷、储能及监控装置等汇集而成的可控发配电单元，具有良好的能量管理功能，可实时独立控制，满足用户多样化的能源需求；对电力系统而言，微电网又可以视

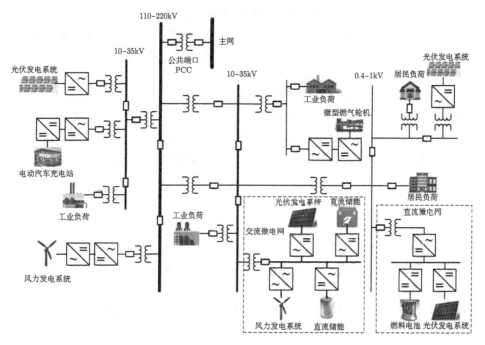

图 1.2　微电网系统结构示意图

为一个可调度的负荷或电源，通过系统内分布式电源的协调控制实现与大电网间的功率双向流动，既可以减少由于可再生能源的随机性和波动性对电力系统的影响，也可以对电网起到削峰填谷的作用。

将多种分布式电源以微电网形式集成并灵活并网，是充分利用分布式电源的有效方式[3,4,10,11]。由于微电网的入网标准只是针对微电网与外部电网的公共连接点，并不是针对具体的分布式电源，从而解决了高密度分布式电源接入的问题。分布式电源种类繁多、特性各异，可以将不同特性的微源组合并发挥各自的效能优势。例如，通过配置储能装置可以有效抑制可再生能源输出功率的波动，提高分布式电源的利用效率和系统的运行经济性；将能量型储能系统和功率型储能系统组合，可提升储能系统的瞬时功率消纳能力和持续时间。独立型微电网作为微电网的一种特殊形式，在电网故障或系统需要时脱离外部电网，完全依靠自身分布式电源、储能和可调负荷的协同控制为本地用户提供持续电力供应[12-14]的微电网。此类型微电网一方面可以增强电网对电力故障的抵抗能力，另一方面可解决高远边无地区供电难的问题。此外，由于微电网具有自组织性，覆盖区域较小的微电网，譬如家用微电网，可以由用户自身建设并运行；覆盖区域相对较大的微电网，譬如社区微电网、工业园区微电网，可以由电力公司或第三方机构建设并运营。多元化的应用场景可进一步推动可再生能源的利用水平[15]。

微电网融合了先进的信息技术、控制技术和电力技术，在提高分布式可再生能源利用效率，提供多样化供能形式的同时，相对传统集中电网可实现能源效益、经济效益和环境效益的优化。智能配电系统作为智能电网的重要组成部分[16-18]，它的主要目标就是解决大量分散的分布式电源在电力系统中的运行问题，以期适应具有绿色、高效、和谐等特性的新时期电网建设的需要。微电网作为分布式电源和配电网的纽带[19,20]，既能够实现大规模分布式电源的接入，最大限度地利用可再生能源，又可以避免间歇式电源对配电网安全运行的影响，保证网内用户的电能质量。此外，微电网是未来智能配电网实现自愈、用户侧互动和需求响应的重要途径。

1.2 微电网研究背景

1.2.1 微电网分类

微电网的分类方法有多种。按照是否与外部电网直接相连，可分为并网型微电网和独立型微电网；按照系统内电压母线类型，可分为交流微电网、直流微电网和交直流混合微电网；按照电压等级和接入配电网系统的规模，可分为低压微电网、中压微电网、高压微电网以及中低压混合微电网。

1. 并网型微电网与独立型微电网

微电网工作在并网模式下时，通过公共连接点与外部配电网直接连接，作为可控的"电源"或"负荷"参与电力系统运行，而外部电网为微电网运行提供频率和电压参考值。当微电网内各分布式电源输出功率大于本地负荷功率时，微电网向外部电网传输有功和无功功率；当微电网内分布式电源输出功率小于本地负荷功率时，微电网从外部电网吸收有功和无功功率。总而言之，在并网控制模式下，微电网与外部电网互为支撑，实现能量的双向交互，在保证电力系统功率平衡的同时提高分布式电源的利用效率。

当外部电网出现故障或系统需要维护时，类似于大电网的解列过程，微电网PCC 断开与主网的连接，形成了脱网型微电网。此外，在譬如海岛、边防、船舰等远离供电中心的区域，孤岛型微电网作为分布式电源的有效组织形式已获得成功应用，解决了偏远地区供电难的问题[21,22]。上述脱网型微电网和孤岛型微电网是独立微电网的两种主要形式，这样一方面为系统内负荷提供持续不间断的电能供应，提高供电可靠性，另一方面脱网型微电网可作为黑启动电源，防止主网故障和停电范围扩大，并快速恢复主网供电[23]。与并网型微电网相比，独立微电网失去了外部电网的频率和电压支撑，完全利用系统内分布式电源、储能和可调负荷的协同控制为本地负荷提供清洁、可靠、经济的电力供应，具有等效转动惯量小且易受风、光等间歇性分布式电源扰动影响等特性[23-25]。如何设计和执行独立微电网控制策略,保证系统的稳定性和可靠性、提高分布式电源的利用效率、避免间歇性电源对用户电能质量的影响,是微电网的重要研究方向。

2. 交流微电网、直流微电网和交直流混合微电网

目前的微电网主要以交流微电网的形式存在。如图 1.3 所示,分布式电源、储能和负荷等装置根据自身发电及用电特性,通过不同的电力电子装置连接至交流母线,不同电压等级交流母线通过变压器连接。中央控制器通过控制与交流母线相连的并离网切换开关,实现微电网并网与离网运行模式的切换。如何使交流微电网与传统配电网及交流用电设备匹配的问题,是目前微电网的热点研究领域之一。

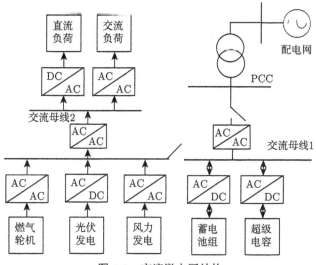

图 1.3 交流微电网结构

直流微电网是指系统中的分布式电源、储能和负荷等连接至直流母线,直流母线通过电力电子装置连接至外部电网的微电网系统。系统结构如图 1.4 所示,不同电压等级的直流母线通过直流变流器相连,直流微电网通过电力电子装置向不同电压等级的交直流负荷提供电能。相比于交流微电网,直流微电网具有以下优势[26-28]:大部分分布式电源、储能和负荷通过 DC/DC 变流器接入电网,可显著减少 AC/DC 变流器的使用,降低了电能损耗,提高系统的能量转换效率;没有谐波干扰,具有更高的电能质量,且无须考虑分布式电源之间的同步问题,在环流抑制上更具优势;直流母线电压是系统稳定性的唯一指标,确保直流电压稳定即可实现微电网功率平衡。鉴于以上优势,直流微电网将会成为未来微电网的重要研究方向之一。

交直流混合微电网结构如图 1.5 所示,系统中交流母线和直流母线并存,可以同时向交流负荷和直流负荷直接供电,兼顾了交流微电网和直流微电网的优点,是

未来配用电系统的重要组成部分[29,30]。由于直流微电网可视为通过电力电子装置接入交流母线的直流电源或负荷，交直流微电网本质上可看作交流微电网。相对于单一的交流和直流微电网形式，交直流微电网具有如下优点：适应更多种类的负荷，减少用户设备内变频装置，降低系统建设成本；通过交流母线和直流母线的集成，显著减少 AC/DC 和 DC/AC 变流装置，控制上更加灵活，提高了系统的经济性和可靠性[31]。

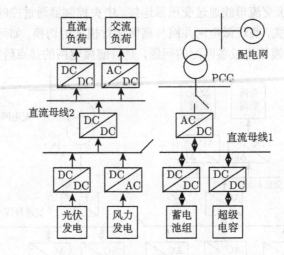

图 1.4　直流微电网结构

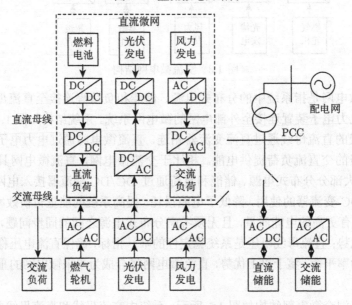

图 1.5　交直流混合微电网结构

3. 微电网电压等级及规模

我国规定并网型微电网应接入 110kV 以下的配电系统,根据供电规模和电压等级,微电网通常可以分为低压微电网(400V～1kV)、中压微电网(1～35kV)、高压变电站级微电网(35kV 以上),如图 1.6 所示。

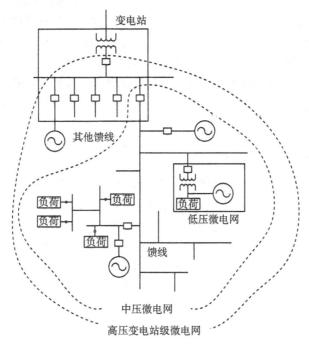

图 1.6　微电网电压等级及规模结构图

低压微电网是指在低压电压等级上将分布式电源和负荷适当集成形成的微电网,容量一般小于 5MW,主要应用于小型工商业用户或住宅用户,规模相对较小。根据设施规模,低压微电网可以进一步分为单设施级微电网和多设施级微电网;根据拓扑结构,低压微电网又可以分为串联型和并联型微电网,前者指所有分布式电源与负荷接在同一馈线上,后者则是分布式电源和负荷在馈线上并行分布,母线通过公共连接点处的静态开关与变压器相连[32,33]。

中压微电网主要包括中压馈线级微电网和中压变电站级微电网,容量为 5～10MW,适用于规模中等、有较高供电可靠性要求、较为集中的用户区域。中压变电站级微电网由主变二次侧多条馈线构成,以主变低压侧母线进线开关为公共连接点;中压馈线级微电网由配电主干线路构成,以中压配电线路出口开关为公共连接点;中低压混合微电网由变电站、馈线级和用户级的微电网构成。中压微电网一般不承担全部本地负荷,需要主网支持,在故障情况下可以采用组合孤岛解列模式，根据分布式电源与负荷的特性选取公共连接点，在系统进入孤岛模式时可以分解为多种结构形式的微电网[34]。

高压变电站级微电网是指包含整个变电站主变二次侧所有馈线，适用于较大规模用户区域的微电网组成形式，容量为 10MW 以上。高压微电网通常在母联开关开闭处设置调度中心、监控系统、智能用电系统等，对系统自动化控制和保护有较高的要求[35]。如图 1.6 所示，变电站级微电网包含多个馈线级微电网，馈线级微电网进一步包含多个低压微电网，各子网既可以联合运行，也可以解列独立运行。

微电网电压等级及规模的设计不仅受到系统负荷特性、地理位置、输电距离、分布式电源类型和容量等条件的影响，而且受到微电网运行方式的限制。当微电网接入配电系统运行时，还需结合外部电网的条件进行综合分析和权衡优化，这也是微电网系统优化配置的重要内容。

1.2.2　国内外微电网研究现状

微电网作为分布式电源的有效组织形式以及解决可再生能源和智能配用电矛盾的纽带，为用户提供清洁、可靠、经济的电力供应，因此微电网的发展得到全世界的高度关注。由于各国技术掌握程度、地理位置和国情存在差异，微电网在世界各国的发展程度呈现出不同的趋势[36-38]。图 1.7 为 2015~2024 年世界范围内微电网实际或预计部署情况[39]，图中亚太地区和北美地区占主导，预计 2024 年分别占全球微电网总份额的 41.3% 和 32.5%，其次为欧洲、拉丁美洲、中东及非洲等地区。

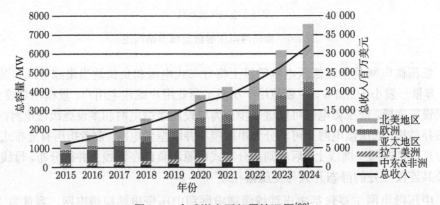

图 1.7　全球微电网部署情况图[39]

(2018 年前为实际数据，2018 年后为预测数据)

21 世纪初，Lasseter 等最先提出了微电网概念，并在美国电气可靠性技术解决方案协会（CERTS）建立了首个现代意义上的微电网，对外发布了一系列学术研究成果[40,41]。CERTS 微电网在不断的研发中受到全球高度认可，同时美国政府提出的"电网现代化"目标、"Grid 2030"战略计划等，把微电网纳入未来电网发展规划的重要方向。此外，CERTS 与美国电力公司合作，在 Dolan 建立了微电网示范平台[42]；而 Mad River 微电网是由北部电力系统承建的美国第一个微电网示范工程，侧重于检验微电网的建模仿真方法、制定管理手段以及法律法规等。商用微电网项目 —— 分布式电源综合测试（distributed utility integration test，DUIT）主要研究在不同情形下分布式发电对微电网产生的影响[43]。2011 年，夏威夷州政府与日本新能源与工业技术发展组织（NEDO）在 Maui 岛合作建设规模为 200MW 的海岛智能电网。2016 年，Ameren 公司在伊利诺伊大学建立具有多级控制的公用事业型微电网[44]；2016 年，林肯实验室针对 42 个社区型微电网，采用微电网优化工具开展区域微电网规划设计的研究；2016~2018 年，加利福尼亚州利弗莫尔的 Las Positas 社区学院建立了校园微电网工程，针对风、光出力和冷热多能流的波动场景实现了不同分布式电源和可变负荷的协同控制[45]。由美国微电网的运行发展状况可见，微电网在电网智能化、提高供电稳定性、满足用户需求方面取得了重要突破。

欧盟提出目标，到 2030 年将可再生能源比重提高到 27%，并设立了欧盟科研资助研发框架计划，有效提高微电网智能化运行水平[46-48]。欧盟第五框架计划（1998~2002 年）在曼彻斯特、雅典、德国卡塞尔太阳能研究所（ISET）等通过将零散的分布式电源集成，初步形成微电网实验平台。欧盟第六框架计划（2002~2006 年）对 Microgrids 项目进行延伸和发展，进一步研究微电网控制策略、保护措施等。欧盟第七框架计划（2007~2013 年），EcoGrid 项目在丹麦 Bornholm 岛上建设的微电网示范工程作为欧洲第一个智能电网原型，通过海底电缆与北欧电网连接，有效提高了微电网的智能化运行管理水平。"地平线 2020"作为欧盟当前研发创新的旗舰计划[50]，关注于电力电子及分布式发电的技术优势，并着重研究配电网系统受微电网结构、运行及微电网通信技术的影响。欧盟国家对微电网的研究更侧重于能源的梯级利用、灵活多变的拓扑结构和分层控制结构，提高电网的经济性、可靠性和电能质量。

日本立足于本国电力负荷不断增长下的能源紧缺问题，分别于 2003~2007 年和 2004~2007 年由新能源与工业技术发展组织（NEDO）负责开展微电网示范性项目"含有不同品种新能源的区域电网示范项目"和"新型电网系统的示范性项目"[51,52]，驱动能源利用形式多样化，建成包括 Aichi、Kyotango 和 Hachinohe 在内的多个微电网示范工程。继 2011 年"3.11"大地震后，日本加大对紧急供电和可再生能源利用的研究，将柔性交流输电系统（flexible alternative current transmission system，FACTS）应用到微电网领域。2015 年 8 月在福岛县北部的东松岛市建成的微电网社区项目"防灾智能生态城"[53] 及 2018 年 10 月在兵库县智慧城市 Shioashiya 搭建的区域微电网系统[54]，作为日本微电网由示范性走向实际的典型应用。

早在 2007 年，新加坡就将清洁能源技术定位为促进经济增长的重要领域，并将自己定位为一个"城市实验室"进行可再生能源集成技术的研究[55]。新加坡能源局于 2011 年将东北海域的 Pulau 岛选定为离网型智能微网示范地区[56]，开展了一系列微电网技术的验证。2014 年南洋理工大学、新加坡经济发展署和环境局提出了可再生能源集成示范项目 REIDS[57,58]，将建立的多个微电网连接实现资源优化。作为 REIDS 项目的一部分，ENGIE、GE、LS 以及施耐德电气于 2017 年在实马高岛联合开发完成了"非并网区可持续供电微电网项目" SPORE[58]，这是东南亚地区最大的混合动力微电网，可以为整个地区的偏远岛屿和村落提供清洁能源解决方案并实现绿色出行。此外，REIDS 项目组还同美国 Emerson、法国 EDF 和 IDSUD 签署协议，搭建 3 个微电网系统作为 REIDS 项目的扩展。REIDS 项目预计于 2020 年完成，届时新加坡实马高岛将拥有 8 个微电网。

与国外相比，国内微电网技术起步较晚，2006 年起我国已将微电网技术列入"863"计划和"973"计划等科技专项资助范围，推动微电网关键技术的开发研究。据中能智库预测，到 2020 年中国微电网累计装机容量将达到 2.5GW[59]。目前已建设的微电网根据安装地点主要可以分为以下三类：

（1）岛屿微电网。包括东澳岛兆瓦级多能源微电网（2010 年投运），东福山岛风力/光伏/柴油与海水淡化综合示范微电网（2011 年投运），南麂岛绿色能源智能微电网（2014 年投运），鹿西岛多储能技术微电网示范工程（2014 年投运），以及广东担杆岛微电网和永兴岛智能微电网示范工程（2018 年投运）等。以上微电网根据运行模式分为并网运行与独立运行，其中东澳岛、鹿西岛是典型的与外部电网互联的微电网系统，具备并网与离网模式灵活切换的功能，而东福山岛、南麂岛和担杆岛是离网系统，解决岛屿供电难的问题。

（2）城市微电网。在工业区、商业区和住宅区等人口密集的区域，可以利用微电网集成多种分布式可再生能源，向用户提供清洁、可靠、经济的电能。早期，中新天津生态城智能电网示范项目是我国第一个城市智能电网示范项目；南京供电公司风力/光伏微电网项目研究多个分布式电源连接到外部电网的协调控制技术，并实现并网模式和离网模式的平滑切换；承德御道口农村微电网示范项目为建立新型农村电气化系统奠定基础；2014 年延庆智能微电网项目启动，可实现微电网统一管理、用户有序用电及实时电价管理[60]；2018 年，国家电网公司重点示范工程项目"苏州交直流混合主动配电网示范工程"启动，为实现城市分布式电源、微电网的灵活接入和有效利用提供范本[61]。

（3）偏远地区微电网。在西藏、青海、新疆等部分脱离电网的区域建设微电网，充分利用当地的可再生能源为居民提供电力供应。早期启动的新疆吐鲁番"新能源城市微电网示范工程项目"是全国首个商业化运行的微电网示范项目，包含陈巴尔虎旗并网型微电网以及配置了世界上最大储能系统的阿里光伏发电微电网。2011~2014 年，西藏日喀则吉角村微电网等 4 个示范项目陆续建成投产，对后续边远地区微电网项目的实施具有重要意义[62]。

目前，国内微电网发展处于建设示范工程向商业化运营迈进的阶段，未来随着微电网技术不断成熟、可再生能源成本下降、储能产业发展以及化石能源价格的持续上涨，微电网将迎来广阔的发展前景。

1.3 微电网关键技术

微电网内包含了多种分布式电源、储能、负荷、能量转换装置以及相关监测、控制系统，是电力、风、光、化学、热力等能源形式相互依存的动力系统，也是能源转换、监控、保护等运行功能相互影响的复杂系统。微电网的网架结构灵活，可以单微电网运行，也可以通过智能开关以动态多微电网的形式运行。此外，微电网可以存在多种运行状态，当微电网并网运行时，功率可以在微电网与主网之间双向流动；监测到外部电网故障后，通过紧急解列控制与配电网解列，形成独立微电网，保证本地重要负荷的持续不间断供电，而在外部故障解除后，微电网经过预同步控制重新并网；在远离供电中心的偏远区域（如海岛、边防等），孤岛微电网作为分布式电源的有效组成形式，可以长期向所在地区提供居民用电和工业用电等。总而言之，微电网的运行特性既与网内分布式电源、储能及负荷特性密切相关，也与能源转换、监控、保护装置的功能有关；既受到外部电网运行状况的影响，又与系统能源优化管理有关。因此，微电网的研究和发展面临多方面的技术挑战[11,15,35,63,64]。

（1）微电网与外部配电系统的相互作用。高渗透率的微电网接入外部配电网从根本上改变了系统的网架结构，将对微电网和配电网各自的动态特性产生重要影响。传统配电网一般呈辐射状，电压沿馈线潮流方向逐渐降低，负荷随着时间的变化也会引起局部电压波动，越接近末端波动幅度越大，微电网接入配电网后，尤其是网络末端，由于传输功率的双向性以及微电网输出的无功支持，对馈线各节点的供电质量产生多重影响：①微电网与本地负荷协调运行（微电网输出随负荷可调度）时，电压波动得到抑制；②微电网未能与本地负荷协调运行，譬如光伏、风力等间歇性能源发电容量超过系统储能可承载容量时，对本地电压的稳定性产生冲击；③大容量微电网启动并网或脱网解列引起功率骤变，造成电压波动。配电网与微电网连接时，为微电网提供电压和频率的支撑，提升了系统的惯性，而配电网对微电网的不利影响主要为不平衡电压和电压骤降，此时如果达到孤岛运行条件，公共连接点（PCC）会断开，从而微电网进入孤岛模式，但如果未达到孤岛条件，PCC 仍保持与配网连接的状态可能对敏感负荷和系统的稳定运行造成不利影响。随着高渗透率微电网的广泛应用，两者间影响会越来越复杂，分析其相互作用机理可以为含微电网的配电系统的运行控制奠定基础。

（2）微电网优化配置。微电网是发挥分布式电源效能，向用户提供多样化能源的最有效方式，其优化配置是指在满足微电网稳定运行和所需负荷的条件下，通过优化选择电源构成、电源容量、网架结构和接入点选址等满足和实现系统建设和运行期间成本最小化的目标。优化配置是微电网是否能够可持续发展的关键，主要包括：①可再生能源供能和负荷需求分析，指的是根据风速、光照强度和负荷的历史统计信息与分布式特性，通过预测方法对风、光等新能源和可变负荷的日控分布进行准确分析，为优化配置提供可靠的决策数据；②优化配置建模，是指综合考虑网络中的冷、热、电负荷的需求，从技术、经济、环境等角度选取合适的控制变量、优化目标和约束条件，建立完整合理的优化模型；③根据优化模型的复杂度、优化目标的精度，选择优化算法求解微电网优化配置问题。现有的预测方法受外部条件的影响，预测结果存在较大的不确定性，微电网优化目标多样且不尽相同，优化算法各有利弊，必须有针对性发展微电网优化设计的理论与方法。

（3）微电网中电力电子技术的应用。电力电子技术是保证微电网能源梯级综合利用、供电可靠性和电能质量的重要技术，网内功能可以分为两类：①柔性交流输电系统 FACTS，如静止同步补偿器、有源滤波器、统一电能质量调节器等用以维持系统电能质量；②分布式电源需要通过电力电子装置并网，包括斩波器、整流器、变频器以及最受关注的逆变器。FACTS 装置提高传统配电网供电质量的功能对微电网同样适用，同时此类装置可以与分布式电源/微电网形成整体系统提高配电网的运行特性，有助于充分利用微电网的储备功率，减少对配电网的冲击。分布式电源并网型电力电子装置的应用，使微电网可以灵活地选择网内运行频率和电压以适应不同的应用场合，有助于实现未来智能电网快速、连续和灵活的控制目标。电力电子接口型分布式电源与传统旋转电机型分布式电源相比，等效转动惯性较小，供电可靠性受到电网侧扰动和电力电子装置本身的影响，因此提高本地电能质量需要提高电力电子装置的鲁棒性，维持功率传输在可控范围内并维持接入点的稳定性，尤其是降低微电网运行模式切换冲击，实现平滑过渡。

（4）微电网运行控制以及多源协调控制。微电网的运行控制是微电网技术的研究核心和热点领域。与传统的电力系统不同，微电网设备种类繁多、运行模式多样、控制策略各异、可控程度不同，大量新型的现代电力电子技术、通信技术和控制技术的应用，使得传统的电力控制方法不适应于微电网的运行控制，需要一套全新的、科学有效的运行机制和控制方法进行微电网多源协调控制，保证系统的安全稳定运行。针对微电网协调控制的特点，应从单元级的分布式电源控制和系统级的微电网控制两个方面进行研究，包括配电网内多微电网协调控制、微电网中多源协调控制以及多个电力电子接口、监控设备的协调控制。

根据系统中分布式电源的作用不同，微电网运行模式主要包括主从控制和对等控制这两种典型的控制模式；而分布式电源的控制方法主要有恒功率控制、恒压/恒频控制和下垂控制，应综合考虑分布式电源自身的出力特性和微电网的运行模式选择合理的控制方法。在这种情况下，微电网内多源协调控制问题较突出，如分布式电源与分布式电源间、分布式电源与储能间、不同储能与储能间、电力电子接口与接口间的操作运行时序契合、响应速度配合、过程量幅值匹配等问题，小则引起电压和频率偏差、有功无功环流、电能质量下降等，大则影响系统稳定性甚至造成系统解列，这些都是值得重点关注和解决的问题。多微电网协调控制的主要目的是提高系统可靠性和经济性，最大化分布式电源整体效益。微电网与配电网是有机整体，可以通过公共连接点灵活连接或断开，并网运行时两者间功率双向流动互为支撑。由于故障微电网进入孤岛模式，依靠自身能源形式为本地负荷提供持续不间断的供电，相对传统电力系统具有更多的自由度应对不同的运行工况，如何制订能量管理策略高效管理微电网和配电网间的能量交换，实现分布式电源的最优利用；如何决策微电网并网或孤岛的运行状态以及实现准确的孤岛检测，避免错误操作对系统稳定性的影响，保证整体系统供电可靠，需要进行科学的研究。

（5）微电网以及包含微电网的智能配电网保护技术。由于分布式电源及含有分布式电源的微电网接入，很大程度上改变了配电网的网架结构以及系统的故障特征，使故障后电气量的变化更加复杂，对传统的保护方法提出新的挑战：微电网内存在双向短路电流，故障点两侧的等效电源容量与故障电流大小相对应；分布式电源的短路电流差异大，与电源容量、接入位置、负荷类型有关，逆变型分布式电源故障时在较短时间内能够输出恒定的短路电流，幅值主要取决于逆变器电流饱和模块，旋转电机型分布式电源故障恢复过程电流呈衰减特性；微电网在并网和孤岛两种模式下的短路电流差异明显，并网时主要由外部电网提供，孤岛时主要由分布式电源提供，保护技术要求在短路容量差异较大时仍可切除故障；由于微电网等效惯性较小，更需要保护元件和控制策略的快速响应才能避免失稳。因此，微电网以及含微电网的智能配电网的保护不仅要实现传统继电保护的要求，还要与具体物理特性相适应，针对性地发展新的保护技术。在这个过程中，需要掌握微电网以及分布式电源在故障中的电流和电压暂稳态特性，能够建立准确的故障模型。在微电网并网运行时，应确保故障点切除后微电网能够安全稳定地并网运行；与微电网相连的外部电网出现故障时，应能够可靠地定位并切除故障，确保其与主网解列后继续可靠运行。由于微电网既要能够并网运行又要能够独立运行，同一套保护策略需要适应两种模式，当系统拓扑改变时保护策略仍然有效。

（6）微电网系统的电能质量控制。随着各种精密电子仪器和数字化设备在居家和工业中的广泛应用，对电力系统的电能质量提出了越来越高的要求。与传统的电力系统相比，微电网中存在很多与电能质量相关的独特问题：①系统中可能存在部分间歇性分布式电源，其功率输出的波动性、随机性不可避免地给本地用户带来电能质量问题；②微电网内包含的大量单相分布式电源或设备，如单相入户式光伏逆变器、非线性负荷和不平衡负荷，使微电网成为单相–三相混合的复杂供电系统，增大了系统三相不平衡程度；③系统中存在大量的电力电子装置，如变流器型并网接口、电力电子开关等以满足用户电压和频率的电能要求，根据所采用的电力电子技术可能会产生不同水平的谐波，随着分布式电源/微电网的渗透率的提高，系统的谐波比例也会提高，最终导致电能质量下降；④由于各分布式电源输出阻抗、等效阻抗、滤波器的不同，微电网内环流不可能完全消除，对功率合理分配、系统稳定性等造成不利影响。此外，微电网中能否实现无功补偿、频率稳定等也对系统的电能质量提出新的挑战。目前有关微电网电能质量问题的监测评估以现有的电能质量国家标准和国家电网公司企业标准《分布式电源接入电网技术规定》（GB/T 19939—2005）为依据，微电网接入技术标准仍在制定中。针对微电网运行过程中的电压、频率、谐波、直流注入、环流等呈现出不同特性的问题，需要更加系统、深入地研究并提出解决方案。

　　（7）微电网经济运行与优化调度。与常规电力系统的节能降损类似，微电网经济运行和优化调度的目标是通过调节分布式电源的输出功率、储能装置的配置、线路节点的电压电流水平、热电联供机组的热负荷和电负荷比例、电力电子装置的数量等，在保证系统稳定运行的前提下实现优化运行和能量合理分配，提高可再生能源的利用效率，最小化系统运行成本。为了实现微电网经济运行，需要综合运用分布式电源出力和负荷需求的预测、储能成本和电力市场信息等基础数据，建立考虑经济目标和环境目标的优化调度模型，最终获得包含分布式电源间功率分配、储能装置投入量、与配电网功率交互等内容的优化调度策略。目前，微电网经济运行的研究热点侧重于处理分布式电源出力的波动性和提高含微电网的配电网的效益：①针对间歇性分布式电源的随机性和波动性，可以通过配置相应种类和容量的储能设备予以平抑，在能量优化策略制订过程中不仅需要考虑不同储能装置的动态性能，还需要将其全生命周期的经济性加以考虑；②靠近负荷侧的微电网可以看作配电网需求侧管理的直接参与者，在高峰电价时微电网调度网内各分布式电源满发送电上网，缓解电力紧张现象；在低谷电价时微电网低价从配电网处购电用于满足本地负荷和储能充电的需求，实现微电网经济运营。此外，通过对微电网输出的控制，可以有效降低配电网内变压器损耗和馈线损耗，提高系统经济性。

　　（8）面向微电网系统的仿真平台和应用软件。通过仿真软件平台对微电网运行特性进行模拟验证、计算，为微电网工程的实施、保护装置和控制器的设计提供重要参考。微电网内既有同步发电机等具有较大时间常数的旋转设备，也有等效转动惯性较小的以逆变器为代表的电力电子设备；既有微秒级快速变化的电磁暂态过程，也有毫秒级变化的机电暂态过程和秒级变化的慢动态过程。如何综合考虑它们之间的交互影响，需要着力于控制特性和物理特性，通过对仿真模型输入输出外特性进行统计分析和拟合，将数字仿真与物理模拟仿真相结合，形成数字/模拟混合仿真系统。目前流行的仿真软件，如 PSCAD、DigSILENT 等。微电网多为单个电源仿真模型的简单罗列, 如何高效地实现大规模配电网机电暂态仿真和局部微电网电磁暂态仿真的平滑连接, 并有效地解决仿真步长和仿真精度、海量仿真测点和计算机系统开销间的矛盾, 从而提高高渗透率微电网接入配电网的快速分析和决策能力, 是发展微电网动态全过程数字仿真系统的难点。

相比于传统电力系统, 作为智能电网重要内容之一的微电网具有高度智能化、自动化和自愈性, 首先需要实现信息在电力系统内的双向流动和有效利用, 将信息通信系统和物理电力系统相结合, 发展信息–物理系统 (cyber-physical systems, CPS) 混合实时仿真技术是模拟微电网系统对外界摄动、系统内部组件扰动等过程感知和控制能力的有效手段。由于微电网是时变连续系统, 电气量以潮流的形式流经支路和节点, 而通信系统是离散系统, 数字化信息离散触发, CPS 研究的主要问题是如何深入探索物理系统和通信系统的交互机理, 无缝融合两者的运行机制, 研究与混合仿真平台相适应的建模、分析和控制方法, 指导实际微电网工程的实施操作。尽管有一些仿真思路正在探索中, 如基于 RT-LAB 和 OPNET 的仿真平台, 尚未形成完整的仿真架构和仿真系统, 这也是目前微电网领域的研究热点。

此外, 在多形式分布式储能协调技术、多级混合微电网技术、微电网智能化信息与通信技术、微电网政策规范等方面仍存在很多问题, 需要进一步深入研究推进微电网技术的发展应用。其中, 微电网的运行控制以及多源协调控制作为微电网关键技术研究领域的核心问题, 是保证系统安全、稳定、可靠运行的前提, 也为微电网其他问题的解决奠定了极为重要的基础。

1.4 微电网分布式控制

1.4.1 微电网分层控制

恰当有效的控制措施是实现微电网安全、可靠、经济运行的关键所在。在保证系统稳定性的基本目标以外, 微电网中的控制目标还包括以下几点[65]: ①微电网内各分布式电源的输出有功功率和无功功率尽可能按容量进行分配; ②将系统电压和频率控制在允许范围内; ③减少分布式电源间环流, 实现与主电网的双向功率交互; ④能量优化管理, 实现功率优化调度和效益最大化; ⑤提供辅助服务, 包括定制化电力供应、需求侧响应等。以上控制目标需要微电网与外部电网间及系统内分布式电源间协调各自的控制决策。

为了实现上述控制要求, 国内外学者参考欧洲电力传输协调联盟 (UCTE) 定义的大电网分级控制标准, 提出了微电网分层控制结构[66-68]:

第一层为一次控制层, 侧重于分布式电源自身的控制, 主要功能为维持系统内电压、频率的稳定以及按照指令输出功率。分布式电源应结合自身特性和微电网运行模式选择具体的控制策略。微电网并网运行时，大电网提供系统电压、频率的参考值，所有分布式电源均采用额定功率的控制方式。独立运行时根据各分布式电源发挥的作用不同，微电网运行模式可分为主从控制和对等控制。主从模式中，基于恒压恒频控制的主控分布式电源向微电网系统提供电压和频率参考，其他微电源作为从电源采用定功率控制向本地负荷提供功率输出，维持微电网系统的功率平衡。基于下垂控制的对等模式中各分布式电源处于同等地位，通过模拟传统发电机特性维持微电网电压、频率的稳定性以及网内负荷功率按分布式电源容量的合理分配。由于下垂控制可以通过下垂系数实现功率均分，不依赖于通信网络，受到微电网技术领域的广泛关注，这也是本书重点介绍的控制方式。为了提高控制系统的动态性能，部分学者对传统下垂控制方法进行改进：基于虚拟阻抗的下垂控制、基于虚拟坐标变换的下垂控制、自适应下垂控制等。

第二层为二次控制层，侧重于微电网动态运行控制，控制目标为实现微电网电压频率的二次控制、分布式电源出力优化分配、电气量不平衡控制、谐波抑制等电能质量问题，本书侧重于前两个方面内容的介绍。由于微电网主从控制模式中储能装置不能长时间处于充放电状态以承担功率波动，对等控制模式中下垂控制本质上是有差控制，系统负荷的变化将导致系统电压、频率分别与额定参考值产生一定偏差，因此需要通过微电网二次控制层对分布式电源的本地控制进行调节，提高系统整体的动态性能。此外，频率下垂控制可以自主实现有功功率精确均分，但电压下垂控制由于逆变器输出阻抗和等效阻抗的不一致通常会引起无功功率不合理分配，这样一方面可能导致某些分布式电源过载而影响能源利用效率和电力电子设备的使用寿命，另一方面引起系统环流甚至功率倒吸，对系统可靠性、稳定性和经济性造成严重影响，有必要进一步调整系统无功电压、优化功率分配。

通常微电网采用中央控制器（microgrid central controller，MGCC）实现二次控制目标，其中有功功率均分和系统频率恢复具有统一性，而无功功率均分和本地电压恢复存在矛盾性，因此微电网频率二次控制和电压二次控制存在不同的控制方式。由于频率是全局变量，频率二次控制的实现既可以为基于全局信息交互的集中式或分布式控制方式，也可以为基于本地过程量的分散式控制；而逆变器输出电压是局部变量，为了实现微电网无功功率均分和电压恢复，电压二次控制的实现方法主要为集中式和分布式控制方式。

第三层为优化管理层，主要功能是微电网经济运行和能量管理层次的控制。通过操作管理系统实现微电网并网运行、独立运行状态的切换，并根据市场和调度的需求实时管理微电网与外部电网间、微电网与微电网间的功率分配，在保证系统稳定可靠运行的基础上实现系统总运行成本最小化、分布式电源效益最大化。

　　微电网分层控制分别从稳定性、供电质量和经济性等角度出发实现控制目标,图 1.8 给出微电网分层控制架构、控制目标、运行方式以及相互之间关系的结构图。微电网协同控制需要微电网与外部电网间以及系统内分布式电源基于信息交互,协调各自的控制决策以实现全局优化,是微电网关键技术领域的核心问题。其实现方式主要分为集中式控制和分布式控制,两者的应用区别主要体现在微电网分层控制策略的二次调节层。与需要中央控制器和复杂通信网络的集中式控制相比,分布式控制具有如下优势:①基于点对点稀疏通信网络获得类全局信息,复杂度降低;②分布式数据采集和计算,无需中央控制器;③满足"即插即用"功能,系统扩展性提高;④本地决策与控制,可靠性高。因此,分布式协同控制在微电网领域受到广泛关注,其理论基础是基于多智能体系统的一致性理论。

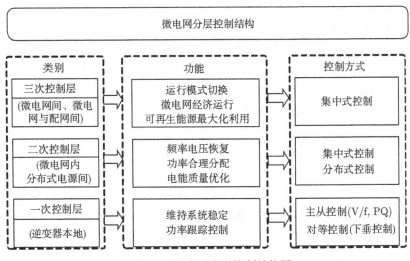

图 1.8　微电网分层控制结构图

1.4.2　一致性理论及其应用

　　受自然界生物内在协作机制的启发,国内外学者提出了多智能体系统的概念[69-71],多智能体系统是由大量分布配置的自治或半自治个体通过网络互联所构成的大规模复杂系统。近年来,各领域学者致力于从网络图论的角度来研究复杂系统的相关问题,系统内的个体称为网络的节点,个体彼此间的关系称为网络节点与节点间的连接关系。多智能体网络系统中,个体是分散的、局部的,不具备获取全部信息以及全局优化控制决策的能力,因此所有智能体利用其自治性、智能性、主动性,通过协调各自的目标与行为从而达到共同完成复杂任务的目的,这已成为复杂控制理论的重要研究领域之一。

　　多智能体网络一致性理论是实现协同控制的有效方法,所谓一致性是指在满足一定通信网络条件下，随着时间的推移，系统中所有个体的状态最终趋于一个相同的值。一致性算法作为智能体之间相互作用、传递信息的规则，描述了个体与其相邻单元的信息交互过程，系统达到一致性是实现协调控制的首要条件。根据智能体最终收敛值的不同，一致性具体可分为平均一致性、最大一致性、最小一致性以及牵制一致性等。相比于传统的集中式控制，分布式一致性在降低通信架构复杂度，减少交互信息量以及提高系统扩张性、鲁棒性等方面具有极大的优势。随着复杂系统协调控制问题研究的不断深入和多智能体网络概念的广泛应用，一致性理论在实际应用方面取得了以下成果[72-75]：

（1）蜂拥控制。指的是一群运动自主的个体能够形成并保持以团队的形式向某一目标迈进，有利于躲避天敌、增加寻觅到食物的概率。蜂拥行为在生物学、物理学、计算机领域得到广泛关注。一致性算法主要用于实现多智能体间的速度匹配，在个体以相同速度运动的前提下保持一定距离，避免相互碰撞。

（2）编队控制。指系统中个体通过相互协调以保持预先设定的几何队形。多平台编队控制是一致性理论应用的典型领域，在无人机飞行、无人汽车驾驶、自组织水下舰队及卫星群编队等方面有广泛应用。

（3）聚集控制。指一群移动的智能体，通过设计分布式控制使得所有个体最后能够同时在指定时间和位置聚集，属于动态无约束一致性范畴。

（4）协同决策。针对网络环境下订单购买（代理/决策）问题，每个个体指定不同的阈值策略，并引入分布式一致性协议协调订单价格，取得与集中式决策相同的效果。

（5）耦合振子系统同步。耦合振子系统同步问题可以简化为研究相位变化问题，引起了物理、生物、神经科学和数学等众多领域学者的关注。基于一致性理论，得到确定和不确定振荡频率下，振子系统取得同步的结论。

多智能体系统作为分布式控制与人工智能的结合，可以将复杂问题分解，通过各智能体与其他个体的协同操作，实现控制决策的本地优化。因此基于多智能体网络的一致性理论完全适用于结构层次分明、运行目标复杂的微电网协同控制：①智能体的自治性与微电网中分布式单元的自主决策能力相对应；②智能体的社会性和智能性与分布式电源间的通信交互相对应；③智能体的主动性和适应性与分布式电源的即插即用等拓扑变化需求相对应。

1.4.3　微电网分布式协同控制的研究现状

分布式协同控制基于一致性理论，各单元不断与相邻个体进行信息交互以获得类全局信息，从而达到系统协同控制的目标。国内外学者将分布式协同控制作为实现微电网稳定可靠运行的有效方法，进行了广泛、深入的研究，目前取得的微电网分布式协同控制的研究成果主要可以分成三个阶段：微电网基本分布式协同控制,考虑通信延时、拓扑变化、事件触发等问题的微电网分布式协同控制以及微电网智能分布式协同控制。

(1)微电网基本分布式协同控制。一致性协同算法是分布式控制的理论基础,Olfati-Saber、Jadbabaie 等[76-78] 首先系统地提出了一致性理论,通过本地代理求解一致性问题实现全局信息的交互和分析。Ren 和 Xiao 等[79,80] 进一步对一致性理论收敛性和拓扑适应性进行深入研究,探索更为实用和快速的一致性算法。文献 [81] 对一致性理论相关的概念和研究进行了全面系统的总结和归纳。Xiao 等[82,83] 对离散一致性算法及信息收敛速度进行详细分析,为一致性协同算法探索实际应用价值提供了理论基础。鉴于分布式一致性算法的优点以及在编队控制、复杂动态控制、拥塞控制以及网络协同控制等方面的成功应用[68-72],国内外学者对分布式协同控制在微电网中的应用进行广泛、深入的研究。

Xu、Liu 等[84,85] 提出基于分布式一致性信息交互方法获得微电网的全局信息,从而实现负荷合理分配。Bidram、Lewis 等[86,87] 提出利用输入输出反馈线性化将逆变器非线性动态特性线性化,进而将微电网二次控制转为线性二阶系统的分布式一致性跟随问题。文献 [88] 分析了微电网中无功功率精确均分和逆变器输出电压调节控制目标之间的矛盾性,提出了基于分布式比例积分控制器,通过调节两目标间的权重系数实现分布式电压控制。一种基于分布式信息交互的平均化算法被应用于微电网平均频率、电压和无功功率控制中,取得了较好的二次控制效果[89]。Zhang 等[90,91] 提出了基于自适应虚拟阻抗的分布式协同电压控制算法,从而实现无功功率精确分配和平均电压恢复,并分析网络延时对系统稳定性的影响。文献 [92-95] 提出了基于边际成本分布式一致性的微电网能量管理策略,并将线路阻抗、环境保护等实际因素考虑在内,以分布式控制方法实现微电网经济运行。

Guerrero、Bidram 提出了微电网分层控制架构[67,68],文献 [96, 97] 进一步提出了基于物理层–通信层结合的分布式双层控制策略,实现微电网负荷功率精确分配的控制目标。我们课题组立足于微电网协同频率控制,系统全面地研究孤立微电网协同机理、分布式信息交互和协同频率控制的目标,提出基于改进一致性、双层一致性以及牵制一致性的分布式协同控制方法获取全局信息,建立了微电网分布式协同频率控制体系[98-100]。文献 [101-103] 从基于多代理的分布式优化控制架构出发,研究了基于离散一致性的直流微电网分布式功率均衡控制策略和基于边际成本一致性的分布式功率经济管理策略,形成微电网分布式功率优化控制机制及策略。文献 [104] 利用迭代学习机制实现了基于分布式离散一致性的无功功率精确均分以及权重平均电压恢复,提高了微电网分布式电源利用效率和电能质量,进一步验证分布式一致性策略在微电网系统控制中的实际应用效果。微电网分布式协同控制以功率指令、二次电压调节项、二次频率调节项、下垂系数以及虚拟阻抗等为调节量,以实现网内各分布式电源电压、频率、输出有功无功功率以及经济指标趋于一致为控制目标,实现微电网整体功率均衡优化、经济优化运行。

(2)考虑通信延时、拓扑变化、事件触发等问题的微电网分布式协同控制。上述微电网基本分布式协同控制是在理想的分布式通信网络(无传输延时、数据丢包、通信中断、拓扑变化等问题)下运行,随着 WiMax、Wi-Fi 以及 LTE/4G 等无线通信技术在电力系统中的应用,基于稀疏通信网络的分布式信息交互不可避免地存在延时、丢包、数据中断等问题。虽然微电网中延时幅值不如电力系统广域控制大[105,106],但由于电力电子型分布式电源等效转动惯性小因而其对系统动态性能的影响仍然明显。文献 [89] 首先从实验的角度验证了微电网分布式协同控制的延时鲁棒性明显优于集中式协同。东北大学张化光等提出微电网分布式自适应系统算法,并基于通信图论分析网络延时对系统稳定性的影响[90]。文献 [107] 提出了含有通信拓扑、网络延时和二次控制器参数的微电网小信号建模方法,基于特征根轨迹判断分布式二次控制系统的稳定性。澳大利亚墨尔本大学余星火等运用 Nyquist 稳定性准则首次给出了微电网分布式频率和电压控制策略达到稳定的通信网络延时上界,并通过仿真算例验证理论分析的正确性[108]。

分布式通信拓扑对应于具体的信息交互方式是分布式协同控制的基础,而随着通信网络的发展,分布式通信拓扑可灵活变化。文献 [109] 通过延时系统状态转移矩阵的本质谱半径研究微电网在不同分布式通信拓扑下的延时裕度,从而获得考虑通信延时的最优通信网络。为了适应微电网即插即用的控制需求,分布式协同控制策略需要具有对通信拓扑变化的鲁棒性。文献 [88, 89, 98, 99, 107] 通过微电网仿真或实验验证了在指定的分布式通信拓扑下所提出的分布式协同控制策略具有拓扑鲁棒性。文献 [100] 提出了基于牵制一致性的微电网分布式协同频率控制策略,并利用 Lyapunov 稳定性判据分别对确定型和不确定型分布式通信拓扑进行分析,证明其收敛性的充分条件。文献 [104] 提出了考虑不确定通信链路的孤立微电网分布式迭代协同控制,结合 Lyapunov 稳定性判据、代数图论、线性矩阵不等式验证使系统具有鲁棒性和指定鲁棒性的充分条件。

目前,大多数微电网分布式协同控制策略是以固定的控制周期运行,在保证系统动态性能的前提下为了减少单位时间内的通信次数以避免通信拥塞的影响,文献 [110–114] 提出了基于事件触发机制的微电网分布式协同控制策略,首先根据指定的控制目标设计合理的事件触发条件,再以固定的时间间隔判断控制目标所涉及的控制量是否满足触发条件,若满足能触发通信网络传输数据产生新的控制指令,否则系统仍然按照上一时刻的控制指令运行,其中文献 [114] 首次运用 Lyapunov-Kravovskii 函数方法分析控制器增益、系统参数和数据采样周期对基于事件触发的分布式二次控制系统稳定性的影响,同时给出稳定性证明。文献 [115] 进一步提出了考虑通信延时的微电网二次事件触发控制策略,首先将二次控制基于下垂特性分为多个不同的阶段,根据不同的频率或电压测量值触发不同阶段的策略,同时将传输时延对系统动态特性的影响考虑在内。

（3）微电网智能分布式协同控制。微电网基本分布式协同控制以当前时刻本地与相邻分布式电源的状态偏差或状态偏差经过比例积分（proportional-internal，PI）控制器作为控制量，为了提高基本分布式协同控制的动态性能和鲁棒性，国内外学者将一些智能控制算法与分布式一致性理论性相结合，提出了微电网智能分布式协同控制策略。

Bidram 等[86] 提出的基于输入输出反馈线性化分布式电压协同控制的基础上，进一步提出了基于神经网络的分布式自适应二次电压控制策略以补偿分布式电源的不确定参数对系统动态性能的影响[116]。为了保证微电网分布式协同控制在有限时间内达到收敛，文献 [117–122] 提出了基于有限时间一致性的交流微电网/直流微电网分布式协同控制，在满足控制系统动态性能的前提下提高了系统的响应速度。考虑到基本分布式协同控制对未来运行趋势不明确可能导致控制过程中控制反向，文献 [123, 124] 提出了微电网分布式预测一致性策略，根据当前及历史数据对未来时间断面的微电网运行状态进行预测，并基于优化目标进行控制决策滚动优化，提高系统收敛速度的同时也加强对信息控制周期的鲁棒性。文献 [125] 提出了基于滑模控制（sliding mode control，SMC）的微电网分布式协同算法，提高了系统频率和电压收敛至额定值的动态性能，以及应对模型参数摄动、通信延时、通信拓扑变化等不确定因素的鲁棒性。考虑到 SMC 抖振问题以及控制过程中噪声扰动对系统性能的影响，文献 [126] 进一步提出了基于扩张状态观测器（extened state observer，ESO）和自适应超扭曲（adaptive super-twisting，AST）的微电网分布式鲁棒控制策略。此外，部分学者将鲁棒控制和有限时间控制相结合，利用两者的优势进一步提高微电网协同控制的动态性能和鲁棒性[127,128]。文献 [129] 提出了基于动态权重的微电网分布式协同控制，将相关权重确定方法应用于微电网二次控制和能量管理中。为了从系统角度抑制不确定干扰对动态性能的影响，文献 [130] 将 H∞ 算法引入协同控制中，提出基于 H∞ 一致性的微电网协同控制和优化策略。

由于分布式通信拓扑和控制器参数的选择将对微电网分布式协同控制的动态性能产生重要影响，文献 [109] 运用控制系统状态转移矩阵与系统收敛性和延时裕度之间的关系，提出了微电网分布式通信拓扑优化方法。在此基础上，文献 [131] 基于代数图论理论，进一步提出了考虑微电网动态收敛性、延时裕度和通信经济性的更具适用性的分布式通信拓扑优化方法，此外基于线性二次型提出了分布式协同 PI 控制器参数优化方法，提高了分布式电源整体动态收敛速度和控制过程的统一性。

参 考 文 献

[1] BP. BP 世界能源统计年鉴 2018 版 [EB/OL]. https://www.bp.com/content/dam/bp-

country/zh_cn/Publications/2018SRbook.pdf[2019-06-30].

[2] 苏玲, 张建华, 王利, 等. 微电网相关问题及技术研究 [J]. 电力系统保护与控制, 2010, 38(19): 235-239.

[3] 鲁宗相, 王彩霞, 闵勇, 等. 微电网研究综述 [J]. 电力系统自动化, 2007, 31(19): 100-107.

[4] 王成山, 李鹏. 分布式发电、微网与智能配电网的发展与挑战 [J]. 电力系统自动化, 2010, 34(2): 10-14,23.

[5] Lopes J A P, Hatziargyriou N, Mutale J, et al. Integrating distributed generation into electric power systems: A review of driver, challenges and opportunities[J]. Electric Power Systems Research, 2007, 77(9): 1189-1203.

[6] Lasseter R H. Microgrid[C]//IEEE Power Engineering Society Winter Meeting, New York, USA, 2002: 305-308.

[7] Lasseter R H. Smart distributed: Coupled microgrids[J]. Proceedings of the IEEE, 2011, 99(6): 1074-1082.

[8] Hatziargyriou N, Asano H, Iravani R, et al. Microgrids[J]. IEEE Power and Energy Magazine, 2007, 5(4): 78-94.

[9] Olivares D E, Mehrizi-Sani A, Etemadi A H, et al. Trends in microgrid control[J]. IEEE Transaction on Smart Grid, 2014, 5(4): 1905-1919.

[10] 黄伟, 孙昶辉, 吴子平, 等. 含分布式发电系统的微网技术研究综述 [J]. 电网技术, 2009, 33(9): 14-18.

[11] 杨新法, 苏剑, 吕志鹏, 等. 微电网技术综述 [J]. 中国电机工程学报, 2014, (1): 57-70.

[12] 田培根, 肖曦, 丁若星, 等. 自治型微电网群多元复合储能系统容量配置方法 [J]. 电力系统自动化, 2013, 37(1): 168-173.

[13] Pogaku N, Prodanovic M, Green T C. Modeling, analysis and testing of autonomous operation of an inverter-based microgrid[J]. IEEE Transactions on Power Electronics, 2007, 22(2): 613-625.

[14] 李国庆, 翟晓娟. 基于层次分析法的孤立微电网多目标优化运行 [J]. 电力系统保护与控制, 2018, 46(10): 17-23.

[15] 马艺玮, 杨苹, 王月武, 等. 微电网典型特征及关键技术 [J]. 电力系统自动化, 2015, 39(8): 168-175.

[16] 余贻鑫. 面向 21 世纪的智能配电网 [J]. 南方电网技术研究, 2006, 2(6): 14-16.

[17] 陶顺, 陈鹏伟, 肖湘宁, 等. 智能配电网不确定性建模与供电特征优化技术综述 [J]. 电工技术学报, 2017, 32(10): 77-91.

[18] 王成山, 李鹏, 于浩. 智能配电网的新形态及其灵活性特征分析与应用 [J]. 电力系统自动化, 2018, 42(10): 13-21.

[19] Majzoobi A, Khodaei A. Application of microgrids in supporting distributed grid flexibility [J]. IEEE Transactions on Power Systems, 2017, 32(5): 3660-3669.

[20] 李振杰, 袁越. 智能微网 —— 未来智能配电网新的组织形式 [J]. 电力系统自动化, 2009, 33(17): 42-48.

[21] 刘梦璇, 王成山, 郭力, 等. 基于多目标的独立微电网优化设计方法 [J]. 电力系统自动化, 2012, 36(17): 34-39.

[22] 李斌, 宝海龙, 郭力. 光储微电网孤岛系统的储能控制策略 [J]. 电力自动化设备, 2014, 34(3): 8-15.

[23] 王琳. 孤立微电网的黑启动状态研究 [D]. 沈阳: 辽宁工业大学, 2017.

[24] 柳伟. 独立微电网分布式协同频率控制研究 [D]. 南京: 东南大学, 2015.

[25] 鲍薇, 胡学浩, 李光辉, 等. 提高负荷功率均分和电能质量的微电网分层控制 [J]. 中国电机工程学报, 2013, 33(34): 106-114.

[26] 王毅, 于明, 李永刚. 基于改进微分进化算法的风电直流微网能量管理 [J]. 电网技术, 2015, 39(9): 2392-2397.

[27] Planas E, Andreu J, Garato J I, et al. AC and DC technology in microgrids: A review[J]. Renewable and Sustainable Energy Reviews, 2015, 43: 726-749.

[28] Vu T V, Perkins D, Diaz F, et al. Robust adaptive droop control for DC microgrids[J]. Electric Power Systems Research, 2017, 146: 95-106.

[29] 许阔, 王婉君, 贾利虎, 等. 混合微电网交流不对称故障对直流系统的影响 [J]. 中国电机工程学报, 2018, 38(15): 4429-4437.

[30] Xia Y H, Wei W, Yu M, et al. Decentralized multi-time scale power control for a hybrid AC/DC microgrid with multiple subgrids[J]. IEEE Transactions on Power Electronics, 2018, 33(5): 4061-4072.

[31] 殷晓刚, 戴冬云, 韩云, 等. 交直流混合微网关键技术研究 [J]. 高压电器, 2012, 48(9): 43-46.

[32] Lujano-Rojas J M, Dufo-López R, Bernal-Agustín J L. Optimal sizing of small wind/battery systems considering the DC bus voltage stability effect on energy capture, wind speed variability, and load uncertainty[J]. Applied Energy, 2012, 44(48): 404-412.

[33] 柯人观. 微电网典型供电模式及微电源优化配置研究 [D]. 杭州: 浙江大学, 2013.

[34] 许志荣, 杨苹, 何婷, 等. 多微网典型特征及应用分析 [J]. 现代电力, 2017, 34(6): 9-15.

[35] 王成山. 微电网分析与仿真理论 [M]. 北京: 科学出版社, 2013.

[36] 张强. 微电网运行模式分析及孤岛检测的研究 [D]. 合肥: 安徽理工大学, 2018.

[37] 周小平. 微电网功率协调控制关键技术研究 [D]. 长沙: 湖南大学, 2018.

[38] Planas E, Andreu J, Garate J, et al. Trends in microgrid control[J]. IEEE Transactions on Smart Grid, 2014, 5(4): 1905-1919.

[39] Alireza A. Microgrid market in the USA [EB/OL]. http://www.hitachi.com/rev/archive/2017/r2017_05/Global/index.html[2017-08-10].

[40] Lasseter B. Microgrids [distributed power generation[C]// IEEE Power Engineering Society Winter Meeting. Columbus, OH, USA, 2001, 1: 146-149.

[41] Lasseter R H. Certs microgrid[C]// IEEE International Conference on System of Systems Engineering. San Antonio, TX, USA, 2007: 1-5.

[42] Lasseter R H, Paigi P. Microgrid: A conceptual solution[C]// IEEE Annual Power Electronics Specialists Conference. Aachen, Germany, 2004, 6: 4285-4290.

[43] 曾德辉, 潘国清, 王钢, 等. 含 V/f 控制 DG 的微电网故障分析方法 [J]. 中国电机工程学报, 2014, 34(16): 2604-2611.

[44] Michelle F. Ameren unveils one of North America's most advanced microgrids[EB/OL]. https://www.windpowerengineering.com/business-news-projects/ameren-unveils-one-north-americas-advanced-microgrids[2017-05-21].

[45] UniEnergy Technologies. UET to deliver reflex energy storage system to Las Positas College microgrid[EB/OL]. http://uetechnologies.com/news/86-las-positas-microgrid [2016-12-09].

[46] 黄文焘, 邰能灵, 唐跃中. 交流微电网系统并保护分析 [J]. 电力系统自动化, 2013, 37(6): 114-120.

[47] 赵枭. 含移动储能单元的微电网继保护方案研究 [D]. 北京: 北京交通大学, 2011.

[48] Gothard A. Working for the government plan-As the EU's Seventh Framework Program grinds into action, we look at what it means and the key projects that will involve developments in the electronics and embedded systems environment[J]. Electronics Systems and Software, 2007, 5(1): 38-44.

[49] Ding Y, Nyeng P, Ostergaard J, et al. Ecogrid EU – a large scale smart grids demonstration of real time market-based integration of numerous small DER and DR[C]// IEEE PES Innovative Smart Grid Technologies Europe (ISGT Europe), Berlin, Germany: IEEE, 2012: 1-7.

[50] Paul D. Microgrid Market to reach $19 Billion by 2024 [EB/OL]. https://www.windpowerengineering.com/business-news-projects/uncategorized/microgrid-market-to-reach-19-billion-by-2024[2018-05-16].

[51] Morozumi S. Microgrid demonstration projects in Japan[C]// Power Conversion Conference, Nagoya, Japan, 2007: 635-642.

[52] Morozumi S, Kikuchi S, Chiba Y, et al. Distribution technology development and demonstration projects in Japan[C]// IEEE Power and Energy Society General Meeting Conversion and Delivery of Electrical Energy in the 21st Centrury, Pittsburgh, USA, 2008.

[53] Shuai Q. Japan's coastal city denuclearized to create a microgrid community[EB/OL]. http://shupeidian.bjx.com.cn/html/20150603/626245-2.pdf[2015-06-03].

[54] Panasonic. Launch of Japan's first microgrid system with a total of 117 homes[EB/OL]. https://news.panasonic.com/global/topics/2017/50883.html [2017-09-22].

[55] Zhu W Y. Singapore smart grid technology R&D news [EB/OL]. http://www.stis.sh.cn/list/list.aspx?id=7362.pdf[2012-02-28].

[56] Hossain E, Kabalci E, Bayindir R, et al. Microgrid testbeds around the world: State of art[J]. Energy Conversion and Management, 2014, 86: 132-153.

[57] Ye Y, Zeng S, Xiao Z, et al. Investing in Singapore: Integrating R & D projects across sectors to achieve sustainable energy goals[EB/OL]. https://www.edb.gov.sg/content/dam/edb/zh/resources/pdfs/publications/SingaporeInvestmentNews/2017/CHN-SINews-Nov42017.pdf[2017-11-04].

[58] Schneider Electric. Schneider Electric builds Southeast Asia's largest multi-fluid renewable energy microgrid on Semakau Island [EB/OL]. http://article.cechina.cn/17/1030/06/20171030061154.pdf[2017-10-30].

[59] 史玉波. 加强科技创新, 推动储能及微电网发展 [EB/OL]. http://www.cers.org.cn/news_show.aspx?id=6756[2016-06-05].

[60] 北极星电力网. 北京延庆微电网项目介绍 [EB/OL]. http://www.chinasmartgrid.com.cn/news/20141104/560663.shtml[2014-11-04].

[61] 董晓峰, 苏义荣, 吴健, 等. 支撑城市能源互联网的主动配电网方案设计及工程示范 [J]. 中国电机工程学报, 2018, 38(S1): 75-85.

[62] 中国经济新闻网. 西藏四个新能源微电网项目介绍 [EB/OL]. http://www.cet.com.cn/nypd/dl/1378259.shtml[2014-11-24].

[63] 周龙, 齐智平. 微电网保护研究综述 [J]. 电力系统保护与控制, 2015, 43(13): 147-154.

[64] 李霞林, 郭力, 王成山, 等. 直流微电网关键技术研究综述 [J]. 中国电机工程学报, 2016, 36(1): 2-17.

[65] Banerji A, Sen D, Bera A K, et al. Microgrid: A review[C]// IEEE Global Humanitarian Technology Conference: South Asia Satellite, Trivandrum, India, 27-35.

[66] Hua M, Hu H, Xing Y, et al. Multilayer Control for Inverters in Parallel Operation Without Intercommunications[J]. IEEE Transactions on Power Electronics, 2012, 27(8):3651-3663.

[67] Guerrero J M, Vasquez J C, Matas J, et al. Hierarchical control of droop-controlled AC and DC microgrids—A general approach toward standardization[J]. IEEE Transactions on Industrial Electronics, 2011, 58(1): 158-172.

[68] Bidram A, Davoudi A. Hierarchical structure of microgrids control system[J]. IEEE Transactions on Smart Grid, 2012, 3(4): 1963-1976.

[69] Gu D B, Wang Z Y. Leader-follower flocking: Algorithms and experiments[J]. IEEE Transactions on Control Systems Technology, 2009, 17(5): 1211-1219.

[70] Su H S, Wang X F, Lin Z L. Flocking of multi-agents with a virtual leader[J]. IEEE Transactions on Automatic Control, 2009, 54(2): 293-307.

[71] Strogatz S H. From Kuramoto to Crawford: Exploring the onset of synchronization in populations of coupled oscillators [J]. Physica D, 2000, 143: 1-20.

[72] 佘莹莹. 多智能体系统一致性若干问题的研究 [D]. 武汉：华中科技大学，2010.

[73] Mas P. Modeling adaptive autonomous agents[J]. Journal of Artifical Life, 1993, 1(1-2): 135-162.

[74] 纪良浩, 王慧维, 李华青. 分布式多智能体网络一致性协调控制理论 [M]. 北京: 科学出版社, 2015.

[75] 刘为凯. 复杂多智能体网络的协调控制及优化研究 [D]. 武汉: 华中科技大学, 2011.

[76] Olfati-Saber R, Murray R M. Consensus problems in networks of agents with switching topology and time-delays[J]. IEEE Transactions on Automatic Control, 2004, 49(9): 1520-1533.

[77] Olfati-Saber R. Flocking for multi-agent dynamic systems: Algorithms and theory[J]. IEEE Transactions on Automatic Control, 2006, 51(3): 401-420.

[78] Olfati-Saber R, Murray R M. Consensus protocols for networks of dynamic agents[C]// Proceedings of the 2003 American Control Conference, Denver, CO, USA, 2003: 951-956.

[79] Ren W, Beard R W. Consensus seeking in multi-agent systems under dynamically changing interaction topologies[J]. IEEE Transactions on Automatic Control, 2005, 50(5): 655-671.

[80] Xiao L, Boyd S, Kim S J. Distributed average consensus with least-mean-square deviation[J]. Journal of Parallel and Distributed Computing, 2007, 67(1): 33-46.

[81] Olfati-Saber R, Fax J A, Murry R M. Consensus and cooperation in networked multi-agent systems[J]. Proceedings of IEEE, 2007, 95(1): 215-233.

[82] Xiao F, Wang L, Wang A. Consensus problem in discrete-time multi-agent systems with fixed topology[J]. Journal of Mathematical Analysis and Applications, 2006, 322(2): 587-598.

[83] Wang L, Xiao F. A new approach to consensus problems in discrete-time multiagent systems with time-delays[J]. Science in China Series F: Information Science, 2007, 50(4): 625-635.

[84] Xu Y L, Liu W X. Novel multi-agent based load restoration algorithm for microgrids[J]. IEEE Transactions on Smart Grid, 2011, 2(1): 152-161.

[85] Xu Y L, Liu W X, Gong J. Stable multi-agent-based load shedding algorithm for power systems[J]. IEEE Transactions on Power Systems, 2011, 26(4): 2006-2014.

[86] Bidram A, Davoudi A, Liews F L, et al. Distributed cooperative secondary control of microgrid using feedback linearization[J]. IEEE Transactions on Power Systems, 2013, 28(3): 3462-3470.

[87] Lewis F L, Qu Z H, Davoudi A, et al. Secondary control of microgrids based on distributed cooperative control of multi-agent systems[J]. IET Generation Transmission Distribution, 2013, 7(8): 822-831.

[88] Simpson-Porco J W, Shafiee Q, Dorfler F, et al. Secondary frequency and voltage control of islanded microgrids via distributed averaging[J]. IEEE Transactions on Industrial Electronics, 2015, 62(11): 7025-7037.

[89] Shafiee Q, Guerrero J M, Vasquez J C. Distributed secondary control for islanded microgrids-A novel approach[J]. IEEE Power Electronics, 2014, 29(2): 1018-1031.

[90] Zhang H G, Kim S, Sun Q Y, et al. Distributed adaptive virtual impedance control for accurate reactive power sharing based on consensus control in microgrids[J]. IEEE Transactions on Smart Grid, 2017, 8(4): 1749-1761.

[91] Kim S, Zhang H G, Sun Q Y. Consensus-based improved droop control for suppressing circulating current using adaptive virtual impedance in microgrids[C]//Chinese Control and Decisioin Conference, Yinchuan, Ningxia, China, 2016: 4473-4478.

[92] Xu Y L, Zhang W, Hug G, et al. Cooperative control of distributed energy storage systems in a microgrid[J]. IEEE Transactions on Smart Grid, 2015, 6(1): 238-248.

[93] Xu Y L. Optimal distributed charging rate control of plug-in electric vehicles for demand management[J]. IEEE Transactions on Power systems, 2015, 30(3): 1536-1545.

[94] Zhang W, Xu Y L, Liu W X, et al. Distributed online optimal energy management for smart grids[J]. IEEE Transactions on Industrial Electronics, 2015, 11(3): 717-727.

[95] Xu Y L, Li Z C. Distributed optimal resource management based on the consensus algorithm in a microgrid[J]. IEEE Transactions on Industrial Electronics, 2015, 62(4): 2584-2592.

[96] Chen F X, Chen M Y, Li Q, et al. Multiagent-based reactive power sharing and control model for islanded microgrids[J]. IEEE Transactions on Sustainable Energy, 2016, 7(3): 1232-1244.

[97] Li Q, Chen F X, Chen M Y, et al. Agent-based decentralized control method for islanded microgrids[J]. IEEE Transactions on Smart Grid, 2016, 7(2): 637-949.

[98] Liu W, Gu W, Sheng W X, et al. Decentralized multi-agent system-based cooperative frequency control for autonomous microgrids with communication constraints[J]. IEEE Transactions on Sustainable Energy, 2014, 5(2): 446-456.

[99] Gu W, Liu W, Zhu J P, et al. Adaptive decentralized under-frequency load shedding for islanded smart distributed networks[J]. IEEE Transactions on Sustainable Energy, 2014, 5(3): 886-895.

[100] Liu W, Gu W, Sheng W X. Pinning-based distributed cooperative control for autonomous microgrids under uncertainty communication topologies[J]. IEEE Transactions on Power System, 2016, 31(2): 1320-1329.

[101] 吕振宇, 吴在军, 窦晓波, 等. 基于离散一致性的孤立直流微网自适应下垂控制 [J]. 中国电机工程学报, 2015, 35(17): 4397-4407.

[102] 吕振宇, 吴在军, 窦晓波, 等. 自治直流微电网分布式经济下垂控制策略 [J]. 中国电机工程学报, 2016, 34(4): 900-910.

[103] 苏晨, 吴在军, 吕振宇, 等. 孤立微电网分布式二级功率优化控制 [J]. 电网技术, 2016, 40(9): 2689-2697.

[104] Lu X Q, Yu X H, Lai J G, et al. Distributed secondary voltage and frequency control for islanded microgrids with uncertain communication links[J]. IEEE Transactions on Industrial Information, 2017, 13(2): 448-460.

[105] Jiang L, Yao W, Wu Q H, et al. Delay- dependent stability for load frequency control with constant and time-varying delays[J]. IEEE Transactions on Power Systems, 2012, 27(2): 932-941.

[106] Wu H, Tsakalis K S, Heydt G T. Evaluation of time delay effects to wide-area power system stabilizer design[J]. IEEE Transactions on Power Systems, 2004, 19(4): 1935-1941.

[107] Coelho E A, Wu D, Guerrero J M, et al. Small-signal analysis of the microgrid secondary control considering a communication time delay[J]. IEEE Transactions on Industrial Electronics, 2016, 63(10): 6257-6269.

[108] Lai J G, Zhou H, Lu X Q, et al. Droop-based distributed cooperative control for microgrids with time-varying delays[J]. IEEE Transactions on Smart Grid, 2016, 7(4): 1775-1789.

[109] 吕振宇, 苏晨, 吴在军, 等. 孤岛型微电网分布式二次调节策略及通信拓扑优化 [J]. 电工技术学报, 2017, 32(6): 209-219.

[110] Fan Y, Hu G Q, Egerstedt M. Distributed reactive power sharing control for microgrids with event-triggered communication[J]. IEEE Transactions on Control System Technology, 2017, 25(1): 118-128.

[111] Chen M, Xiao X N, Guerrero J M. Secondary restoration control of islanded microgrids with decentralized event-triggered strategy[J]. IEEE Transactions on Industrial Information, 2018, 14(9): 3870-3880.

[112] Weng S X, Yue D, Dou C X, et al. Distributed event-triggered cooperative control for frequency and voltage stability and power sharing in isolated inverter-based microgrid[J]. IEEE Transactions on Cybernetics, 2019, 49(4): 1427-1439.

[113] Meng W C, Wang X Y, Liu S C. Distributed load sharing of an inverter-based microgrid with reduced communication[J]. IEEE Transactions on Smart Grid, 2018, 9(2): 1354-1364.

[114] Ding L, Han Q L, Zhang X M. Distributed secondary control for active power sharing and frequency regulation in islanded microgrids using an event-triggered communication mechanism[J]. IEEE Transactions on Industrial Information, 2019, 15(7): 3910-3922.

[115] Zhang Z Q, Dou C X, Yue D, et al. An event-triggered secondary control strategy with network delay in islanded microgrids[J]. IEEE Systems Journal, 2019, 13(2): 1851-1860.

[116] Bidram A, Davoudi A, Lewis F L, et al. Distributed adaptive voltage control of inverter-based microgrids[J]. IEEE Transactions on Energy Conversion, 2014, 29(4):

862-872.

[117] Guo F H, Wen C Y, Mao J F, et al. Distributed secondary voltage and frequency restoration control of droop-controlled inverter-based microgrids[J]. IEEE Transactions on Power Electronics, 2015, 62(7): 4355-4364.

[118] Zuo S, Davoudi A, Song Y D, et al. Distributed finite-time voltage and frequency restoration in islanded AC microgrids[J]. IEEE Transactions on Industrial Electronics, 2016, 63(10): 5988-5997.

[119] Li Y L, Dong P, Liu M B, et al. A distributed coordination control based on finite-time consensus algorithm for a cluster of DC microgrids[J]. IEEE Transactions on Power Systems, 2019, 34(3): 2205-2215.

[120] Lu X Q, Yu X H, Lai J G, et al. A novel distributed secondary coordination control approach for islanded microgrids[J]. IEEE Transactions on Smart Grid, 2018, 9(4): 2726-2740.

[121] 李一琳, 董萍, 刘明波, 等. 基于有限时间一致性的直流微电网分布式协调控制 [J]. 电力系统自动化, 2018, 42(16): 96-103.

[122] 顾伟, 薛帅, 王勇, 等. 基于有限时间一致性的直流微电网分布式协同控制 [J]. 电力系统自动化, 2016, 40(24): 49-55, 84.

[123] Lou G N, Gu W, Xu Y L, et al. Distributed MPC-based secondary voltage control scheme for autonomous droop-controlled microgrids[J]. IEEE Transactions on Sustainable Energy, 2017, 8(2): 792-804.

[124] Lou G N, Gu W, Sheng W X, et al. Distributed model predictive secondary voltage control of islanded microgrids with feedback linearization[J]. IEEE Access, 2018, 6: 50169-50178.

[125] Pilloni X, Pisano A, Usai E. Robust finite-time frequency and voltage restoration of inverter-based microgrids via sliding-mode cooperative control[J]. IEEE Transactions on Industrial Electronics, 2018, 65(1): 907-917.

[126] Ge P D, Dou X B, Quan X J, et al. Extended-state-observer-based distributed robust secondary voltage and frequency control for an autonomous microgrid[J]. IEEE Transactions on Sustainable Energy, 2018.

[127] Dehkordi N M, Sadati N, Hamzeh M. Distributed robust finite-time secondary voltage and frequency control of islanded microgrids[J]. IEEE Transactions on Power Systems, 2017, 32(5): 3648-3659.

[128] Sahoo S, Mishra S. A distributed finite-time secondary average voltage regulation and current sharing controller for DC microgrids[J]. IEEE Transactions on Smart Grid, 2019, 10(1): 282-292.

[129] Li Q, Peng C B, Wang M L, et al. Distributed secondary control and management of islanded microgrids via dynamic weights[J]. IEEE Transactions on Smart Grid, 2019, 10(2): 2196-2207.

[130] Han Y, Zhang K, Li H, et al. MAS-based distributed coordinated control and optimization in microgrid and microgrid clusters: A comprehensive overview[J]. IEEE Transactions on Power Electronics, 2018, 33(8): 6488-6508.

[131] Lou G N, Gu W, Wang J, et al. Optimal design for distributed secondary voltage control in islanded microgrids: communication topology and controller[J]. IEEE Transactions on Power Systems, 2019, 34(2): 968-981.

第2章 分布式电源建模

微电网具有系统结构灵活、电源种类多、运行模式多样等特点，这给微电网系统的仿真建模和运行控制带来了困难[1]。微电网内分布式电源大致可分为旋转电机型分布式电源和电力电子变流装置型分布式电源两类，除了定速异步风机、小水电和柴油机等少数可以直接并网的旋转型分布式电源外，大多数分布式电源通过电力电子变流装置并网。其动态特性是电源本身、电力电子变流装置及其控制系统的各环节在各个时间尺度上动态特性的叠加，这是研究微电网稳定运行的基础和前提[2]。此外，由于分布式电源种类的多样性，很难给出每一种分布式电源准确的模型。为此，本章对目前比较常见的几种典型分布式电源模型进行介绍，包括风力发电系统、光伏发电系统、微型燃气轮机及储能系统，建立具有有限复杂度和可用于实时控制的数学模型，并对部分分布式电源的控制系统进行介绍。

2.1 风力发电系统

风力发电是将自然界中的风能转化为机械能，再将机械能转化为电能的能量转换过程。风能具有储量丰富、能源利用率高、环境要求低、建设周期短等优势，我国疆域辽阔，风能资源主要集中在华北、西北、东北地区以及东部沿海地区[3]，其发电成本是除水电外目前可再生能源开发中最低的，但也存在诸如波动性和随机性大、低电压易脱网等不足[4]。本节将重点介绍典型风力发电系统模型及相关并网方式。

风力发电系统有很多分类方法，按照发电机的类型划分，可分为同步发电机型和异步发电机型；按照风力机驱动发电机的方式划分，可分为直驱式和增速齿轮箱驱动式；更为普遍的是根据风机转速的不同，分为恒频/恒速型和恒频/变速型[5,6]。

恒频/恒速风力发电系统中，发电机直接与电网相连，通过失速控制维持发电机转速恒定和频率稳定，一般以异步发电机直接并网的形式为主，结构如图 2.1 所示。恒频/恒速型发电系统结构简单、成本低，缺点是无功功率不可控、输出功率波动较大以及风速的改变通常使风机偏离最佳运行转速等，从而使得运行效率较低、容量通常较小，限制了此类风力发电系统的应用[7]。

目前适用于规模化风电开发的主要风机类型为恒频/变速型，一方面其能够根据风速的状况实时调节发电机转速，使风机运行在最佳叶尖速比附近，从而最大化风机的运行效率，另一方面，通过变流器的并网控制策略保证发电机向电网输出频率恒定的电功率。这类风力发电系统中较为常见的是双馈异步风力发电机和永磁同步风力发电机，其系统结构图分别如图 2.2 和图 2.3 所示。

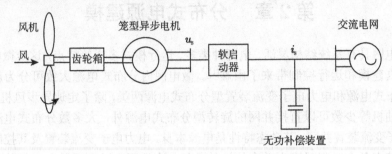

图 2.1   恒频/恒速型风力发电系统结构图[1]

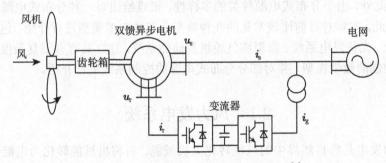

图 2.2   双馈异步风力发电系统结构图[1]

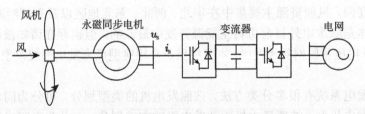

图 2.3   永磁同步风力发电系统结构图[1]

图 2.2 中，双馈异步电机的定子与电网直接相连，转子通过变流器与电网相连，变流器的作用是改变发电机转子电流的频率，保证发电机定子输出与电网频率同步，实现恒频变速控制。其最大的特点是转子侧能量可双向流动：当风机运行在超同步速度时，功率从转子流向电网；当运行在次同步速度时，功率从电网流向转子。双馈风力发电系统控制较为复杂、投资较大，但转子侧通过变流器可对有功无功进行控制，不需要无功补偿装置；风机采用变桨距控制，可以进行最大功率跟踪，提高风能利用效率，因此一般应用于大型风力发电机组[1,9]。

永磁同步风力发电系统基于变流环节可分为三种结构：第一种是通过不可控

整流器接逆变器并网，该方法结构简单、投资低，但风速低时风机输出电压低，无法将能量回馈至电网；第二种是用不可控整流器加升压斩波电路实现永磁同步电机输出电流的交流到直流的变换，可以实现低风速下的风能利用，但发电机侧功率因数不为 1.0 且不可控，功率损耗相对较大；第三种方法如图 2.3 所示，发电机通过两个全功率变流器与电网相连，这种并网方式既可以灵活调节有功功率和无功功率（即功率因数），风机也可以采用变桨距控制，追踪最大风能利用率，缺点是需要有两个与发电机功率相当的可控桥，成本增大[10,11]。

基于风力发电系统的物理结构和控制机理，本节以图 2.2 的双馈风力发电机为例，介绍其包含空气动力系统、桨距控制部分、轴系、发电机部分等子模型的模型建立过程[12]。双馈风力发电系统能量转换的核心部件是风机，风机通过叶轮捕获风能并转化成机械能，再由发电机转化为电能，这个过程中能量的传递是通过轴系实现的。轴系模型描述了风机质块、齿轮箱质块和发电机质块相互作用的机械运动过程。齿轮箱质块惯性较小，一般可以忽略，在电力系统建模中多用两质块模型来描述轴系：

$$
\begin{cases}
\dfrac{\mathrm{d}\omega_{\mathrm{w}}}{\mathrm{d}t} = \dfrac{1}{2H_{\mathrm{t}}}\left(T_{\mathrm{w}} - K_{\mathrm{sh}}\theta_{\mathrm{tw}} - D_{\mathrm{sh}}\left(\omega_{\mathrm{w}} - \omega_{\mathrm{g}}\right)\right) \\[2mm]
\dfrac{\mathrm{d}\theta_{\mathrm{tw}}}{\mathrm{d}t} = \omega_{\mathrm{B}}\left(\omega_{\mathrm{w}} - \omega_{\mathrm{g}}\right) \\[2mm]
\dfrac{\mathrm{d}\omega_{\mathrm{g}}}{\mathrm{d}t} = \dfrac{1}{2H_{\mathrm{g}}}\left(-T_{\mathrm{e}} + K_{\mathrm{sh}}\theta_{\mathrm{tw}} + D_{\mathrm{sh}}\left(\omega_{\mathrm{w}} - \omega_{\mathrm{g}}\right)\right)
\end{cases}
\tag{2.1}
$$

式中，T_{w}、T_{e} 分别为风机机械转矩和发电机电磁转矩；H_{t}、H_{g} 分别为风机、发电机等效惯量；K_{sh} 为轴系等效刚度；D_{sh} 为轴系等效互阻尼；ω_{B} 为电气基准角速度；ω_{w}、ω_{g} 分别为风机、发电机转速；θ_{tw} 为低速轴相对于高速轴的扭转角。T_{w} 由空气动力学可得

$$
T_{\mathrm{w}} = \frac{P_{\mathrm{w}}}{\omega_{\mathrm{w}}} = \frac{1}{2}\rho\pi R_{\mathrm{w}}^{2} C_{\mathrm{p}}(\lambda,\beta)\frac{v^{3}}{\omega_{\mathrm{w}}}
\tag{2.2}
$$

式中，P_{w} 为风机功率；ρ 为空气密度；R_{w} 为风机叶片的半径；v 为风速；C_{p} 为风能利用系数，是风机叶尖速比 λ 和叶片桨距角 β 的函数，其中叶尖速比 λ 即为叶尖线速度与风速之比，$\lambda = \omega_{\mathrm{w}} R_{\mathrm{w}}/v$。

风能利用系数 C_{p} 可由式（2.3）获得

$$
C_{\mathrm{p}}(\lambda,\beta) = 0.22\left(\frac{116}{\lambda_i} - 0.4\beta - 5\right)\mathrm{e}^{\frac{-12.5}{\lambda_i}}
\tag{2.3}
$$

式中，λ_i 可表示为

$$
\lambda_i = \frac{1}{\dfrac{1}{\lambda + 0.08\beta} - \dfrac{0.035}{\beta^3 + 1}}
\tag{2.4}
$$

双馈异步电机的控制通常是以矢量控制为主，在转子参考坐标系下的数学模型描述为

$$\begin{cases} u_{sd} = -R_s i_{sd} + p\psi_{sd} - \omega\psi_{sq} \\ u_{sq} = -R_s i_{sq} + p\psi_{sq} + \omega\psi_{sd} \\ u_{rd} = R_r i_{rd} + p\psi_{rd} - s\omega\psi_{rq} \\ u_{rq} = R_r i_{rq} + p\psi_{rq} + s\omega\psi_{rd} \end{cases} \tag{2.5}$$

定子、转子磁链表示为

$$\begin{cases} \psi_{sd} = -L_s i_{sd} + L_m i_{rd} \\ \psi_{sq} = -L_s i_{sq} + L_m i_{rq} \\ \psi_{rd} = L_r i_{rd} - L_m i_{sd} \\ \psi_{rq} = L_r i_{rq} - L_m i_{sq} \end{cases} \tag{2.6}$$

发电机电磁转矩表示为

$$T_e = i_{sd}\psi_{sq} - i_{sq}\psi_{sd} \tag{2.7}$$

定子侧的有功功率 P_s 和无功功率 Q_s 可由式（2.8）计算

$$\begin{cases} P_s = u_{sd} i_{sd} + u_{sq} i_{sq} \\ Q_s = u_{sq} i_{sd} - u_{sd} i_{sq} \end{cases} \tag{2.8}$$

式中，p 为微分算子；ω 为转子角速度；下标 s 和 r 分别代表定子侧和转子侧的分量；下标 d 和 q 为 $dq0$ 参考坐标系下的 d 轴和 q 轴分量；L_s、L_r、L_m 分别为定子自感、转子自感和定子与转子间的互感；u 为电压；i 为电流；R 为电阻；ψ 为磁链。

1. 最大功率跟踪

恒频/变速双馈风电系统运行控制的总体方案为：在额定风速以下风机按优化桨距角运行，由发电机控制系统实时调节转速和叶尖速比，实现最大功率追踪；在额定风速以上风机按变桨距运行，通过调节桨距角改变风能系数，进一步使机组的转速和功率控制在极限值以内，避免事故发生。因此，双馈发电机主要工作方式为额定风速以下运行，以便实现最大风能利用的控制目标。文献 [4] 指出，在同一风速下存在一个最优转速从而追踪最大功率输出 $P^{\max}$，将不同风速下最大功率点整合可得风机的功率-转速最优特性曲线，表示为

$$P^{\max} = \frac{1}{2}\rho\pi R_w^2 v^3 C_p(\beta^{opt}, \lambda^{opt}) = \frac{1}{2}\rho\pi R_w^2 v^3 C_p\left(\beta^{opt}, \frac{\omega^{opt} R_w}{v}\right) \tag{2.9}$$

变桨距变速控制系统就是为了在额定风速以下，控制风机按照式（2.9）功率-转速最优特性曲线运行，即在给定风速下以最佳转速 ω^{opt}、最佳叶尖速比 λ^{opt}、最佳桨距角 β^{opt} 运行实现最大功率跟踪[13,14]。

2. 变流器控制系统

典型的双馈风力发电并网控制系统如图 2.4 所示,发电机一般为三相绕线式异步电机,定子绕组直接并网传输电能,转子绕组外接变流器实现交流励磁。电机侧变流器的矢量控制思路是通过控制转子电流实现转差控制,达到定子电流频率恒定以及输出功率按给定值变化的目标,如图 2.5 所示,其中 SFRF 和 RRF 分别为定子

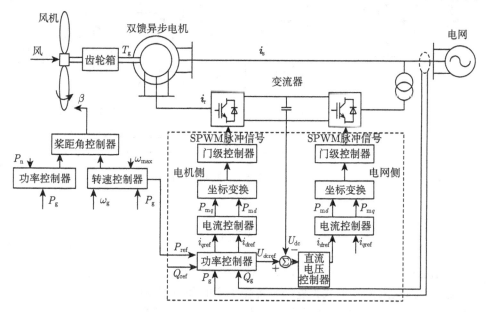

图 2.4 双馈风力发电并网控制系统结构图

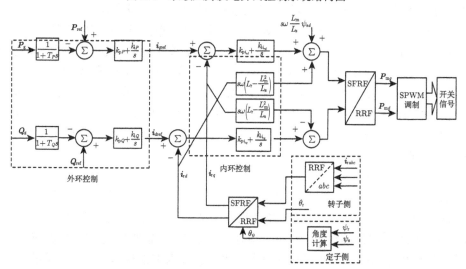

图 2.5 电机侧变流器矢量控制结构图

磁链参考坐标系和转子参考坐标系。网侧变流器的控制比电机侧变流器简单，一般采用网侧变流器电压定向（grid converter voltage reference frame，GCVRF）控制，即将网侧变流器电压矢量定在 d 轴上实现 dq 轴的解耦控制，如图 2.6 所示，其中 i_{qref} 一般等于 0。

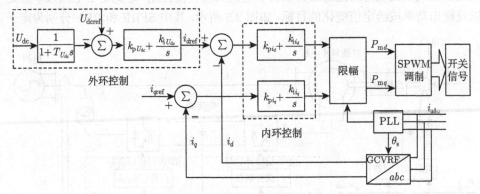

图 2.6　网侧变流器控制结构图

2.2　光伏发电系统

太阳能是一种重要的可再生能源，具有资源丰富、开发利用方便、清洁无污染等优点，因而太阳能发电成为近年来备受关注的分布式发电方式之一[15,16]。太阳能发电主要有两种方式：一是太阳能热发电，二是太阳能光伏发电。其中，光伏发电凭借安全可靠、无噪声、无污染、安装维护简单等优点成为太阳能发电的主流。光伏电池的发展大致可分为三代：第一代材料类型为单晶硅（量产转换效率 23%）和多晶硅（量产转换效率 18.5%），特点是转换效率高、技术成熟，但受环境影响大、高污染；第二代以非晶硅、$CuInSe_2$ 和 CdTe 为材料，成本低、弱光下可发电，但普遍转换效率低（8%~13%）、污染环境；第三代以染料敏化（转换效率 18%）、有机电池（转换效率 1%）和聚光电池为代表，前两者成本低、无污染，但稳定性差；聚光电池量产转换效率高达 30%，但成本高。目前第三代光伏电池技术仍处于探索开发阶段[17]。

光伏电池工作原理：当太阳光照射到单体表面，载流子在内部 P-N 结作用下形成光生场，接通外电路后产生电流[18]。由于 P-N 结的特性类似于二极管，可将光伏电池模型分为理想电路模型、单二极管模型和双二极管模型，其中双二极管模型对多晶硅光伏电池的输出特性拟合最好，更适用于光辐照度较低的情况。而单二极管模型相对简单，又能较好地模拟光伏电池实际内部损耗和空间电荷扩散效应，等效电路如图 2.7 所示[19]。

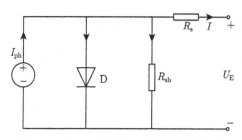

图 2.7 光伏电池的单二极管模型示意图

由图 2.7 得到单二极管模型的输出伏安特性为

$$I = I_{\text{ph}} - I_{\text{s}}\left(e^{\frac{q(U_{\text{E}}+IR_{\text{s}})}{AkT}} - 1\right) \frac{U_{\text{E}} + IR_{\text{s}}}{R_{\text{sh}}} \tag{2.10}$$

式中，I 为光伏电池输出电流；U_{E} 为光伏电池输出电压；I_{ph} 为光生电流源电流；I_{s} 为二极管饱和电流；R_{s} 和 R_{sh} 分别表示光伏电池串联电阻和并联电阻；q 是电子电量常量（$q=1.6\times10^{-19}$C）；k 是玻尔兹曼常数（$k=1.38\times10^{-23}$J/K）；T 为工作温度；A 为二极管特性拟合系数。一般来说，厂家给出的 I-U 曲线是在 IEC 标准条件（光辐照度 $S_{\text{ref}}=1000$W/m²，工作温度 $T_{\text{ref}}=298$K）下获得，当实际光辐照度和温度与标准条件有差异时，需要对光生电流源电流 I_{ph} 和饱和电流 I_{s} 进行修正：

$$I_{\text{ph}} = \frac{S}{S_{\text{ref}}}[I_{\text{phref}} + C_T(T - T_{\text{ref}})] \tag{2.11}$$

$$I_{\text{s}} = I_{\text{sref}}\left(\frac{T}{T_{\text{ref}}}\right)^3 e^{\frac{qE_{\text{g}}}{Ak}\left(\frac{1}{T_{\text{ref}}} - \frac{1}{T}\right)} \tag{2.12}$$

式中，S 为实际光辐照度；I_{phref} 和 I_{sref} 分别为标准条件下的光生电流和二极管饱和电流；C_T 为温度系数，由厂家提供；E_{g} 为禁带宽度，与光伏电池材料有关。

光伏电池作为光能转换的基本单元，单体输出功率较低，一般通过串并联形式构成光伏阵列，以获得较大的输出电压和输出功率。通常假定串并联的光伏模块具有相同的特征参数，若忽略模块间的连接电阻，则与单二极管等效电路相对应的光伏阵列等效电路如图 2.8 所示。

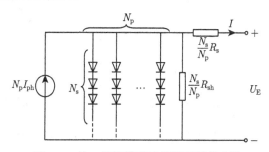

图 2.8 单二极管模型光伏阵列等效电路

由图 2.8 可见，形成的光伏阵列输出电流特性如下所示：

$$I = N_p I_{ph} - N_p I_s (e^{\frac{q}{AkT}(\frac{U_E}{N_s} + \frac{IR_s}{N_p})} - 1) - \frac{N_p}{R_{sh}} \left(\frac{U_E}{N_s} + \frac{IR_s}{N_p} \right) \qquad (2.13)$$

式中，N_s 和 N_p 分别表示串联和并联的光伏电池个数，其余变量定义与式（2.10）相同。根据实际运行工况，联合推导式（2.10）～ 式（2.13）可得出光伏电池（阵列）的数学模型。

1. 输出特性与最大功率跟踪

图 2.9 和图 2.10 表示不同光辐照度和环境温度下，光伏阵列的实际 U-I 曲线和 U-P 曲线，曲线上有三类特殊点：①输出短路点，I_{sc} 为光伏阵列输出电压为零时的短路电流；②输出开路点，U_{oc} 为光伏阵列输出电流为零时的开路电压；③最大功率输出点，$P_{mp} = U_{mp}I_{mp}$，对应伏安特性上所能获得的最大功率，该点处满足 $dP/dU = 0$。

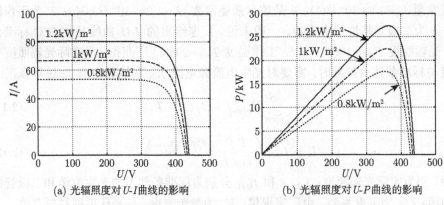

(a) 光辐照度对 U-I 曲线的影响　　　　　(b) 光辐照度对 U-P 曲线的影响

图 2.9　光辐照度对光伏阵列伏安特性的影响[1]

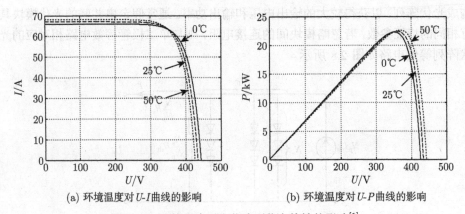

(a) 环境温度对 U-I 曲线的影响　　　　　(b) 环境温度对 U-P 曲线的影响

图 2.10　环境温度对光伏阵列伏安特性的影响[1]

由图 2.9 和图 2.10 可知，在光辐照度和环境温度一定的情况下，光伏阵列存在多个工作状态，可以输出不同的电压、电流和功率，并且存在唯一的状态点，使光伏阵列输出的功率最大。在实际运行的光伏系统中，应该根据光伏阵列的伏安特性，利用相关控制策略，保证其工作在最大功率输出状态，最大限度地提高运行效率，即最大功率点跟踪（maximum power point tracking, MPPT）控制[20]。目前MPPT 算法很多，包括扰动观测法、电导增量法、电流扫描法等传统方法以及神经网络控制、模糊控制等智能方法[21-24]。扰动观测法由于原理简单、被测参数少而得到广泛应用，其算法流程如图 2.11 所示。其中 U_n、I_n 表示当前时刻采样到的输出电压和电流；U_{n-1}、I_{n-1} 表示上一时刻采样到的输出电压和电流；ΔU 表示输出电压扰动量。其工作原理是：周期性地对光伏阵列电压施加一个小的扰动，并观测输出功率的变化方向，决定下一步的控制信号 U_{n+1}；若输出功率增加，则继续朝着相同的方向改变工作电压，否则朝着相反的方向改变。扰动观测法实现简单，当采用较大周期扰动量 ΔU 时可以较快地实现最大功率输出，但是稳态精度较低；当采用较小扰动量 ΔU 时会造成跟踪速度较慢。在实际系统运行中，可以根据光伏阵列工作点实时改变扰动步长提高扰动法跟踪动态。但该算法也存在不足之处：在光照发生突变时，该算法可能会造成误判而不能跟踪最大功率点，同时，该算法会始终对电压进行扰动，所以光伏电池会一直运行在最大功率点附近，而不能获得最大输出功率[6,25]。

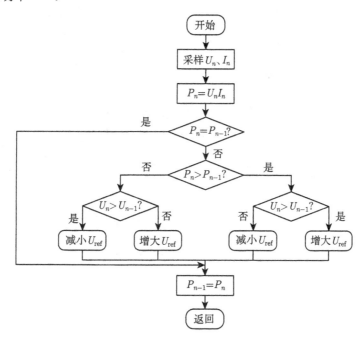

图 2.11 扰动观测法的流程图

2. 光伏并网发电系统模型

光伏电池是一种直流电源，一般需要通过电力电子变换装置将直流电转换为交流电后接入电网，其输出特性决定了光伏发电系统可以通过控制进行最大功率点跟踪以提高太阳能的利用效率。目前，应用较多的光伏发电系统主要有单级式和双级式两种[18]，其并网控制结构分别如图 2.12 和图 2.13 所示。

单级式光伏发电系统的光伏阵列直接连接到逆变器上，结构简单，成本低，能量转换效率高，但 MPPT 控制与光伏功率控制需同时集成到逆变器上，控制系统较为复杂。双级式光伏发电系统在光伏阵列与逆变器之间增加了 DC/DC 斩波器（升压电路结构）进行电压变换，在 DC/AC 上采用恒直流电压恒无功功率控制，并设置无功功率参考值为零，从而实现光伏阵列最大功率的输出，虽然较单级式光伏发电系统降低了能量转换效率，但使 MPPT 控制与光伏并网控制解耦，控制系统简单，得到广泛关注[26]。

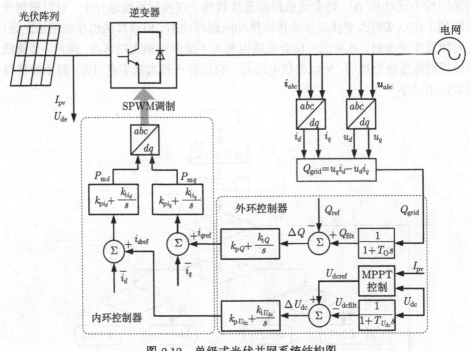

图 2.12   单级式光伏并网系统结构图

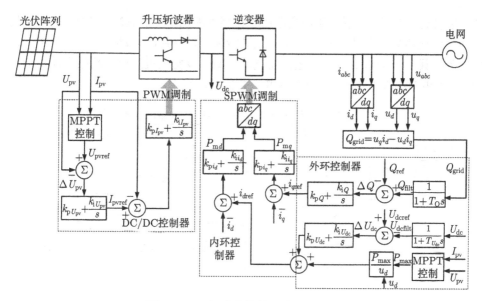

图 2.13 双级式光伏并网系统结构图

2.3 微型燃气轮机发电系统

微型燃气轮机是一种小型涡轮式热力发动机,以天然气、甲烷、汽油等为燃料,可同时提供电能和热能,单机功率一般在数十到数百千瓦之间,具有发电效率高、占用空间少、有害气体排放少、安装维护简单等优点,微型燃气轮机通常用于航空航天、车辆混合动力装置、分布式发电和冷热电联供等领域[27]。燃气轮机也可直接与燃料电池(如固体氧化物燃料电池、熔融碳酸盐等)实现混合发电,发电效率可达 60% 以上,是目前世界上最先进的清洁能源发电方式之一,因而得到了广泛的研究[30,31]。目前微型燃气轮机发电系统主要有单轴和分轴两种结构,以下分别介绍其模型。

2.3.1 单轴式微型燃气轮机

单轴式微型燃气轮机的压气机、燃气涡轮与发电机同轴,通过电力电子装置整流逆变,具有结构紧凑、效率高、运行灵活等优点,其结构原理如图 2.14 所示[32,33]。

微型燃气轮机的主要组成部分通常包括发电机、压气机、燃烧室、燃气涡轮等部件,有时也在动力装置中增加空气冷却器、回热器等装置以提高循环的热效率。在单轴式微型燃气轮机中,压气机从周围吸收空气,并进行压缩以产生高压空气送往燃烧室。在燃烧室中,压气机产生的高压气体与燃料混合并充分燃烧,将燃料的化学能转化为热能，之后产生的高温燃气在燃气涡轮中膨胀做功，将燃气的热能转化为燃气轮机转轴的机械能。产生的机械能除一部分用于带动压气机产生的高压气体外，其余带动永磁同步发电机发电。永磁同步发电机发出的高频交流电通过 AC/DC 和 DC/AC 变换成工频交流电，并接到电网中。

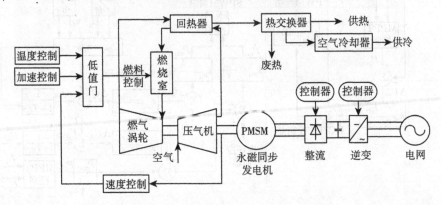

图 2.14　单轴式微型燃气轮机工作原理图

根据研究目的不同，微型燃气轮机的数学模型也有所不同。图 2.15 为典型微型燃气轮机模型的传递函数框图，共包括五个部分：转速控制、加速控制、温度控制、燃料系统以及压缩机–涡轮机系统[1,34]。

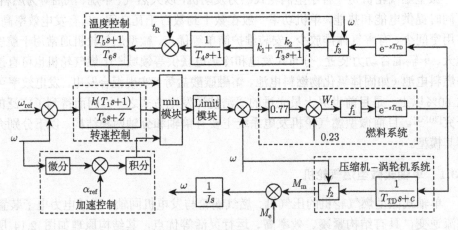

图 2.15　单轴式微型燃气轮机模型的传递函数框图

图 2.15 中，ω 为发电机转速的标幺值；t_R 为参考温度，单位为 ℃；M_m 为机械转矩的标幺值；M_e 为电磁转矩（即负载转矩）的标幺值；f_1 为燃料系统中阀门定位器与燃料制动器的传递函数；f_2 为压缩机–涡轮机系统中涡轮转矩的输出函数；f_3

为排气温度函数。这些函数的表达式分别如式（2.14）～式（2.16）所示。

$$f_1 = \frac{1}{(0.05s+1)(0.4s+1)} \tag{2.14}$$

$$f_2 = 1.3(W_f - 0.23) + 0.5(1-\omega) \tag{2.15}$$

$$f_3 = t_R - 700(1-W_f) + 550(1-\omega) \tag{2.16}$$

式中，W_f 为燃料流量信号的标幺值。图 2.15 中加速控制环节可以限制机组启动过程中的加速度，在微型燃气轮机达到额定转速后，加速控制环节会自动关闭。转速控制环节通过调节微型燃气轮机的燃料需求量，从而保证在一定的负载变化范围内燃气轮机转速基本不变。温度控制环节通过改变燃料量控制燃气涡轮的温度在合适的范围内，从而起到保护微型燃气轮机的作用，防止温度过高影响系统安全和机组寿命。加速控制、转速控制和温度控制所产生的三个燃料参考指令通过选择和限值控制产生燃料系统的燃料参考值。燃料系统环节中分别用两个一阶惯性环节来模拟阀门定位和燃料调节，以实现燃料的控制与调节。压缩机–涡轮机环节是微型燃气轮机的核心环节，实现热能到涡轮机械能的转变。

单轴式微型燃气轮机发电系统并网结构与直驱风力发电系统相似，一般采用永磁同步发电机，通过整流器和逆变器实现并网。整流器主要对同步发电机进行控制，将发电机输出的高频交流电转化为直流电，一般采用矢量控制。常用的矢量控制方法有：定子 d 轴零电流（$i_{sd}=0$）控制、输出电压控制、发电机输出功率因数控制、最大转矩电流比控制、最大输出功率控制等，其中 $i_{sd}=0$ 控制能够实现定子磁场与转子永磁磁场相互独立，控制最为简单；输出电压控制能够对永磁同步发电机输出电压和直流侧电压进行调节。逆变器主要实现对输出有功功率和无功功率的解耦控制。典型的单轴式微型燃气轮机发电系统如图 2.16 所示[35]。

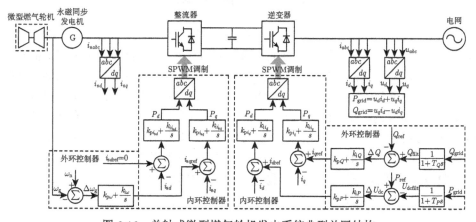

图 2.16　单轴式微型燃气轮机发电系统典型并网结构

2.3.2　分轴式微型燃气轮机

　　分轴式微型燃气轮机的动力涡轮和燃气涡轮采用不同转轴,动力涡轮通过变速齿轮与发电机相连,可直接并网运行,但发电机转速较低且齿轮箱维护费用高[36]。其结构原理图如图 2.17 所示。

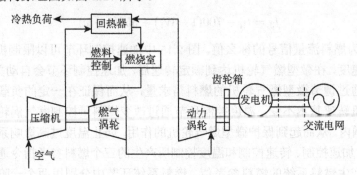

图 2.17　分轴式微型燃气轮机工作原理图

　　分轴式微型燃气轮机发电系统的工作原理与单轴式方式相似,不同在于燃气涡轮产生能量除了为压缩机提供动力外,其余以高温高压燃气形式进入动力涡轮,由齿轮箱带动发电机(既可以是同步发电机,也可以是感应发电机)将机械能转换为电能传递给交流电网。对于分轴式微型燃气轮机的控制方式,有功功率控制主要通过燃气轮机的调节方式实现,无功功率控制通过发电机本身的励磁调节系统实现。当发电机采用感应电机时,还需要应用无功补偿装置进行无功功率调节[1,37]。

2.4　储能系统

　　随着风能、光伏等新能源的快速发展,其间歇性和波动性带来的并网难、消纳难问题愈加突出,严重制约了可再生能源发电的发展,这给储能技术带来了很好的发展机遇。储能技术作为未来智能电网的重要组成部分,改变了电力系统供需平衡的传统模式,其作用主要在于:①能够提供快速的功率支撑,平滑间歇性电源功率波动,增强电网调频调峰能力,促进可再生能源的开发利用;②可以有效实现需求侧管理,发挥削峰填谷的作用,减少负荷峰谷差,提高系统整体效率和输配电设备的利用率,并降低供电成本;③增加备用容量,在电力系统遇到大的扰动时可以瞬间吸收或释放能量,提高电网安全稳定性和供电质量[38]。

2.4.1　储能系统分类

　　目前储能系统的分类方式主要有三种[39]:一是根据能量储存的形式可分为非

物理储能和物理储能，前者如铅酸电池、锂电池、钠硫电池等，后者如抽水蓄能、飞轮储能、超级电容器、超导磁储能等；二是根据储能的应用时间尺度可分为功率型储能和能量型储能，前者能够在较短的时间内提供较大的输出功率维持系统供需功率平衡，如超级电容器、飞轮储能等，后者具有较大的储能容量用于能量管理、削峰填谷等，如电化学储能、抽水蓄能等；三是根据能量转化的方式可分为直接储能和间接储能，前者将电能以电场和磁场的形式储存，如超导磁储能、超级电容器，后者则将电能以化学能、机械能等能源形式存储，如蓄电池、抽水蓄能、电解制氢等，如图 2.18 所示。本节以常见的几种电化学储能、物理储能和电磁储能为例进行储能技术的介绍。

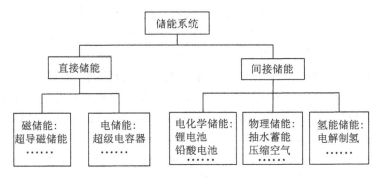

图 2.18 根据能量转换方式的储能系统分类

1. 电化学储能技术[39]

目前的电化学储能技术主要以锂离子电池、铅酸电池、钠硫电池和液流电池为主，它们在可再生能源并网及微电网领域已实现兆瓦级的示范应用，同时在电力输配、调频辅助服务、电动汽车领域也得到广泛应用。各类电化学储能的主要性能参数比较如表 2.1 所示。

表 2.1 各种电化学储能技术的性能比较

电化学储能类型	循环次数	能量密度 /(W·h/kg)	功率密度 /(W/kg)	效率 /%	单位容量成本 /(元/(kW·h))
锂离子电池	4000~12000	70~250	150~1000	90~95	1000~3000
铅酸电池	500~1200	20~45	90~700	60~80	670~1000
钠硫电池	2500	150~300	120~160	70~89	2000~2500
液流电池	8000~12000	20~40	—	60~75	3500~5000

锂离子电池由于具有较高的系统效率、良好的循环性能和较大的比容量，成为各国重点研究发展的储能技术，而因大发展带来的成本降低和产能铺展，也使其在储能市场中具有很大的竞争优势。锂离子电池以碳素材料为负极，以含锂的金属氧

化物为正极, 工作原理主要依靠锂离子在正极和负极之间嵌入和脱嵌实现能量的存储和释放。锂离子电池可工作于很高的电压工况, 具有重量轻、容量大、无记忆效应、自放电率低以及绿色环保等优点, 比能量可达到 150Wh/kg, 循环次数最高可到 1 万次以上。它的具体性能主要与电极材料和电解质有关, 目前主要技术路线为磷酸铁锂电池、三元锂电池、钛酸锂、锰酸锂等, 其中磷酸铁锂电池由于成本较低、安全可靠和高倍率放电性能受到广泛关注, 发展最快。

铅酸电池已经历了近 160 年的发展历程, 技术相对成熟, 电极由铅及其氧化物组成, 电解液是硫酸溶液, 在充电状态下正负极均为硫酸铅, 在放电状态下正极为二氧化铅, 负极为铅。长期以来, 铅酸电池以其材料普遍、价格低廉、性能稳定、安全可靠、免维护性、优越的高低温性能、耐过充能力等优点得到了广泛应用, 比如在紧急情况下充放电, 保证持续性供电, 但比能量较小、充放电倍率低等缺点也限制了其在削峰填谷等高强度储能场景下的应用前景。

与传统化学电池不同, 钠硫电池采用熔融液态电极和固体电解质, 其中负极是熔融金属钠, 正极是硫和多硫化钠熔盐, 固体电解质兼隔膜是专门传导钠离子的 Al_2O_3 陶瓷材料。钠硫电池具有较高的储能效率 (最高可到 89%), 比能量高, 可大电流、大功率放电 (放电电流密度可达 $200\sim300mA/cm^2$), 同时具有输出脉冲功率的能力。这些特性使钠硫电池可以实现电能质量调节和对负荷削峰填谷, 提高系统整体经济性。但钠硫电池也有不足, 工作温度需保持在 $300\sim350℃$, 因此充电状态下需要一定的加热保温, 放电状态下需要良好的散热设计。此外, 硫具有腐蚀性, 电池外壳需要严格的耐腐处理。

液流电池全称为氧化还原液流电池, 单电池通过电极板串并联成堆, 正极和负极电解储液罐在泵的作用下使溶液流经电池, 并在电池内离子交换膜两侧的电极上分别发生氧化还原反应, 其功率输出和能量储存部分是相互独立的, 可单独调节。电池具有组装设计灵活、模块组合简单、易于实现高速响应、高功率输出以及安全稳定、维护便捷等优点, 作为储能电源主要用于电厂调峰、平抑大规模光伏/风能发电波动以及边远地区不间断供电等需求。液流电池寿命较长, 它的失效主要是由电堆材料或辅机元件的老化引起的。

2. 物理储能技术

物理储能技术主要包括抽水蓄能、压缩空气储能、飞轮储能、超级电容储能、超导磁储能等, 其中抽水蓄能由于技术最成熟在世界储能容量中占比最高, 其次是压缩空气储能。各种物理储能技术的性能比较如表 2.2 所示 [40-42]。

抽水蓄能的工作原理为在电网负荷低谷时利用过剩电力将水从地势低的水库抽到地势高的水库, 电网峰荷时高地势水库中的水回流到低地势水库推动水轮发电机发电, 效率一般为 75%, 俗称 “进 4 出 3”, 具有日调节能力, 主要用于调峰和备用。抽水蓄能技术在物理储能中最为成熟，具有高能量密度、性能稳定、安全可靠等优点，但其选址条件较为严格，建设周期较长，损耗较高，主要包括涡轮机损耗、抽蓄损耗和线路损耗，现阶段收益也受到国内电价政策的制约。

表 2.2　各种物理储能技术的性能比较

储能技术	优点	缺点	待改进	单位容量成本/(元/(kW·h))
抽水蓄能	高能量密度、技术成熟	选址受限、工程投资大、建设时间长、响应时间长	涡轮机效率	约 6000
压缩空气储能	大功率、高能量密度、技术成熟	选址受限、工程投资大、建设时间长	绝热能力	约 10000
飞轮储能	高功率密度、循环寿命长、充电速度快	能量密度低、自放电损耗大	材料、降低费用、提高能量密度	约 5000
超导磁储能	高功率密度、响应速度快、转换效率高	能量密度低、辅助设备要求高、制造成本高	成本、提高能量密度、提高充电速度	约 3500
超级电容储能	高功率密度、循环寿命长、充放电速度快	能量密度低、要求先进的电力电子设备、价格昂贵	成本、提高能量密度、电容器的串联均压问题	约 3000

压缩空气储能（compressed air energy storage，CAES）是目前除抽水蓄能外唯一单体容量超过百兆瓦的高效储能技术，其原理示意图如图 2.19 所示[43]。CAES 在电网负荷低谷时利用多余的电力压缩空气，储存于高压密封的设施中，在负荷高峰时释放压缩空气以驱动燃气轮机发电。在同样的电力输出情况下，CAES 所消耗的燃气比常规燃气轮机降低 40%，因为常规燃气轮机在发电时大约需要消耗输入燃料的 2/3 用于空气压缩，而 CAES 则是利用负荷低谷时的电力预先压缩空气，具有功率调节范围广（千瓦级至几百兆瓦级）、能量储存时间长、稳定性高、寿命长（20~40 年）、运行费用低等优势，但受到电站选址（地下洞穴储气）、循环效率低（42%~53%）等不足的限制。

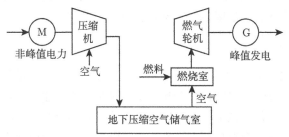

图 2.19　压缩空气储能原理示意图

飞轮储能（flywheel energy storage，FES）技术通过飞轮转速的调节，实现电能与飞轮动能的转换，从而进行能量的储存和释放，其原理如图 2.20 所示。目前

FES 技术包括基于机械轴承的低速飞轮储能和基于磁悬浮轴承的高速飞轮储能两种，前者转子转速低于 10000r/min，自放电率较高，主要用于短时间大功率放电等场景，后者的转速在 50000r/min 以上，转子需要在接近真空的环境中旋转，适用于削峰填谷等长期储能应用场景。总的来说，飞轮储能技术具有响应速度快、循环效率高（85%～95%）、工作温度范围宽（−40～50℃）、寿命长（20 年）等优势，未来在调峰调频方面将发挥较大作用 [44]。

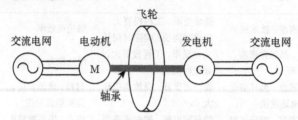

图 2.20　飞轮储能系统原理示意图

3. 电磁储能技术

超导磁储能（superconducting magnetic energy storage，SMES）利用超导体在特定温度下电阻为零的特性，将通过变流器进入线圈的电能转换为磁能进行储存，在世界范围内已初步形成产品，具有循环效率高（80%～95%）、响应速度快、功率密度和比容量大等优点，但受到超导体材料和维持超导磁储能低温环境的高成本限制，未来前景尚不明朗 [45,46]。

超级电容器通过电解质的电化学反应实现能量储存，与常规电容器相比，超级电容器由于采用了特殊材料制作电极和电解质，在介电常数、存储容量和耐压能力方面得到较大的提升，其最大的特点是具有非常高的功率密度，可用于短时间尺度的功率波动抑制和电能质量调节，对于维持微电网的稳定、抑制功率电压波动具有较大的意义。此外，超级电容器还具有循环效率高（90%以上）、充放电速度快、循环充放电次数高（百万次以上）、工作温度范围宽（−40～50℃）等优点，但其自放电率较高、成本较高等不足限制了其应用范围 [47]。

4. 蓄电池储能模型

考虑到蓄电池储能（battery energy storage，BES）系统在成本和技术方面的优势，本节以蓄电池的通用数学模型为例，介绍储能系统的建模方法，该方法适用于锂离子电池、铅酸电池、镍镉电池、钠硫电池等。目前常用的 BES 充放电动态模型有电化学模型和等效电路模型，其中电化学模型涉及一定电化学知识，而等效电路模型更适合于系统动态特性的仿真研究，具体可分为通用等效模型、戴维南等效模型、三阶动态模型和四阶动态模型等。

蓄电池厂家一般会通过实验测得蓄电池在不同电流下恒流放电的电压特性曲

线，如图 2.21 所示，这些曲线能够准确反应蓄电池在不同工况下的外特性，包括开始放电时的指数特性区和电压平缓变化的额定特性区。基于对以上各放电特性曲线的拟合得到由受控电压源和电阻组成的适用于任意类型蓄电池的通用模型[1]，其电路图如图 2.22 所示。

由图 2.22 可知，蓄电池通用等效模型输出直流电压 U_E 可表示为

$$U_E = U - R_b I_b \tag{2.17}$$

式中，I_b 表示充放电电流；R_b 为等效电路模型内阻，假设在运行过程中保持不变；U 为受控电压源输出电压，可由式（2.18）计算得到：

$$U = U_0 - \frac{KC_{\max}}{C_{\max} - \int_0^t \eta I_b(\tau)\mathrm{d}\tau} + A\exp\left(-B\int_0^t \eta I_b(\tau)\mathrm{d}\tau\right) \tag{2.18}$$

式中，U_0 为内电动势；$C_{\max}$ 为蓄电池的最大容量；η 为充放电效率，针对特定种类的蓄电池需要通过实验得到；A、B、K 均为通过蓄电池放电特性曲线拟合得到的

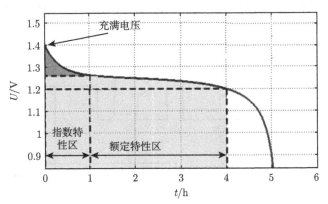

图 2.21　蓄电池恒流放电电压特性曲线图 [1]

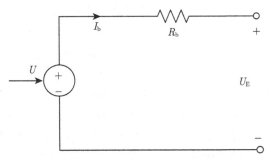

图 2.22　蓄电池通用等效模型电路图 [1]

参数；$A\exp(\cdot)$ 代表初始放电阶段的指数特性区；$KC_{\max}\big/\left(C_{\max}-\int_0^t \eta I_b(\tau)\mathrm{d}\tau\right)$ 代表放电特性的额定特性区。由式（2.18）可知，电池端电压等参数会随着电池剩余容量的变化而变化，电池剩余容量用荷电状态（state of charge，SOC）表示：

$$\mathrm{SOC} = \frac{C_{\max} - \int_0^t \eta I_b(\tau)\mathrm{d}\tau}{C_{\max}} \tag{2.19}$$

蓄电池通用等效模型能够精确地反映蓄电池的电压随电流变化的特性，该模型中使用的拟合参数容易通过放电特性曲线得到，但未考虑蓄电池容量和内阻的变化情况，忽略了 BES 的记忆特性与自放电特性。当蓄电池类型不同时，需要对式（2.18）电势公式进行一定修正，从而使该模型更具通用性[48]。

2.4.2　储能系统并网控制模型

根据储能系统的作用不同，其并网结构也有所不同。本节以常见的蓄电池并网系统为例介绍储能系统的并网模型，两种典型的并网结构分别如图 2.23 和图 2.24 所示。蓄电池通过变流器直接并网或者蓄电池与其他分布式电源并联接入电网。

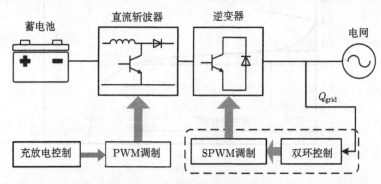

图 2.23　储能系统直接并网结构

由于蓄电池存在充电和放电两种工作模式，因此双向 DC/DC 斩波器由补偿电路和升压电路反串联而成，具有电池对直流母线的正向升压放电功能和直流母线对电池的降压充电功能[49]，如图 2.25 所示。在实际充电过程中，为了缩短充电时间同时减少容量损耗，一般采用 "恒流-恒压-浮充" 三阶段的组合充电方式，其中恒压充电与浮充充电控制结构相同。当蓄电池放电时，DC/DC 斩波器的控制目标一般为直流母线侧电压恒定。需要注意的是，蓄电池端电压随放电时间逐渐下降，需要实时调节 DC/DC 斩波器的占空比，同时避免端电压下降至放电终止电压。蓄电池直接并网的控制系统结构如图 2.26 所示，其控制系统详见第 3 章。

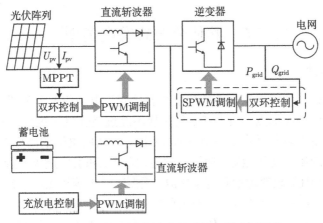

图 2.24 储能系统与光伏并联接入微电网结构

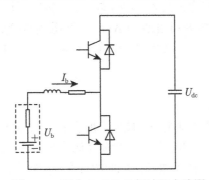

图 2.25 双向 DC/DC 斩波器电路图

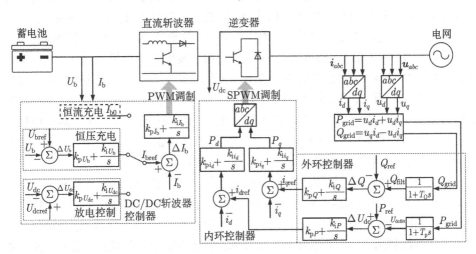

图 2.26 储能系统直接并网的控制系统结构图

2.5   其他分布式发电类型

2.5.1   燃料电池

燃料电池是一种将燃料具有的化学能直接变为电能的发电装置，具有发电效率高、环境污染少等优点。由于其电能转换不经过燃烧这一过程，故不受卡诺循环的限制，理论上转换效率可达到 80% 以上[50]。燃料电池的功率范围为 1W ～ 100MW，广泛应用于交通运输、便携式设备、发电站和航空航天等领域。与传统的汽车燃料石油相比，燃料电池具有零排放、无振动噪声等优点，对于缓解交通运输的能源压力、降低尾气排放等都具有重要的作用。与煤炭火力发电相比，燃料电池具有负荷响应性好、高可靠度等优点，对于提高发电效率、减小环境压力等也有显著的效果[51,52]。目前燃料电池技术已经比较成熟，按电解质类型可以分为 5 类：碱性燃料电池（AFC）、磷酸燃料电池（PAFC）、熔融碳酸盐燃料电池（MCFC）、固体氧化物燃料电池（SOFC），以及质子交换膜燃料电池（PEMFC），其特点和应用领域如表 2.3 所示 [53,54]。

2.5.2   生物质发电

生物质发电是利用农林废弃物、垃圾等所含的生物质能进行发电，属于可再生能源发电。我国作为一个农业大国，生物质资源十分丰富，各种农作物每年产生秸秆约 10 亿 t，其中可以作为能源使用的约 4 亿 t；全国林木获得量为 9 亿 t，其中可作为能源利用的总量约为 3.5 亿 t。此类生物质如加以有效利用，开发潜力将十分巨大，对于提高可再生能源应用比例、降低秸秆焚烧产生的空气污染、扩大乡镇产业规模、促进循环经济的发展具有重要意义。截至 2017 年，我国生物质发电总装机容量为 1476 万 kW，截至 2018 年，生物质能发电装机规模达到 1784 万 kW，增长趋势十分明显，我国已经成为世界第一大生物质发电生产国。其中农林生物质直燃发电约 806 万 kW，垃圾焚烧发电约 916 万 kW，沼气发电约 62 万 kW。年发电量约 907 亿 kW·h，生物质发电技术基本成熟 [55]。到 2019 年，生物质发电累计装机达到 2254 万 kW，同比增长 22.1%；生物质发电量 1111 亿 kW·h，同比增长 20.4%，继续保持稳步增长势头[56]。

生物质燃料具有松散、密度低、高挥发及低热值等特点，因此在收集、贮存和使用过程中存在一定的困难和不经济性。传统的生物质资源利用主要是炉灶直接燃烧方式，其能源利用率只有 10%～15%，而且在燃烧过程中排放出大量的烟尘。新的生物质能利用方式，如生物质发电技术，能够克服上述的缺点，已经成为生物质能现代化利用的重要方式之一[57,58]。生物质发电的主要利用方式包括农林废弃物的直接燃烧发电、垃圾焚烧发电、垃圾填埋气发电、沼气发电等 [59,60]。此外，

表 2.3 燃料电池按电解质分类

燃料电池类型	电解质	电解质形态	阳极	阴极	工作温度/°C	电化学效率/%	燃料/氧剂化剂	启动时间	功率输出/kW	应用
AFC	氢氧化钾溶液	液态	Pt /Ni	Pt/Ag	50~200	60~70	氢气/氧气	几分钟	0.3~5.0	航天、机动车
PAFC	磷酸	液态	Pt /C	Pt/C	160~220	45~55	氢气、天然气/空气	几分钟	200	清洁电站、轻便电源
MCFC	碱金属碳酸盐熔融混合物	液态	Ni/Al、Ni/Cr	Li/NiO	620~660	50~65	氢气、天然气/沼气、煤气、空气	大于 10min	2000~10000	清洁电站
SOFC	氧离子导电陶瓷	固态	Ni/YSZ	Sr/LaMnO$_3$	800~1000	60~65	氢气、天然气/沼气、煤气、空气	大于 10min	1~100	清洁电站、联合循环发电
PEMFC	含氟质子膜	固态	Pt/C	Pt/C	60~80	40~60	氢气、甲醇、天然气/空气	大于 5min	0.5~300	机动车、清洁电站、潜艇、便携能源、航天

生物质气化和生物质液化也是生物质利用的两种重要方式。生物质气化是利用气化炉在固体生物质不充分燃烧的情况下产生 CH_4、CO、H_2 等可燃气体,进一步用于集中供气、供暖、供电等。生物质液化是指将固体生物质通过机械法等直接液化方法或微生物作用、化学合成等间接方法转换成乙醇、甲醇等液体燃料。生物质气化和液化所得的气体或液体燃料可进一步进行发电,供给电力。

目前,国内用于生物质发电的锅炉及燃料输送系统的技术和设备绝大部分依靠进口,国内还没有成熟的生产商[57]。由于生物质发电厂初期投资较高、发电机组热效率低及生物质燃料成本高等原因,生物质发电成本远高于常规燃煤发电成本,还需国家的大力扶持发展。在我国《"十三五"发展规划纲要》中明确提出要加快发展生物质能,完善生物质能发电扶持政策。因此,预期生物质发电行业在未来较长的时间内仍属于国家大力支持的领域,未来几年我国生物质能发电装机容量将继续保持稳定增长的态势[61]。

2.5.3　地热能发电

地热发电是一种利用地下热水和蒸汽来推动汽轮机,从而将地下热能转化为机械能、再将机械能转化为电能的发电技术,其基本原理与火力发电相似。我国地热资源储量丰富、分布广泛。据国土资源部中国地质调查局 2015 年调查结果,全国水热型地热资源储量折合标准煤高达 1.25 万亿 t,每年可开采资源量折合标准煤 19 亿 t,埋深在 3000~10000m 的干热岩资源储量折合标准煤 856 万亿 t[62,63]。

地热能开发利用方式可分为直接利用和地热发电。地热发电具有发电潜力大、利用率高、发电成本低、与常规能源接近等特点,但初期开发成本高[64]。我国中低温地热资源丰富,在地热直接利用方面一直位居世界前列。据 2015 年世界地热大会的资料报道,2015 年我国地热直接利用设备能力 17870MW,居世界第一位;年产出热能 484 亿 kW·h,居世界第一位 [65]。2017 年世界地热发电装机容量 12800MW,而目前我国正在运行的中高温地热发电站只有 4 处,总装机容量 27.78MW,居世界第 18 位,与其他国家比相当落后[66]。

根据《可再生能源发展"十三五"规划》,有序推进地热能利用,综合考虑地质条件、资源潜力及应用方式,在青藏铁路沿线、西藏、四川西部等高温地热资源分布地区,新建若干万千瓦级高温地热发电项目,对西藏羊八井地热电站进行技术升级改造。在东部沿海及油田等中低温地热资源富集地区,因地制宜发展中小型分布式中低温地热发电项目。在青藏高原及邻区、京津唐等东部经济发达地区开展深层高温干热岩发电系统关键技术研究和项目示范[67]。

2.5.4　海洋能发电

作为蕴藏于海水中的可再生能源,海洋能主要包括潮汐能、波浪能、温差能、海流能、盐差能等。潮汐发电利用潮汐能进行发电；波浪能发电利用波浪发电装置将波浪能转换成电能；温差能发电利用海洋表层和深层的温差，对中间介质进行沸腾冷却，驱动涡轮机运转，带动发电机发电；海流能主要利用海流流动推动水轮机发电；盐差能发电则是将不同盐浓度的海水之间的化学电位差能转换成水的势能，再利用水轮机发电[68]。

潮汐受地球–月球–太阳系统的引力相互作用驱动，使海洋潮流具有高度可预测性，预测精度可达 98%[69]。目前，世界上对潮汐能、波浪能的开发在技术上比较成熟，很多国家都已经建造了潮汐电站和波浪能电站。而海流能、温差能和盐差能的开发利用都还在试验阶段，技术上还有很长的路要走。我国对潮汐能的利用比较早，波浪能发电的研究相对起步较晚，而海流能、温差能和盐差能的利用也是停留在试验阶段。自 1958 年，我国陆续在广东顺德东湾、山东乳山和上海崇明等地建立了几十座潮汐发电站，是世界上建潮汐电站数量最多的国家。不过建成的大部分潮汐电站由于建造水平低、经济效益差、利用价值少等原因均已废弃，至今只有 8 座电站仍在正常运行发电。目前这 8 座潮汐电站的总装机容量为 6000kW，年发电量超过 1000 万 kW·h[70,71]。

《可再生能源"十三五"规划》和《海洋可再生能源发展纲要》提出，要完善海洋能开发利用公共支撑服务平台建设，初步建成山东、浙江、广东、海南四大重点区域的海洋能示范基地。加强海洋能综合利用技术研发，重点支持百千瓦级波浪能、兆瓦级潮流能示范工程建设，开展小型化、模块化海洋能的能源供给系统研发，争取突破高效转换、高效储能、高可靠设计等瓶颈，形成若干个具备推广应用价值的海洋能综合利用装备产品[67,72]。

参 考 文 献

[1] 王成山. 微电网分析与仿真理论 [M]. 北京: 科学出版社, 2013.

[2] 万千, 夏成军, 管霖, 等. 含高渗透率分布式电源的独立微网的稳定性研究综述 [J]. 电网技术, 2019, (2): 631-645.

[3] 刘怡, 肖立业, Wang H F, 等. 中国广域范围内大规模太阳能和风能各时间尺度下的时空互补特性研究 [J]. 中国电机工程学报, 2013, (25): 20-26.

[4] 刘纯, 王跃峰, 黄越辉. 风电并网技术现状及发展趋势 [J]. 供用电, 2013, 30(4): 1-8.

[5] Devaraj D, Jeevajyothi R. Impact of fixed and variable speed wind turbine systems on power system voltage stability enhancement[C]//IET Conference on Renewable Power Generation, Edinburgh, 2011: 1-9.

[6] 丁菲. 含多种分布式电源和储能的低压微网系统的暂态建模与仿真 [D]. 天津: 天津大学, 2010.

[7] 章心因. 变速永磁同步风力发电系统交直流并网低电压穿越技术研究 [D]. 南京: 东南大

学, 2016.

[8]　陈鹤林. 风电直流并网关键技术研究 [D]. 杭州: 浙江大学, 2018.

[9]　李贺. 网压畸变下 DFIG 并网逆变器控制策略研究 [D]. 哈尔滨: 哈尔滨工业大学, 2017.

[10]　曹凯炜. 永磁同步发电机的 PWM 整流技术研究 [D]. 南京: 南京航空航天大学, 2014.

[11]　杨世强. 基于改进型 Quasi-Z 源逆变器的永磁风电并网控制研究 [D]. 兰州: 兰州交通大学, 2017.

[12]　Mahvash H, Taher S A, Rahimi M, et al. Enhancement of DFIG performance at high wind speed using fractional order PI controller in pitch compensation loop[J]. International Journal of Electrical Power & Energy Systems, 2019, 106: 259-268.

[13]　齐雯. 大型风电场等值建模及其并网稳定性研究 [D]. 北京：北京交通大学, 2013.

[14]　Du X, Yin H. MPPT control strategy of DFIG-based wind turbines using double steps hill climb searching algorithm[C]//5th International Conference on Electric Utility Deregulation and Restructuring and Power Technologies (DRPT), Changsha, 2015: 1910-1914.

[15]　胡泊, 辛颂旭, 白建华, 等. 我国太阳能发电开发及消纳相关问题研究 [J]. 中国电力, 2013, 46(1): 1-6.

[16]　季健翔. 太阳能光伏发电技术现状分析 [J]. 智能城市, 2018, 4(21): 92-93.

[17]　上官小英, 常海青, 梅华强. 太阳能发电技术及其发展趋势和展望 [J]. 能源与节能, 2019(03): 60-63.

[18]　李琰. 分布式发电系统中光伏发电稳定性仿真研究 [D]. 天津: 天津大学, 2013.

[19]　Soon J J, Goh S T, Low K S. Multi-dimension diode photovoltaic (PV) model for different PV cell technologies[C]//IEEE 23rd International Symposium on Industrial Electronics (ISIE), Istanbul, 2014: 2496-2501.

[20]　孙德达. 光伏发电系统最大功率点跟踪研究 [D]. 济南: 山东大学, 2014.

[21]　周林, 武剑, 栗秋华. 光伏阵列最大功率点跟踪控制方法综述 [J]. 高电压技术, 2008, 34(6): 1145-1154.

[22]　Sabir M, Abdelghani H, Abdelhamid L, et al. A new variable step size neural networks MPPT controller: Review, simulation and hardware implementation[J]. Renewable and Sustainable Energy Reviews, 2017, 68(1): 221-233.

[23]　吴理博, 赵争鸣, 刘建政. 单级式光伏并网逆变系统中的最大功率点跟踪算法稳定性研究 [J]. 中国电机工程学报, 2006, 26(6): 76-77.

[24]　李帅. 基于 BP 神经网络的光伏列阵 MPPT 控制研究 [D]. 长春: 东北电力大学, 2016.

[25]　Pei Q L, Wang L G, Liu L L, et al. Modeling and simulation of a single-stage grid-connected photovoltaic system in PSCAD/EMTDC[C]//2012 Power Engineering and Automation Conference, Wuhan, 2012: 1-4.

[26]　周克亮, 王政, 徐青山. 光伏与风力发电系统并网变换器 [M]. 北京: 机械工业出版社, 2015.

[27]　杨清浩. 随机扰动下微型燃气轮机系统的控制策略研究 [D]. 徐州: 中国矿业大学, 2016.

[28] 陈若男. 30kW 微燃机冷热电联供能源系统评价与优化研究 [D]. 哈尔滨: 哈尔滨工业大学, 2016.

[29] 彭克. 单轴微型燃气轮机系统建模及其暂态稳定性仿真研究 [D]. 天津: 天津大学, 2009.

[30] 顾志祥, 孙思宇, 孔飞, 等. 燃气冷热电分布式能源系统设计优化综述 [J]. 华电技术, 2019, 41(03): 8-13, 42.

[31] Siewhwa C, Hiang K H, Tian Y. Modelling of simple hybrid solid oxide fuel cell and gas turbine power plant[J]. Journal of Power Sources, 2002, 109(1): 111-120.

[32] 郭力, 王成山, 王守相, 等. 两类双模式微型燃气轮机并网技术方案比较 [J]. 电力系统自动化, 2009, 33(8): 84-88.

[33] Jian D D, Shao G F, Feng J W, et al. Power balance control of micro gas turbine generation system based on supercapacitor energy storage[J]. Energy, 2017, 119: 442-452.

[34] 邓浩, 李春艳. 微型燃气轮机发电系统建模与特性分析 [J]. 四川电力技术, 2012, 35(2): 70-72, 90.

[35] Saha A K, Chowdhury S, Chowdhury S P, et al. Modeling and performance analysis of a microturbine as a distributed energy resource[J]. IEEE Transactions on Energy Conversion, 2009, 24(2): 529-538.

[36] 易桂平, 胡仁杰. 微型燃气轮机发电建模与仿真研究 [J]. 江苏电机工程, 2014, 33(4): 34-38.

[37] 王成山, 马力, 郭力. 微网中两种典型微型燃气轮机运行特性比较 [J]. 天津大学学报, 2009, 42(4): 316-321.

[38] Salman H, Ahmad S, Mohsen H. Hybrid energy storage system for microgrids applications: A review[J]. Journal of Energy Storage, 2019, 21: 543-570.

[39] 罗星, 王吉红, 马钊. 储能技术综述及其在智能电网中的应用展望 [J]. 智能电网, 2014, 2(1): 7-12.

[40] Luo X, Wang J, Dooner M, et al. Overview of current development in electrical energy storage technologies and the application potential in power system operation[J]. Applied energy, 2015, 137: 511-536.

[41] 苏小林, 李丹丹, 阎晓霞, 等. 储能技术在电力系统中的应用分析 [J]. 电力建设, 2016, 37(8): 24-32.

[42] Faisal M, Hannan M A, Ker P J, et al. Review of energy storage system technologies in microgrid applications: Issues and challenges[J]. IEEE Access, 2018, 6: 35143-35164.

[43] 梅生伟, 薛小代, 陈来军. 压缩空气储能技术及其应用探讨 [J]. 南方电网技术, 2016, 10(3): 11-15.

[44] 张维煜, 朱熀秋. 飞轮储能关键技术及其发展现状 [J]. 电工技术学报, 2011, 26(7): 141-146.

[45] 金建勋, 陈孝元. 面向智能电网能量调控应用的超导磁储能技术: 理论模型、装置特性、研究现状和应用展望 [J]. 南方电网技术, 2015, 9(12): 44-57.

[46] 韩翀. 超导磁储能装置 (SMES) 的建模与动态特性研究 [D]. 武汉: 华中科技大学, 2001.

[47] 黄晓斌, 张熊, 韦统振, 等. 超级电容器的发展及应用现状 [J]. 电工电能新技术, 2017(11): 66-73.

[48] 贺继胜. 可再生能源微电网的建模与控制 [D]. 广州: 广东工业大学, 2014.

[49] 曹生允, 宋春宁, 林小峰, 等. 用于电池储能系统并网的 PCS 控制策略研究 [J]. 电力系统保护与控制, 2014, 42(24): 93-98.

[50] 白志豪. 大功率燃料电池 DC/DC 变换器研究 [D]. 北京: 北京交通大学, 2018.

[51] 王诚. 燃料电池技术开发现状及发展趋势 [J]. 新材料产业, 2012(2): 37-43.

[52] 莫志军, 朱新坚. 中国燃料电池发电技术展望 [J]. 中国能源, 2003, 25(4): 37-39.

[53] 王吉华, 居钰生, 易正根, 等. 燃料电池技术发展及应用现状综述 (上)[J]. 现代车用动力, 2018(02): 7-12, 39.

[54] 赵佳骏, 王培红. 主流燃料电池技术发展现状与趋势 [J]. 上海节能, 2015(4):199-203.

[55] 新能源网. 我国生物质发电装机规模全球第一 [EB/OL].http://www.china-nengyuan. com/news/142511.html[2019-07-19].

[56] 新能源网. 2019 年我国生物质发电量 1111 亿千瓦时同比增两成 [EB/OL].http://www. china-nengyuan.com/news/153386.html[2020-03-20].

[57] 吴金卓, 马琳, 林文树. 生物质发电技术和经济性研究综述 [J]. 森林工程, 2012, 28(5): 102-106.

[58] 吕游, 蒋大龙, 赵文杰, 等. 生物质直燃发电技术与燃烧分析研究 [J]. 电站系统工程, 2011, 27(4): 4-7.

[59] 杜海凤, 闫超. 生物质转化利用技术的研究进展 [J]. 能源化工, 2016, 37(2): 41-46.

[60] Ruiz J A, Juárez M C, Morales M P, et al. Biomass gasification for electricity generation: Review of current technology barriers[J]. Renewable and Sustainable Energy Reviews, 2013, 18: 174-183.

[61] 2016 年中国生物质能发电行业研究报告 [R]. 中商产业研究院, 2016.

[62] 国家发展和改革委员会, 国家能源局, 国土资源部. 地热能开发利用 "十三五" 规划 [EB/ OL]. http://www.ndrc.gov.cn/fzgggz/fzgh/ghwb/gjjgh/201706/t20170605_849992. html [2017-06-05].

[63] Jia L Z, Kai Y H, Xin L L, et al. A review of geothermal energy resources, development, and applications in China: Current status and prospects[J]. Energy, 2015, 93(1): 466-483.

[64] 周韦慧. 我国地热发电现状分析 [J]. 当代石油石化, 2013, 21(8): 22-27.

[65] 郑克棪, 董颖, 陈梓慧, 等. 中国加速地热资源的产业化开发 ——2015 世界地热大会中国国家报告 [J]. 地热能, 2015(3): 3-8.

[66] 科技报告与资讯. 中国地热发电发展现状 [EB/OL]. https://baijiahao.baidu.com/s?id= 1618344744463436943&wfr=spider&for=pc[2018-11-28].

[67] 国家发展和改革委员会. 可再生能源发展 "十三五" 规划 [EB/OL]. http: //www.ndrc.gov. cn/fzgggz/fzgh/ghwb/gjjgh/201706/W020170614416770246673. pdf[2016-12-10].

[68] 张永良, 林斌良. 2014 海洋能技术研究进展 [M]. 北京: 清华大学出版社, 2015.

[69] Zhou Z, Scuiller F, Charpentier J F, et al. An up-to-date review of large marine tidal current turbine technologies[C]. International Power Electronics and Application Conference and Exposition, Shanghai, 2014: 480-484.

[70] 刘邦凡, 栗俊杰, 王玲玉. 我国潮汐能发电的研究与发展 [J]. 水电与新能源, 2018, 32(11): 1-6.

[71] 马冬娜. 海洋能发电现状分析 [J]. 科技资讯, 2015, 13(20): 224-225.

[72] 国家海洋局. 海洋可再生能源发展纲要 (2013-2016)[EB/OL].http://www.gov.cn/gongbao/content/2014/content_2654541.htm[2013-12-27].

第3章　微电网基础控制

微电网的稳定运行主要由分布式电源的控制策略决定，除了小部分直接并网的分布式电源外，微电网中大部分分布式电源通过电力电子变流装置并网，如光伏发电系统、风力发电系统、微型燃气轮机及储能系统等。与分布式发电系统不同，微电网具备两种运行状态：并网运行状态和孤岛运行状态。前者是指微电网联网运行向配电网传输有功和无功功率，后者是指按计划或电网突发故障时微电网断开与配电网的连接并进入孤立运行状态[1]。相比于并网型微电网，孤岛微电网*由于失去大电网的频率电压支撑，系统的稳定性、可靠性及动态性能受到了很大的影响。本章从微电网控制模式和逆变器控制方法两方面对微电网基础控制的内容进行介绍，并以微电网运行模式平滑切换为例进行分析，这是维持微电网稳定运行的基础。

3.1　微电网控制模式

根据微电网孤岛运行时系统的稳定运行机制和各分布式电源发挥的作用，其控制模式可分为两种[1,2]：主从控制模式和对等控制模式。

3.1.1　主从控制模式

主从控制模式是指微电网孤岛运行时，一个分布式电源（或储能装置）采用定电压定频率控制（V/f 控制），其他分布式电源采用定功率控制（PQ 控制）的运行模式。当微电网并网运行时，由大电网提供对其电压和频率的支撑，所有分布式电源按设定功率控制输出，最大化可再生能源的利用率。然而当微电网处于孤岛模式运行时，系统失去了大电网的电压和频率支撑，需要一个分布式电源采用定电压定频率控制，以维持系统稳定运行，我们称它为主控单元，相应控制器称为主控制器，其他分布式电源则仍然采用定功率控制，称为从控单元，相应控制器称为从控制器，系统结构如图 3.1 所示。

主控单元是孤岛微电网主从控制模式的核心，需要根据负荷的变化自动增加或减少输出功率以维持系统的供需功率平衡，因此要求其功率输出能够在一定范围内可控并可快速调节。常见的主控单元包括 3 种形式：储能装置、易于控制的分

---

*离网微电网是并网微电网在电网故障或计划离网的情况下断开与电网连接的微电网形式；孤岛微电网是指孤立存在的微电网形式。

布式电源以及分布式电源加储能装置。其中分布式电源加储能装置作为主控单元的形式,可充分利用储能系统快速充放电特性平抑可再生能源波动性,实现微电网长时间的稳定运行。此外,主控单元可基于全局信息调节从控单元的有功和无功功率设定值,将自身承担的全部或部分功率转移到其他可控分布式电源,以维持孤岛微电网系统的稳定。若微电网中负荷变化较大,从控分布式电源的有功和无功功率已达上限时,主控制器则采取相应的切负荷操作维持系统稳定运行。

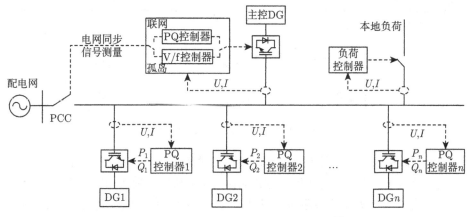

图 3.1　微电网主从控制模式结构框图 [1]

主从控制模式能够保证孤岛微电网运行时电压和频率的无差控制,但是此控制模式对主控单元的依赖性较大,一方面主控单元必须具有足够大的容量和较高的响应速度,以应对供需功率的动态变化,另一方面主控单元的故障可能影响微电网系统电压和频率的稳定性,甚至导致系统崩溃。另外,主控单元负责整个微电网分布式电源的协调控制,通过采集全局信息生成各分布式电源的控制指令,这对通信系统具有较高的实时性和可靠性要求,增加了微电网的建设成本和复杂程度。

3.1.2　对等控制模式

对等控制模式是指微电网中所有分布式电源在控制上具有同等的地位,不存在主和从关系,各控制器根据分布式电源接入系统点的电压和频率进行就地控制,共同参与系统的有功和无功功率分配,并共同为微电网提供稳定的电压和频率支撑,系统结构如图 3.2 所示。目前常见的对等控制策略是下垂控制,它模拟同步发电机有功功率和频率、无功功率和电压间的耦合关系,根据具体控制需求制定合理的下垂特性曲线,对分布式电源进行控制。一般情况下,分布式电源根据各自的容量设置下垂系数,通过下垂控制使微电网达到一个新的全局稳态工作点,并实现各分布式电源对负荷功率需求的合理分配。由于下垂控制是通过调节电压和频率实现分布式电源有功和无功功率的变化,以跟踪负载的实时变动,可能导致系统稳态电压和频率偏离其额定值,因此对系统的电压和频率而言,这种控制方式本质上是有差控制。

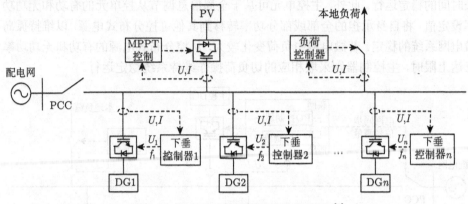

图 3.2 微电网对等控制模式结构框图 [1]

主从控制模式和对等控制模式的区别可归纳为:①是否需要通信链路;②是有差还是无差调节;③是否需要控制方式切换。与主从控制模式相比,对等控制模式中各分布式电源无需通信链路即可自动参与微电网频率和电压的调节,并实现负荷功率变化在分布式电源间的合理分配,这易于实现分布式电源 "即插即用" 功能并降低微电网系统通信成本,由于避免了对主控单元的依赖,极大地提高了系统的可靠性。此外,对等控制模式下的下垂控制能够运行在微电网并网、孤岛以及模式切换等各种运行过程中,无需进行控制器间的切换(PQ 控制 -V/f 控制或 V/f 控制 -PQ 控制),更有利于实现微电网并离网无缝切换,这部分内容将在 3.3 节中进行具体介绍。因此,本书中微电网控制模式主要采用对等控制模式,但下垂控制的有差调节特性会带来一些问题,比如系统电压和频率偏离额定值,分布式电源无功功率不能精确均分等,因此有必要研究一套有效的控制策略提高对等控制模式下孤岛微电网的稳定性、可靠性及鲁棒性,进一步提升微电网控制性能。

3.2 逆变器控制方法

微电网中大部分分布式电源需要通过电能变换装置并网运行,电能变换装置可分为四类:①DC/DC 斩波器;②DC/AC 逆变器;③AC/DC 整流器;④AC/AC 变频器。逆变器为交流微电网中较常见的电力电子变换装置,理想的逆变器是基于功率不变特性将直流变换为交流,根据逆变器直流侧电源的性质可分为电压型逆变器和电流型逆变器。由于逆变器是由直流电源供能,为使直流电源的电压或电流恒定、不出现脉动,在逆变器的直流侧需设置储能装置,当储能元件为电容时,可以保证直流电压稳定，即电压型逆变器；当储能元件为电感时，可以保证直流电流稳定，即电流型逆变器。本节重点介绍电压型逆变器的主电路建模，并详细介绍基于控制目标的控制方式。

图 3.3 所示为三相电压型逆变器的电路原理图，由直流到交流逆变部分和接口电路部分两部分组成[3,4]。

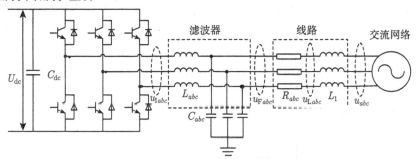

图 3.3　三相电压型逆变器电路原理图

直流到交流逆变部分中，U_{dc} 表示直流侧电压，C_{dc} 表示直流侧电容。逆变器直流侧并联较大容量的滤波电容，相当于稳定的电压源，直流回路呈低阻抗特性；交流侧输出电压的波形为矩形波，与负载阻抗角无关，输出电流的波形和相位随负载阻抗的不同而不同。当交流侧负载为阻感性时，需要提供无功功率，而同一相上下两个桥臂的开关信号是互补的，阻感负载电流不能立即改变方向，需要二极管续流，当开关器件为接通状态时，交流侧电流和电压同方向，直流侧向交流侧提供能量。二极管起着使交流电流连续的作用，称为续流二极管；换流在同一相上下两个桥臂间进行，称为纵向换流；输出交流电压可通过控制幅值和相位实现。

由图 3.3 可知，假设逆变器输出的电压等级与交流网络一致，则输出电压经电感电容 (LC) 滤波器和连接线路连接至交流网络[5]。LC 滤波器的作用为滤去输出电压中的谐波分量，提高供电电能质量。图中，接口电路基于基尔霍夫电压和电流定律，可得以下数学模型：

$$
\begin{cases}
L\dfrac{\mathrm{d}i_{\mathrm{L}a}}{\mathrm{d}t} = u_{\mathrm{I}a} - u_{\mathrm{F}a} \\[2mm]
L\dfrac{\mathrm{d}i_{\mathrm{L}b}}{\mathrm{d}t} = u_{\mathrm{I}b} - u_{\mathrm{F}b} \\[2mm]
L\dfrac{\mathrm{d}i_{\mathrm{L}c}}{\mathrm{d}t} = u_{\mathrm{I}c} - u_{\mathrm{F}c}
\end{cases}
\tag{3.1}
$$

$$
\begin{cases}
C\dfrac{\mathrm{d}u_{\mathrm{F}a}}{\mathrm{d}t} = i_{\mathrm{L}a} - \dfrac{u_{\mathrm{F}a} - u_{\mathrm{L}a}}{R} \\[2mm]
C\dfrac{\mathrm{d}u_{\mathrm{F}b}}{\mathrm{d}t} = i_{\mathrm{L}b} - \dfrac{u_{\mathrm{F}b} - u_{\mathrm{L}b}}{R} \\[2mm]
C\dfrac{\mathrm{d}u_{\mathrm{F}c}}{\mathrm{d}t} = i_{\mathrm{L}c} - \dfrac{u_{\mathrm{F}c} - u_{\mathrm{L}c}}{R}
\end{cases}
\tag{3.2}
$$

$$
\begin{cases}
L_1\dfrac{\mathrm{d}i_a}{\mathrm{d}t} = u_{\mathrm{L}a} - u_a \\[2mm]
L_1\dfrac{\mathrm{d}i_b}{\mathrm{d}t} = u_{\mathrm{L}b} - u_b \\[2mm]
L_1\dfrac{\mathrm{d}i_c}{\mathrm{d}t} = u_{\mathrm{L}c} - u_c
\end{cases}
\tag{3.3}
$$

式中，L 和 C 分别表示滤波器的电感和电容；R 和 L_1 分别为连接线路的电阻和电感；$i_{\mathrm{L}a}$、$i_{\mathrm{L}b}$、$i_{\mathrm{L}c}$ 代表逆变器输出相电流；i_a、i_b、i_c 对应于流入交流网络的相电流；$u_{\mathrm{I}a}$、$u_{\mathrm{I}b}$、$u_{\mathrm{I}c}$ 为逆变器输出相电压；$u_{\mathrm{F}a}$、$u_{\mathrm{F}b}$、$u_{\mathrm{F}c}$ 为经滤波后相电压；$u_{\mathrm{L}a}$、$u_{\mathrm{L}b}$、$u_{\mathrm{L}c}$ 为经连接线路电阻后的电压；u_a、u_b、u_c 为交流网络侧电压。为了简化控制问题，根据变化前后功率不变的原则，对式（3.1）～ 式（3.3）进行正交 Park 变换，从而将自然坐标系下的三相信号进行转换，可得

$$
\begin{cases}
L\dfrac{\mathrm{d}i_{\mathrm{L}d}}{\mathrm{d}t} = u_{\mathrm{I}d} - u_{\mathrm{F}d} - \omega L i_{\mathrm{L}q} \\[2mm]
L\dfrac{\mathrm{d}i_{\mathrm{L}q}}{\mathrm{d}t} = u_{\mathrm{I}q} - u_{\mathrm{F}q} + \omega L i_{\mathrm{L}d}
\end{cases}
\tag{3.4}
$$

$$
\begin{cases}
C\dfrac{\mathrm{d}u_{\mathrm{F}d}}{\mathrm{d}t} = i_{\mathrm{L}d} - \dfrac{u_{\mathrm{F}d} - u_{\mathrm{L}d}}{R} - \omega C u_{\mathrm{F}q} \\[3mm]
C\dfrac{\mathrm{d}u_{\mathrm{F}q}}{\mathrm{d}t} = i_{\mathrm{L}q} - \dfrac{u_{\mathrm{F}q} - u_{\mathrm{L}q}}{R} + \omega C u_{\mathrm{F}d}
\end{cases}
\tag{3.5}
$$

$$
\begin{cases}
L_1\dfrac{\mathrm{d}i_d}{\mathrm{d}t} = u_{\mathrm{L}d} - u_d - \omega L_1 i_q \\[2mm]
L_1\dfrac{\mathrm{d}i_q}{\mathrm{d}t} = u_{\mathrm{L}q} - u_q + \omega L_1 i_d
\end{cases}
\tag{3.6}
$$

式中，$i_{\mathrm{L}d}$、$i_{\mathrm{L}q}$ 分别为 $i_{\mathrm{L}a}$、$i_{\mathrm{L}b}$、$i_{\mathrm{L}c}$ 经过 Park 变换后的 d 轴和 q 轴分量；i_d、i_q 分别对应于 i_a、i_b、i_c 经过 Park 变换后的 d 轴和 q 轴分量；$u_{\mathrm{I}d}$、$u_{\mathrm{I}q}$ 对应于 $u_{\mathrm{I}a}$、$u_{\mathrm{I}b}$、$u_{\mathrm{I}c}$ 经过 Park 变换后的 d 轴和 q 轴分量；$u_{\mathrm{F}d}$、$u_{\mathrm{F}q}$ 对应于 $u_{\mathrm{F}a}$、$u_{\mathrm{F}b}$、$u_{\mathrm{F}c}$ 经过 Park 变换后的 d 轴和 q 轴分量；$u_{\mathrm{L}d}$、$u_{\mathrm{L}q}$ 对应于 $u_{\mathrm{L}a}$、$u_{\mathrm{L}b}$、$u_{\mathrm{L}c}$ 经过 Park 变换后的 d 轴和 q 轴分量；u_d、u_q 对应于 u_a、u_b、u_c 经过 Park 变换后的 d 轴和 q 轴分量。

当图 3.3 中主电路的连接线路比较短时，可忽略线路的影响（$R = L_1 = 0$）[6]；当滤波电容足够小时，可忽略滤波电容中的电流（$C = 0$，$i_{\mathrm{L}d} = i_d$，$i_{\mathrm{L}q} = i_q$）[7]，模型得到简化。由式（3.4）～ 式（3.6）主电路模型可知，逆变器 d 轴和 q 轴间存在耦合，需要进行解耦控制。

逆变器控制策略是实现分布式电源接入微电网的关键技术，对分布式电源的运行性能产生重要影响。从主电路的结构形式和实现的功能方面看，目前比较常见的是双环控制系统[8]。外环控制器为功能环，体现不同的控制目的，同时产生内环参考信号，一般动态响应较慢[9]；内环控制器对注入电流进行精细调节，提高抗扰

性及电能质量，一般动态响应较快[10]。分布式电源种类不同，在微电网中所起到的作用也会不同，需要采用不同的控制策略。控制策略的不同通常体现在逆变器的外环控制器上。基于不同的外环控制方法，常见的分布式电源逆变器控制策略可分为：①恒功率控制（PQ 控制）；②恒压/恒频控制（V/f 控制）；③下垂控制；④虚拟同步发电机控制（VSG 控制）。图 3.4 描述了典型的逆变器控制系统结构图。

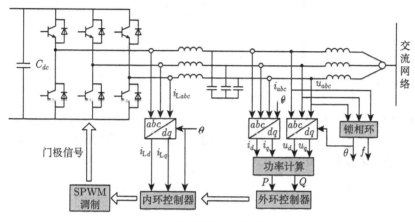

图 3.4 逆变器控制系统结构图

3.2.1 恒功率控制

恒功率控制（PQ 控制）是指当并网逆变器所连接系统的频率和电压在允许范围内变化时，控制分布式电源输出的有功功率和无功功率等于其参考值[11,12]。恒功率控制基于 $dq0$ 旋转坐标系下的控制框图如图 3.5 所示，包括功率外环和电流内环。其中，外环将有功功率和无功功率解耦后分别进行控制，内环为典型的电流控制环，实现参考电流快速跟踪。

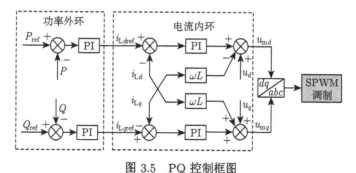

图 3.5 PQ 控制框图

图 3.5 中，通过对逆变器输出端三相电压和三相电流进行 Park 变换得到 dq 轴电压电流分量，再根据功率计算公式得到逆变器实际输出有功功率和无功功率。该

功率与给定的有功无功参考值比较后产生误差信号，经 PI 控制器得到内环控制参考信号，控制过程如下所示：

$$\begin{cases} P = u_d i_d + u_q i_q \\ Q = u_q i_d - u_d i_q \end{cases} \tag{3.7}$$

$$\begin{cases} i_{Ldref} = \left(k_p + \dfrac{k_i}{s}\right)(P_{ref} - P) \\ i_{Lqref} = \left(k_p + \dfrac{k_i}{s}\right)(Q_{ref} - Q) \end{cases} \tag{3.8}$$

式中，u_d、u_q、i_d、i_q 分别为逆变器出口电压、电流的dq轴分量；P、Q、P_{ref}、Q_{ref} 表示逆变器实际输出有功、无功功率和有功、无功功率参考指令；k_p 和 k_i 分别为外环控制器的比例、积分系数；i_{Ldref} 和 i_{Lqref} 为内环控制器参考信号。电流内环控制是基于对电感电流进行 PI 控制、dq轴交叉耦合补偿及电压前馈补偿，实现电流参考值的无静态误差跟踪，如式（3.9）所示。

$$\begin{cases} u_{md} = \left(k_{pc} + \dfrac{k_{ic}}{s}\right)(i_{Ldref} - i_{Ld}) - \omega L i_{Lq} + u_d \\ u_{mq} = \left(k_{pc} + \dfrac{k_{ic}}{s}\right)(i_{Lqref} - i_{Lq}) + \omega L i_{Ld} + u_q \end{cases} \tag{3.9}$$

式中，i_{Ld}、i_{Lq} 分别表示电感电流的dq轴分量；k_{pc}、k_{ic} 为 PI 控制器的控制参数；u_{md}、u_{mq} 为dq轴调制信号。该控制方式通过交叉耦合补偿以及电压前馈补偿，实现了控制方程中dq分量的解耦控制。

若 Park 变换中 d 轴与电压矢量同方向，则 q 轴电压分量为零。根据式（3.7），有功功率控制仅与 d 轴有功电流有关，无功功率控制仅与 q 轴电流有关，则内环控制器参考信号 i_{Ldref} 和 i_{Lqref} 可由式 (3.10) 简化的定功率控制策略得到。

$$\begin{cases} i_{Ldref} = \dfrac{P_{ref}}{u_d} \\ i_{Lqref} = -\dfrac{Q_{ref}}{u_d} \end{cases} \tag{3.10}$$

3.2.2 恒压/恒频控制

恒压/恒频控制（V/f 控制）的目标是不论分布式电源输出功率和系统负载如何变化，逆变器所接母线的电压幅值和频率维持不变[13]。孤岛微电网在主从控制模式下，主电源的逆变器一般采用 V/f 控制为全网提供稳定的电压、频率支持，相当于常规电力系统的平衡节点。V/f 控制单元一般选择蓄电池等储能设备，微型燃气轮机和燃料电池也可作为备用 V/f 控制单元。V/f 控制采用双环控制结构，控制框图如图 3.6 所示。

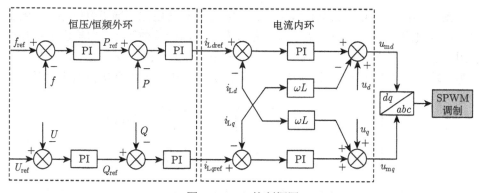

图 3.6 V/f 控制框图

图 3.6 中，f、U 分别为微电网实际频率和电压；f_{ref}、U_{ref} 分别为频率、电压参考值。频率控制器通过调节分布式电源输出的有功功率，使频率维持在给定的参考值；电源控制器通过调节分布式电源输出的无功功率，使电压维持在给定的参考值，电流内环控制部分与图 3.5 类似。恒压/恒频控制过程可表述如下：

$$\begin{cases} P_{\mathrm{ref}} = \left(k_{\mathrm{p}f} + \dfrac{k_{\mathrm{i}f}}{s} \right) (f_{\mathrm{ref}} - f) \\[3mm] Q_{\mathrm{ref}} = \left(k_{\mathrm{p}u} + \dfrac{k_{\mathrm{i}u}}{s} \right) (U_{\mathrm{ref}} - U) \end{cases} \tag{3.11}$$

式中，$k_{\mathrm{p}f}$、$k_{\mathrm{i}f}$、$k_{\mathrm{p}u}$、$k_{\mathrm{i}u}$ 分别为外环 PI 控制器的控制参数。V/f 控制主要利用主控单元快速的功率吞吐能力释放或吸收电能，从而抑制系统功率波动或消纳间歇性分布式电源输出功率带来的影响，维持电压幅值和频率的稳定。由于任何分布式电源都有容量限制，只能提供有限的功率，采用此控制方法时需要提前确定负荷和电源间的功率匹配情况。

3.2.3 下垂控制

下垂控制通过模拟发电机组功频特性使各分布式电源共同参与维持系统频率和电压的稳定，并实现有功功率和无功功率的无互联控制[14-16]，适用于微电网对等控制模式，可以避免单一主控单元故障可能对系统性能造成的不利影响。为便于分析，将分布式电源与并网逆变器等效成恒压源，通过线路连接至交流母线，其等效电路可简化如图 3.7 所示。

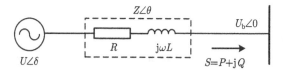

图 3.7 单台分布式电源功率传输示意图

图 3.7 中，$U_b\angle 0$ 是公共母线电压；$U\angle\delta$ 是分布式电源的输出电压，U 为电压幅值，δ 为电压功角；$Z\angle\theta = R + \mathrm{j}\omega L$ 是分布式电源的等效阻抗（即输出阻抗和连接阻抗之和），Z 为阻抗幅值，θ 为阻抗角；S 是分布式电源的视在功率；P 和 Q 分别为有功功率和无功功率。根据功率流特性，分布式电源输出有功和无功功率可表示如下：

$$\begin{cases} P = \left(\dfrac{U_b U}{Z}\cos\delta - \dfrac{U_b^2}{Z}\right)\cos\theta + \dfrac{U_b U}{Z}\sin\delta\sin\theta \\ Q = \left(\dfrac{U_b U}{Z}\cos\delta - \dfrac{U_b^2}{Z}\right)\sin\theta - \dfrac{U_b U}{Z}\sin\delta\cos\theta \end{cases} \tag{3.12}$$

由式（3.12）可得，输出有功和无功功率与电压频率和幅值有关，并且因等效阻抗特性的差异对应于不同的关系。通常情况下，分布式电源输出端和母线间电压功角差 δ 很小，则 $\sin\delta \approx \delta$，$\cos\delta \approx 1$。表 3.1 描述了不同等效阻抗情况下，分布式电源输出有功功率和无功功率的表达式。

表 3.1　不同等效阻抗情况下的输出有功功率和无功功率表达式

等效阻抗情况	输出有功功率和无功功率表达式 $(X = \omega L)$
纯感性	$P \approx \dfrac{U_b U}{X}\delta,\ \ Q \approx \dfrac{U_b(U - U_b)}{X}$
纯阻性	$P \approx \dfrac{U_b(U - U_b)}{R},\ \ Q \approx -\dfrac{U_b U}{R}\delta$
阻感性混合	$P \approx \dfrac{U_b(U - U_b)}{Z}\cos\theta + \dfrac{U_b U}{Z}\delta\sin\theta,$ $Q \approx \dfrac{U_b(U - U_b)}{Z}\sin\theta - \dfrac{U_b U}{Z}\delta\cos\theta$

当等效阻抗为感性、阻性以及阻感性混合时，分布式电源有功功率和无功功率与电压功角差和幅值差呈现出不同的关系，进一步可对应于不同的下垂控制方法。下面针对以上三种情况下下垂控制的控制原理和控制策略进行介绍。

1. **基本下垂控制方法**

考虑到频率和功角直接相关，在实际应用中可以用频率代替功角，因此可将下垂控制方法划分为频率下垂控制和功角下垂控制，其中频率下垂控制根据等效阻抗特性可进一步分为感性频率下垂控制、阻性频率下垂控制以及阻感性频率下垂控制。

1) 频率下垂控制

（1）感性频率下垂控制

由表 3.1 可知，当等效线路为强感性（$\theta = 90°$）时，分布式电源输出有功功率主要取决于功角差，输出无功功率主要取决于电压幅值差，从而可将传统发电机功频下垂特性引入至微电网逆变器控制中，实现有功功率与频率、无功功率与电压的解耦控制。

感性频率下垂控制特性图如图 3.8 所示，分布式电源初始运行点为 A，对应输出电压幅值为 U_0，系统频率为 f_0，有功功率为 P_0，无功功率为 Q_0。下垂控制具有内在的负反馈作用，以系统有功（无功）负荷增大为例，有功（无功）功率不足导致频率（电压）下降，此时逆变器控制系统调节分布式电源输出有功（无功）功率按下垂特性相应增大，同时负荷功率也因频率（电压）下降而有所减小，最终系统在下垂控制特性和负荷调节特性的共同作用下达到新的稳定运行点 B。由图中有功功率和频率、无功功率和电压的对应关系可知，目前感性下垂控制存在两种基本的控制结构：

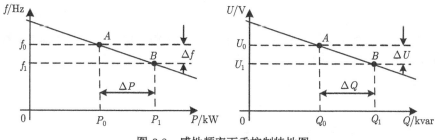

图 3.8 感性频率下垂控制特性图

①通过调节电压频率和幅值分别控制逆变器输出有功和无功功率，即基于 f/P 和 V/Q 的下垂控制。控制框图如图 3.9 所示，下垂控制环基于分布式电源输出电压频率和幅值的测量值，以及下垂特性确定分布式电源有功和无功功率参考值，并实现各分布式电源间的负荷功率分配；功率-电流内环产生 dq 轴调制信号实现对功率设定值的静态跟踪，核心下垂控制环的表述如下：

$$\begin{cases} P_{\text{ref}} = P_0 + (f_0 - f)m_f \\ Q_{\text{ref}} = Q_0 + (U_0 - U)n_u \end{cases} \tag{3.13}$$

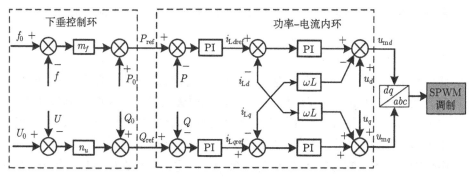

图 3.9 基于 f/P 和 V/Q 的下垂控制典型结构图

式中，m_f、n_u 分别为频率和电压下垂增益；P_0、Q_0 分别为分布式电源额定有功功率和无功功率；f_0、U_0 分别为逆变器输出电压额定频率和幅值；P_{ref}、Q_{ref} 分别为下垂控制环产生的分布式电源输出有功功率和无功功率参考值。

②通过调节输出有功和无功功率分别控制电压频率和幅值，即基于 P/f 和 Q/V 的下垂控制。控制框图如图 3.10 所示，下垂控制环基于分布式电源输出有功和无功功率的测量值以及下垂特性，确定分布式电源输出电压频率和幅值的参考值，再利用控制信号形成环节产生 dq 轴调制变量。与基于 f/P 和 V/Q 的下垂控制相比，这是一种仅存在外环的单环控制结构，其核心控制方程可表述如下：

$$\begin{cases} f_{ref} = f_0 - (P - P_0)m_P \\ U_{ref} = U_0 - (Q - Q_0)n_Q \end{cases} \tag{3.14}$$

式中，f_{ref}、U_{ref} 分别为下垂控制环产生的分布式电源输出电压频率和幅值的参考值；m_P、n_Q 分别为有功和无功下垂增益。

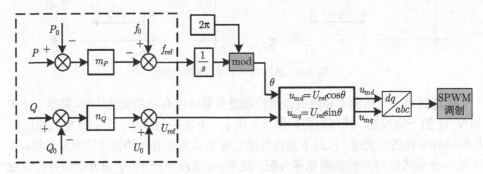

图 3.10　基于 P/f 和 Q/V 的下垂控制典型结构图

考虑到微电网中可能存在其他旋转电机接口分布式电源，分布式电源逆变器采用感性下垂控制策略更易于与旋转电机接口微源以及传统大电网兼容，称之为常规频率下垂控制，本书中分布式二次控制主要是基于感性频率下垂控制进行分析。

（2）阻性频率下垂控制

感性频率下垂控制可以很好地适用于感性连接阻抗情况下的微电网，但对于低压交流微电网，线路主要呈阻性（$\theta = 0°$），此时无功功率主要取决于功角差，有功功率主要取决于电压差，感性频率下垂控制的效果受到影响。文献 [17, 18] 提出了基于 P/V 和 Q/f 的阻性频率下垂控制，控制原理如图 3.11 所示。

阻性频率下垂控制与感性频率下垂控制类似，也具有内在的负反馈作用，即下垂控制的单调性与分布式电源功率输出的单调性相反，最终系统在下垂控制特性和负荷调节特性的共同作用下达到新的功率平衡，其控制策略可表述如下：

$$\begin{cases} f_{\text{ref}} = f_0 - (Q - Q_0)m_Q \\ U_{\text{ref}} = U_0 - (P - P_0)n_P \end{cases} \tag{3.15}$$

控制框图如图 3.12 所示。

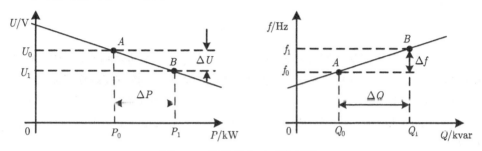

图 3.11 阻性频率下垂控制原理

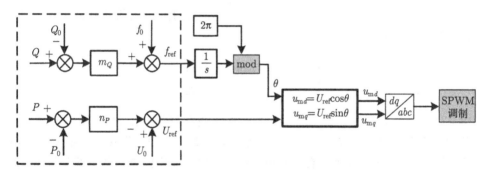

图 3.12 基于 P/V 和 Q/f 的下垂控制典型结构图

基于 P/V 和 Q/f 的下垂控制对应于阻性微电网的功率传输特性，但与传统同步机控制律不兼容，存在与大电网协调的问题。此外，由式（3.15）可知，电压的本地测量特性将导致有功功率难以合理均分，当各分布式电源的线路差异较大时，甚至引起较大的有功功率环流，影响控制系统的稳定性，在一定程度上限制其应用范围。

（3）阻感性频率下垂控制

对于等效阻抗为阻感性混合的微电网，由于有功功率和无功功率存在耦合关系（表 3.1），单纯的感性或阻性频率下垂控制均不能获得良好的控制效果，文献 [19] 进一步提出适用于复杂阻感线路的下垂控制策略。如下式所示：

$$\begin{cases} f_{\text{ref}} = f_0 - (P - Q)m_{PQ} \\ U_{\text{ref}} = U_0 - (P + Q)n_{PQ} \end{cases} \tag{3.16}$$

式中，为便于策略表述，P_0 和 Q_0 均取为 0；m_{PQ} 和 n_{PQ} 分别为频率和电压对应的下垂增益。该方法可以实现微电网阻感性线路情况下的分布式电源输出有功功率和无功功率的近似解耦，并保证较好的动态特性。

文献 [20] 结合 P/V 和 Q/V 的下垂特性，提出了适用于低电抗电阻比值线路的 P/Q/V 下垂控制，同时利用有功功率和无功功率调节光伏发电系统公共连接点电压，控制策略为：

$$U_{\text{ref}} = U_0 - m_P P - n_Q Q \tag{3.17}$$

上述这类方法都是利用分布式电源输出有功功率和无功功率的耦合项调节电压的频率和幅值，可以有效克服传统感性和阻性频率下垂控制在阻感性混合微电网中的应用难题，但这类方法并不能保证有功功率和无功功率的完全均分，容易造成分布式电源间环流，影响控制系统稳定性。此外，下垂增益的选取将进一步增加难度。

2）功角下垂控制

功角下垂控制是指直接利用功角与频率的关系进行功率分配的控制方法[21,22]，具体控制策略如下式所示：

$$\begin{cases} \delta = \delta_0 - m_P(P - P_0) \\ U = U_0 - n_Q(Q - Q_0) \end{cases} \tag{3.18}$$

式中，有功功率下垂控制基于连接线路的 P/δ 关系实现，无功功率下垂控制形式与感性下垂控制形式一致。由于功角控制可以在稳定频率下直接控制逆变器输出功角，并不会引起频率波动，有效避免了频率下垂控制中的频率静态偏差问题。此外，功角与逆变器间功率环流的产生、电网相位同步密切相关，协同控制逆变器功角从原理上可以实现微电网并离网平滑切换和二次控制环流抑制的目标[23]。但进行功角控制最大的问题是所有逆变器需要统一的功角参考值，从而能够在同一参考坐标系下测量功角，因此该方法需要全局同步信息提供统一时钟频率，额外增加了通信成本。

2. 下垂控制改进方法

1）基于虚拟阻抗的下垂控制

基于虚拟阻抗的下垂控制通过构建期望的阻抗值以实现分布式电源输出有功功率和无功功率解耦，并消除由不平衡阻抗引起的逆变器功率环流等问题[24-26]。虚拟阻抗法的原理如图 3.13 所示，假设在逆变器控制点 A 前面存在一虚拟阻抗，并且虚拟阻抗与线路阻抗之和呈感性，则可针对 B 点的虚拟发电机应用传统感性下垂控制，并通过计算 A 点的电压对逆变器进行控制。

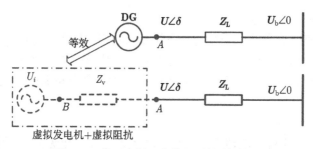

图 3.13　基于虚拟阻抗的下垂控制结构图

由于虚拟阻抗一般为电感，不消耗或消耗极小的有功功率，因此，A 点与 B 点有功功率相同，可直接应用有功–频率下垂控制测量。经理论推导证明 B 点的电压与 A 点的无功功率存在正相关关系[27]，因此可利用无功电压关系获得 B 点的控制电压，并根据下式求得逆变器的输出电压：

$$\begin{cases} U = U_i - I_i Z_v \\ U_i = U_0 - n_Q Q_i \end{cases} \tag{3.19}$$

式中，U_i 为虚拟发电机输出电压；I_i 为虚拟发电机至逆变器线路的线路电流；Z_v 为虚拟阻抗。图 3.14 表示了基于虚拟阻抗的频率下垂控制结构图。

虚拟阻抗法使得微电网中逆变器的下垂控制保持了传统同步发电机下垂控制的特性，有利于与大电网的协调运行，并且可以有效抑制并联逆变器间的环流和电网扰动引起的过电流。但当微电网中含有引起较大谐波的负载时，虚拟阻抗法可能导致分布式电源输出电压畸变，产生严重的电压质量问题[24,25]。

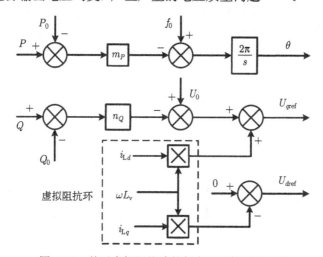

图 3.14　基于虚拟阻抗法的频率下垂控制结构图

2) 虚拟坐标变换方法

虚拟坐标变换法通过组合有功功率和无功功率（频率和电压）形成虚拟变量使其与电压和频率（有功功率和无功功率）的关系仍保持传统感性下垂控制的形式[28]，包括两种方式，即虚拟有功无功功率（PQ）变换和虚拟电压频率（Vf）变换。

（1）虚拟 PQ 变换[29]

对表 3.1 中纯阻性线路情况下的输出功率表达式进行变换，可得下式：

$$\begin{cases} \dfrac{XP - RQ}{Z} = \dfrac{U_b U}{Z} \sin\delta \\[2mm] \dfrac{RP + XQ}{Z} = \dfrac{U(U - U_b \cos\delta)}{Z} \end{cases} \tag{3.20}$$

基于正交线性旋转变换，新设虚拟有功和无功功率如下：

$$\begin{bmatrix} P' \\ Q' \end{bmatrix} = \begin{bmatrix} \sin\theta & -\cos\theta \\ \cos\theta & \sin\theta \end{bmatrix} \begin{bmatrix} P \\ Q \end{bmatrix} \tag{3.21}$$

式中，P' 和 Q' 分别为变换后虚拟的有功功率和无功功率；θ 为连接线路阻抗角。

因此，可以通过虚拟 PQ 变换实现逆变器输出有功功率和无功功率的解耦控制，如下式所示：

$$\begin{cases} f = f_0 - m_P(P' - P_0') \\ U = U_0 - n_Q(Q' - Q_0') \end{cases} \tag{3.22}$$

虚拟 PQ 坐标变换法实现下垂控制的方式可以适用于任何阻抗比线路，但此种方法仅能实现虚拟有功功率的均分，实际的有功功率和无功功率均分则会受到影响。此外，实现坐标变换需要提供线路阻抗参数，而实际的线路参数往往难以精确获知。

（2）虚拟 Vf 变换[30]

与虚拟 PQ 坐标变换法类似，虚拟 Vf 坐标变换方程如下式所示：

$$\begin{bmatrix} f' \\ U' \end{bmatrix} = \begin{bmatrix} \sin\varphi & -\cos\varphi \\ \cos\varphi & \sin\varphi \end{bmatrix} \begin{bmatrix} f \\ U \end{bmatrix} \tag{3.23}$$

式中，f' 和 U' 分别为变换后虚拟的电压频率和幅值；φ 为旋转变换角，等于分布式电源连接线路阻抗角。可以通过虚拟 Vf 变换法实现逆变器有功无功解耦的下垂控制，控制策略如下所示：

$$\begin{cases} f' = f_0' - m_P(P - P_0) \\ U' = U_0' - n_Q(Q - Q_0) \end{cases} \tag{3.24}$$

基于虚拟 Vf 坐标变换法的下垂控制可以直接对实际有功和无功功率进行控制，适用于不同阻抗比的线路。但式（3.24）中虚拟频率和虚拟电压的初始值和下垂系数不易确定，而且各分布式电源的线路差异将引起变换后的频率和电压差异，这样一方面导致较难确定实际的频率和电压范围，另一方面各分布式电源很容易因频率不一致而失去同步，对系统的稳定性将造成影响。

（3）基于自适应下垂系数的下垂控制

常规下垂控制中下垂系数是常数，为了改善微电网系统的动态性能以适应各种工况，可以自适应改变下垂系数，形成自适应下垂控制。将逆变器输出有功和无功功率的一次函数或二次函数引入到下垂控制系数表达式中[31]，可得自适应下垂控制：

$$\begin{cases} f = f_0 - (m_P - a_f P - b_f P^2)(P - P_0) \\ U = U_0 - (n_Q - a_U Q - b_U Q^2)(Q - Q_0) \end{cases} \tag{3.25}$$

式中，a_f、b_f、a_U、b_U 为自适应参数。

此外，也可以直接将有功和无功功率的微分量引入到下垂控制中[32,33]，得到另一自适应下垂控制策略：

$$\begin{cases} f = f_0 - m_P P - k_f \dfrac{\mathrm{d}P}{\mathrm{d}t} \\ U = U_0 - n_Q Q - k_U \dfrac{\mathrm{d}Q}{\mathrm{d}t} \end{cases} \tag{3.26}$$

由于系统的频率是全局变量，在感性频率下垂控制下分布式电源输出有功功率能够按照容量进行均分。而电压是局部变量，无功电压下垂控制系数、拓扑结构、线路参数和有功分配均会影响无功功率分配的精度。根据逆变器无功功率分配的影响因素，利用线路电压降补偿和无功下垂系数自适应调整可有效改善无功功率的分配状况[34]，控制策略表达式如下：

$$\begin{cases} U = U_0 + \dfrac{RP + XQ}{U_0} - D(P,Q)(Q - Q_0) \\ D(P,Q) = n + k_Q Q^2 + k_P P^2 \end{cases} \tag{3.27}$$

上述改进无功电压下垂控制方法虽然不能完全实现分布式电源输出无功功率的精确分配，但可以有效改善系统控制性能，抑制并联逆变器的无功环流，在重载下具有较好的控制效果。

本节所述的各种基本下垂控制方法和改进方法各有优势和不足，对比情况如表 3.2 所示。

表 3.2　基本下垂控制方法和改进方法的比较情况

下垂方法	优势	不足
感性频率下垂控制	与旋转电机接口微源及传统大电网兼容	阻性线路（低压微电网）下控制效果受到影响；频率、电压产生静态偏差；无功功率难以实现精确均分
阻性频率下垂控制	适用于阻性线路情况（低压微电网）	与传统大电网不兼容；频率、电压产生静态偏差；有功功率难以实现精确均分
阻感性频率下垂控制	适用于复杂阻感线路情况	与传统大电网不兼容；有功和无功功率难以实现精确均分，容易造成并联分布式电源间的环流；较难确定下垂控制增益
功角下垂控制	频率无静态偏差；直接控制可实现并离网平滑切换和环流抑制	较难确定功角初始值；需要统一的功角参考
基于虚拟阻抗的下垂控制	适应于各种线路情况（阻性、感性和组感性混合）；实现有功和无功功率的解耦；缓解并联分布式电源间的环流；补偿分布式电源输出电压的不平衡	频率、电压产生静态偏差；非线性负载下，可能引起分布式电源输出电压畸变，不利于电能质量
基于自适应下垂系数的下垂控制	改善系统动态响应性能；改善无功功率均分情况；抑制逆变器间的无功环流	不能实现并联分布式电源间的精确无功功率分配；自适应参数调节较难调节

3.2.4　虚拟同步发电机控制

分布式电源主要通过并网逆变器接入电网，由于逆变装置缺乏惯性和阻尼，无法为电力系统稳定运行提供惯量支撑，电力系统容易受到功率波动和系统故障的影响[35]。随着分布式能源在电网中的渗透率不断提高，上述问题日益严峻。考虑到同步发电机对电网运行的天然友好性，国内外很多学者提出了虚拟同步机 (virtual synchronous generator，VSG) 的概念[36-41]。采用 VSG 控制策略的分布式电源能够主动地参与到电力系统的有功调频、无功调压以及阻尼功率振荡的过程中，为解决分布式电源高渗透率下电力系统的稳定性问题提供了全新的思路。本节以微电网并网逆变器为主要研究对象，介绍了 VSG 的控制原理，并分析和对比了现有几种典型的 VSG 技术实现方案，最后将其与下垂控制在理论与仿真上做了比较。

1. VSG 的控制原理

VSG 控制策略主要应用于含储能元件的分布式电源并网逆变器，其基本思想是通过分布式电源模拟同步发电机的输出外特性来提高电力系统的稳定性。一般来说，VSG 主要由储能元件、逆变装置以及 VSG 控制器组成，典型 VSG 控制框图如图 3.15 所示。

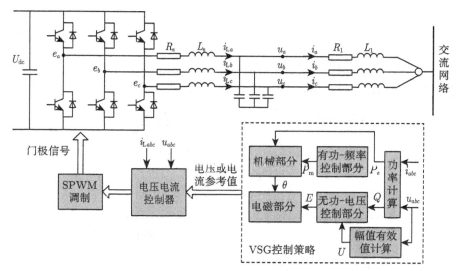

图 3.15 典型 VSG 控制框图

VSG 控制策略主要模拟了同步发电机的机械特性以及电磁特性，并在其有功-频率控制环节与无功-电压控制环节中分别模拟了同步发电机调速器与励磁调节器的功能，本节从机械与电磁部分两方面对 VSG 本体进行建模，并设计有功-频率控制部分与无功-电压控制部分以实现 VSG 的频率与电压调节功能。

1) 机械部分与有功-频率控制部分

VSG 的机械部分主要模拟了同步发电机转子运动方程的阻尼和惯量特性，其实现方式如下：

$$\begin{cases} T_{\mathrm{m}} - T_{\mathrm{e}} - D_{\mathrm{p}}(\omega - \omega_0) = J\dfrac{\mathrm{d}\omega}{\mathrm{d}t} \\[2mm] \dfrac{\mathrm{d}\theta}{\mathrm{d}t} = \omega \end{cases} \tag{3.28}$$

式中，T_{m} 为机械转矩；T_{e} 为电磁转矩；D_{p} 为阻尼系数，可模拟同步发电机阻尼振荡的能力；ω 为机械角速度；ω_0 为额定角速度；J 为转动惯量，使得 VSG 的频率动态响应过程中具备惯性；θ 为转子角度。将上式的转矩用功率表示为：

$$\begin{cases} T_{\mathrm{m}} = \dfrac{P_{\mathrm{m}}}{\omega} \\[2mm] T_{\mathrm{e}} = \dfrac{P_{\mathrm{e}}}{\omega} \end{cases} \tag{3.29}$$

式中，P_{m} 为机械功率；P_{e} 为电磁功率。

为了实现微电网中并列运行的 VSG 之间有功负荷按其容量分配，有功–频率控制器一般采用下垂控制形式：

$$P_{\mathrm{m}} = P_0 + m_\omega(\omega_0 - \omega) \tag{3.30}$$

式中，m_ω 为有功角频率下垂系数。综合式 (3.28)、式 (3.29) 与式 (3.30)，得到 VSG 有功–频率控制部分与机械部分控制框图如图 3.16 所示。

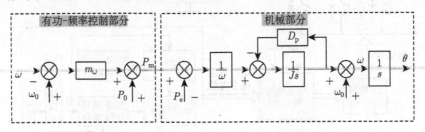

图 3.16　典型的 VSG 有功–频率控制器与机械部分控制框图

2）电磁部分与无功–电压控制部分

VSG 的电磁部分主要模拟同步发电机定子电路的电压电流关系，其具体实现方式如下：

$$\boldsymbol{e} = \boldsymbol{u} + R_{\mathrm{s}}\boldsymbol{i}_{\mathrm{L}} + L_{\mathrm{s}}\frac{\mathrm{d}\boldsymbol{i}_{\mathrm{L}}}{\mathrm{d}t} \tag{3.31}$$

式中，$\boldsymbol{e} = [e_a, e_b, e_c]$，为三相定子感应电动势，$\boldsymbol{u} = [u_a, u_b, u_c]$，为电机端口三相电压；$\boldsymbol{i}_{\mathrm{L}} = [i_{La}, i_{Lb}, i_{Lc}]$，为三相定子电流；$R_{\mathrm{s}}$ 与 L_{s} 分别为定子电阻与电感值。

为了模拟同步发电机的励磁调压功能，实现孤岛微电网中并列运行的 VSG 之间无功负荷按容量分配，无功–电压调压器采用以下的控制形式：

$$k_{\mathrm{i}}\frac{\mathrm{d}E}{\mathrm{d}t} = Q_0 + n_u(U_0 - U) - Q \tag{3.32}$$

式中，k_{i} 为积分系数；E 为感应电动势幅值；n_u 为无功电压下垂系数。同样地，VSG 无功–电压控制部分与电磁部分控制框图如图 3.17 所示。

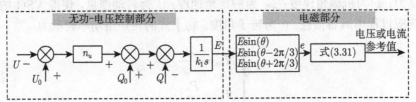

图 3.17　典型的 VSG 无功–电压控制器与电磁部分控制框图

2. VSG 技术实现方案

近年来, 国内外学者对 VSG 技术开展了广泛的研究, 提出了多种 VSG 技术实现方案[36-41]。根据是否能够在孤岛运行模式下提供电压和频率支撑, VSG 可分为电流源型 VSG 与电压源型 VSG, 其中典型的电流源型 VSG 包括最早由鲁汶大学提出的 CVSG(current-control VSG) 方案[42-45] 与由德国克劳斯塔尔工业大学提出的电流型 VISMA 方案[46]。而由于电压源型 VSG 相比于电流源型 VSG 在孤岛自治运行模式下具有明显的优势, 多种电压源型 VSG 被相继提出, 主要包括德国克劳斯塔尔工业大学的电压型 VISMA[47]、加拿大多伦多大学的 VC-VSC 方案[48] 以及英国利物浦大学的虚拟同步发电机与虚拟同步电动机等方案[40,49-51]。

1) CVSG 方案

CVSG 方案旨在通过模拟同步机的转子惯性及一次调频特性来改善系统的频率稳定性, 其机械功率 P_m 由两部分组成, 如式 (3.33) 所示:

$$\begin{cases} P_m = P_J + P_D \\ P_J = -J\omega_g \dfrac{d\omega_g}{dt} \\ P_D = -m_\omega(\omega_g - \omega_0) \end{cases} \tag{3.33}$$

式中, P_J 为 VSG 的虚拟惯量功率指令; P_D 为 VSG 通过下垂特性得到的虚拟一次调频功率指令; J 为转动惯量; ω_g 为电网角频率, 可以通过锁相环得到。

CVSG 方案控制原理图如图 3.18 所示, 当系统负荷出现短时变化导致电网角频率 ω_g 发生暂态波动时, VSG 通过 P_J 指令快速响应, 向电网提供瞬时惯量功率支撑, 所提供的瞬时惯量功率与电网频率的变化速率 $d\omega_g/dt$ 有关: 当电网角频率 ω_g 上升时, P_J 为负值, VSG 减少输出至电网的有功功率或者从电网吸收有功功率并将电能存储于储能单元中; 当电网角频率 ω_g 降低时, P_J 为正值, VSG 增加输出至电网的有功功率; 当电网角频率 ω_g 稳定之后, P_J 为 0。当系统出力与负荷不平衡, 电网角频率 ω_g 发生稳态偏差时, VSG 通过 P_D 指令提供所需的频率偏差调节功率。但 CVSG 方案采用的是输出电流直接控制, 其不具备在孤岛模式下为电网提供电压支撑的能力。

2) VISMA 方案

CVSG 方案根据电网频率的变化快慢与偏移程度向电网提供惯量功率支撑与一次调频功能, 其控制效果较大程度上依赖于电网频率的检测精度, 且并未考虑同步发电机的阻尼特性与定子电气特性。VISMA 方案模拟了同步发电机的转子运动方程和定子电气方程, 根据定子电气方程中的伏安特性可以得到定子电流的参考值或者电机端口电压的参考值, 最后通过控制逆变器输出电流或者输出电压以实现对同步发电机外特性的模拟。

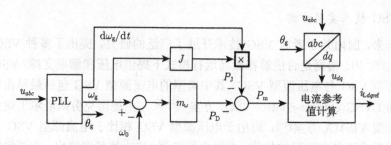

图 3.18 CVSG 方案控制原理图

其转子运动方程为:

$$T_{\mathrm{m}} - T_{\mathrm{e}} = J\frac{\mathrm{d}\omega}{\mathrm{d}t} + k_{\mathrm{d}}f(s)\frac{\mathrm{d}\omega}{\mathrm{d}t} \qquad (3.34)$$

式中, k_{d} 为机械阻尼系数; $f(s)$ 为相位补偿项。

其定子电气方程如式 (3.31),根据定子电气方程的不同实现方式分为电流型 VISMA 方案和电压型 VISMA 方案。其中电流型 VISMA 方案是根据式 (3.31) 得到其三相定子电流参考值 $i_{\mathrm{Lref}} = [i_{\mathrm{Laref}}, i_{\mathrm{Lbref}}, i_{\mathrm{Lcref}}]$:

$$i_{\mathrm{Lref}} = \frac{1}{L_{\mathrm{s}}} \int (e - u - i_{\mathrm{Lref}}R_{\mathrm{s}})\mathrm{d}t \qquad (3.35)$$

其控制原理图如图 3.19(a) 所示。由于该方案本质上也是对输出电流的控制,因此也不能在孤岛模式下运行。

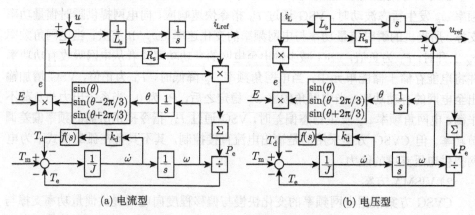

(a) 电流型   (b) 电压型

图 3.19 VISMA 方案控制原理图

而电压型 VISMA 方案则是根据式 (3.31) 得到电机端口三相电压参考值 $u_{\mathrm{ref}} = [u_{\mathrm{aref}}, u_{\mathrm{bref}}, u_{\mathrm{cref}}]$:

$$u_{\mathrm{ref}} = e - R_{\mathrm{s}}i_{\mathrm{L}} - L_{\mathrm{s}}\frac{\mathrm{d}i_{\mathrm{L}}}{\mathrm{d}t} \qquad (3.36)$$

该方案控制原理图如图 3.19 (b) 所示。该方案是对逆变器输出电压的控制，能够在并网和孤岛两种模式下运行。

3）VC-VSC 方案

CVSG 方案与 VISMA 方案均只考虑了 VSG 有功与频率的控制，并未考虑 VSG 无功与电压的控制。VC-VSC 方案则同时包括有功频率控制环节与无功电压控制环节，其中频率控制环节中加入了转子运动方程以模拟同步发电机转子的转动惯量以及阻尼特性，其有功频率控制环节如式 (3.37) 所示。

$$\begin{cases} P_{\mathrm{m}} - P_0 = m_\omega(\omega_0 - \omega_{\mathrm{g}}) \\ J\omega_0 \dfrac{\mathrm{d}\omega}{\mathrm{d}t} = P_{\mathrm{m}} - P_{\mathrm{e}} - D_{\mathrm{p}}(\omega - \omega_{\mathrm{g}}) \\ \dfrac{\mathrm{d}\theta}{\mathrm{d}t} = \omega \end{cases} \tag{3.37}$$

VC-VSC 方案的无功电压控制环节主要用于产生感应电动势幅值 E，包括 E_1 和 E_2 两个电压调节分量，具体如式 (3.38) 所示。

$$\begin{cases} E = E_1 + E_2 \\ E_1 = U_0 - \dfrac{Q}{n_u} \\ E_2 = \dfrac{(Q_0 - Q)}{k_{iQ}s} \end{cases} \tag{3.38}$$

式中，k_{iQ} 为积分增益。

VC-VSC 方案控制原理图如图 3.20 所示。该方案的有功频率控制环节特征在于，相比于其他电压型 VSG 方案，其阻尼环节的输入频率为电网角频率 ω_{g}，当 VSG 并网稳定运行时其机械角速度 ω 与 ω_{g} 相等，此时阻尼项为 0，这意味着阻尼项只影响其频率动态特性，不会影响其稳态输出有功功率，其稳态输出功率由有功频率下垂环节决定。采用该控制方案的 VSG 能够在孤岛和并网模式下运行，在孤岛模式下，其惯量与阻尼输出特性改善了分布式电源对系统电压、频率的支撑能力，同时在下垂控制的作用下实现并列运行分布式电源之间有功和无功功率的均分；在并网模式下，由于有功以及无功采用积分控制，逆变器将输出给定的有功和无功功率。值得注意的是，该方案通过频率控制环节与电压控制环节得到逆变器的输出电压参考值，再结合常规逆变器的电压电流双环控制以实现对 VSG 输出电压的稳定控制，因此在并网和孤岛状态运行时 VSG 均处于电压源控制模式，提高了微电网系统的电压稳定性。

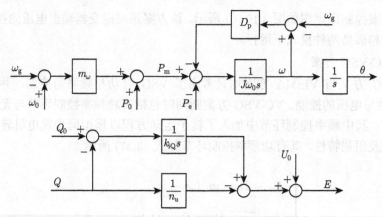

图 3.20　VC-VSC 方案控制原理图

4）同步变流器方案

同步变流器方案中，为了更加精确地模拟同步发电机的运行机制，不仅在控制环节中加入了同步发电机的转子运动方程，也加入了模拟同步发电机机电耦合特性的环节，充分考虑了同步发电机的机电与电磁暂态特性，增强了虚拟定子与转子的耦合度，该方案根据同步发电机的物理和数学模型得到：

$$\begin{cases} \boldsymbol{e} = \omega M_{\mathrm{f}} i_{\mathrm{f}} [\sin\theta, \sin(\theta - 2\pi/3), \sin(\theta + 2\pi/3)] \\ Q = -\omega M_{\mathrm{f}} i_{\mathrm{f}} [i_{\mathrm{L}a}\cos\theta + i_{\mathrm{L}b}\cos(\theta - 2\pi/3) + i_{\mathrm{L}c}\cos(\theta + 2\pi/3)] \\ T_{\mathrm{e}} = M_{\mathrm{f}} i_{\mathrm{f}} [i_{\mathrm{L}a}\sin\theta + i_{\mathrm{L}b}\sin(\theta - 2\pi/3) + i_{\mathrm{L}c}\sin(\theta + 2\pi/3)] \end{cases} \tag{3.39}$$

式中，M_{f} 为励磁绕组与定子绕组间的互感；i_{f} 为励磁电流。

同步变流器方案不仅考虑将电源侧并网逆变器以 VSG 控制策略进行控制，同时考虑将 VSG 控制策略应用于负荷侧并网整流器的控制，使得电源和负荷都具备与同步机组相同的运行机制，参与电网的运行和管理，在电网、电源或负荷发生扰动时，通过电源与负荷的双向自主调节，提高系统抵御外部扰动的能力[40,50]，同步变流器方案的原理图如图 3.21 所示。

图 3.21 中同步变流器方案包括虚拟同步发电机与虚拟同步电动机，虚拟同步发电机根据式 (3.39) 计算出电磁转矩 T_{e} 与无功功率 Q，通过阻尼系数 D_{p} 同时实现一次调频与阻尼的功能，通过转子运动方程实现对同步电机转子转动惯量的模拟，为了实现无功电压下垂控制，将电网电压幅值额定值 U_0 与电网电压幅值 U 的差值乘以系数 D_q 加到无功额定值 Q_0 上；为了模拟同步电机机电与电磁暂态特性，将磁链 $M_{\mathrm{f}} i_{\mathrm{f}}$ 与机械角速度 ω 相乘并结合转子角度 θ 得到定子感应电动势 e。相比于虚拟同步发电机，虚拟同步电动机[51] 模拟了同步电动机的运行机制，其电流方向发生了变化，体现为图 3.21(b) 中机械转矩 T_{m}、电磁转矩 T_{e} 与无功控制器

输入变为负号, 此外虚拟同步电动机的机械转矩 T_m 通过直流侧电压控制器得到, 而无功参考值 Q_0 则用于对负荷功率因数进行调节。

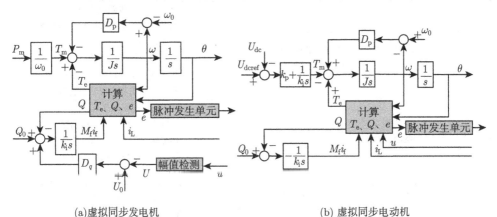

(a) 虚拟同步发电机　　　　　　　　(b) 虚拟同步电动机

图 3.21　同步变流器方案控制原理图

同步变流器方案能够实现同步电机转子运动以及电磁暂态过程的精确模拟, 由于其采用的是电压开环控制, 其交流侧电压易受到电网负载的影响, 当电网中接入不平衡或者非线性负载时, 其交流侧电压将出现不平衡或者谐波分量。

以上所述的各种不同类型 VSG 实现方案主要可分为电流源型和电压源型两大类, 其各自的优势与不足对比情况如表 3.3 所示。

3. VSG 控制与下垂控制的仿真对比

VSG 控制与下垂控制具有相似的有功频率与无功电压下垂稳态特性, 区别在于 VSG 通过同步发电机转子运动方程模拟了其频率的阻尼和惯量特性, 并通过积分环节模拟了励磁调节器的励磁特性, 因此 VSG 控制与下垂控制在动态特性上存在差异[52-54]。本小节分别从理论与仿真两方面对 VSG 控制与下垂控制进行对比, VSG 控制与下垂控制分别采用如图 3.22 所示的控制结构, 两者具有相同的有功频率与无功电压额定运行点。

需要说明的是, 因实际运行中 ω 接近于额定值 ω_0, 故图 3.22 中 VSG 控制对应于式 (3.29) 环节的机械角速度 ω 近似取为 ω_0。此外, 图 3.22 中采用对 VSG 输出电压的闭环控制, 其输出电压幅值 U 近似等于感应电动势幅值 E, 故这里将 U 取为 E。下垂控制在实际应用中通常对输出有功与无功功率 P_e 和 Q 进行滤波处理, 因此采用一阶低通滤波器滤除 P_e 和 Q 中的测量噪声。

表 3.3　各种 VSG 技术实现方案的比较情况

VSG 技术实现方案		优势	不足
电流源型	CVSG 方案	实现简单； 具备惯量阻尼特性； 具备一次调频功能	不易工作在孤岛模式下； 实现效果受电网频率检测效果影响大； 不具备一次调压功能； 不反映定子电路电压–电流关系； 不具备机电与电磁暂态特性
	电流型 VISMA 方案	实现简单； 具备惯量阻尼特性； 反映定子电路电压–电流关系	不易工作在孤岛模式下； 控制效果受模型参数摄动影响大； 不具备一次调频与调压功能； 不具备机电与电磁暂态特性
电压源型	电压型 VISMA 方案	实现简单； 具备惯量阻尼特性； 反映定子电路电压–电流关系； 能工作在并网或孤岛模式下	控制效果受模型参数摄动影响大； 不具备一次调频与调压功能； 不具备机电与电磁暂态特性
	VC-VSC 方案	具备惯量阻尼特性； 具备一次调频与调压功能； 能工作在并网或孤岛模式下	多环控制导致参数设计困难； 不反映定子电路电压–电流关系； 不具备机电与电磁暂态特性
	同步变流器方案	具备惯量阻尼特性； 具备一次调频与调压功能； 能工作在并网或孤岛模式下； 具备机电与电磁暂态特性	不反映定子电路电压–电流关系； 交流侧电压易受不平衡、非线性负载影响

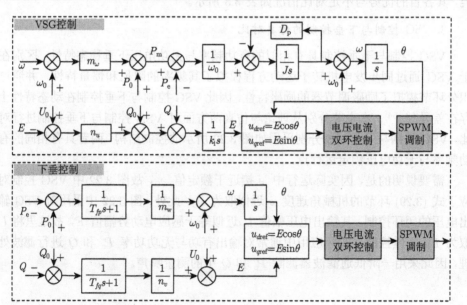

图 3.22　VSG 控制与下垂控制的控制结构对比

根据图 3.22，假设有功负载发生扰动$\Delta P_e(s)$，则 VSG 输出频率发生的扰动可表示为：

$$\Delta\omega(s) = -\frac{1}{J\omega_0 s + D_p\omega_0 + m_\omega}\Delta P_e(s) \tag{3.40}$$

同样根据图 3.22 得到下垂控制的输出频率扰动：

$$\Delta\omega(s) = -\frac{1}{m_w T_{fp} s + m_w}\Delta P_e(s) \tag{3.41}$$

$$m_w = m_\omega + D_p\omega_0, \quad T_{fp} = \frac{J\omega_0}{m_\omega + D_p\omega_0} \tag{3.42}$$

对比式 (3.40) 与式 (3.41)，若令式 (3.42) 成立，则下垂控制与 VSG 控制的有功频率响应特性便完全相同。

类似地，当无功负载发生扰动 $\Delta Q(s)$，由图 3.22 可得到 VSG 控制与下垂控制的输出电压扰动分别如式 (3.43) 与式 (3.44) 所示：

$$\Delta E(s) = -\frac{1}{k_i s + n_u}\Delta Q(s) \tag{3.43}$$

$$\Delta E(s) = -\frac{1}{n_v T_{fq} s + n_v}\Delta Q(s) \tag{3.44}$$

同样对比式 (3.43) 与式 (3.44)，若使得 VSG 控制与下垂控制的输出电压响应特性相同，需满足：

$$n_v = n_u, \quad T_{fq} = \frac{k_i}{n_u} \tag{3.45}$$

以上对比结果说明，VSG 控制与下垂控制可通过参数设置使输出频率和电压具有相同的响应特性，但是由于 VSG 的控制参数与同步电机的参数一一对应，其控制参数具有更明确的物理意义，相比于下垂控制其在参数设置上更为简单。而下垂控制的滤波环节参数在实际设计中需要根据滤波性能指标设定，具有不同的物理含义。以下分别通过 VSG 控制与下垂控制的不一致性和一致性这两种场景对 VSG 控制与下垂控制进行比较。

1) 场景一：VSG 控制与下垂控制的不一致性

对单个分别基于 VSG 控制和下垂控制的分布式电源孤岛模式运行场景下的有功频率与无功电压响应特性进行仿真对比，仿真参数选取如表 3.4 所示，其不完全满足式 (3.42)、式 (3.45) 的约束关系。

仿真场景设置为：2s 和 3s 时分别增加与减少系统有功负荷 10kW，5s 与 6s 时分别增加与减少无功负荷 10kvar，对应的仿真结果如图 3.23 所示。

表 3.4　仿真场景一主要参数

VSG 控制参数	数值	下垂控制参数	数值
有功–频率下垂系数 m_ω	0.08/(MW·s/rad)	有功–频率下垂系数 m_w	0.08/(MW·s/rad)
无功–电压下垂系数 n_u	4/(Mvar/kV)	无功–电压下垂系数 n_v	4/(Mvar/kV)
阻尼系数 D_p	0/(MW·s²/rad²)	有功滤波时间常数 T_{fp}	0.025/s
惯量系数 J	31.83/(kg·m²)	无功滤波时间常数 T_{fq}	0.025/s
积分时间常数 k_i	0.5/s		

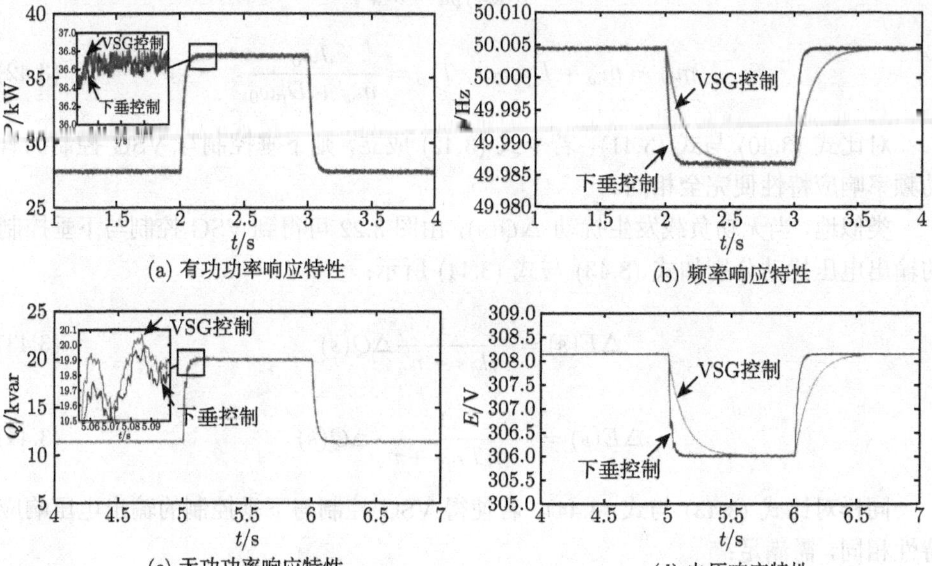

(a) 有功功率响应特性　　　　　　　　　(b) 频率响应特性

(c) 无功功率响应特性　　　　　　　　　(d) 电压响应特性

图 3.23　VSG 控制与下垂控制的不一致性仿真结果

由图 3.23 可知，因 VSG 控制与下垂控制的参数满足 $m_w = m_\omega + D_p\omega_0$ 以及 $n_v = n_u$，其有功频率与无功电压响应的稳态值一致。不同的是，两者的输出频率与输出电压动态特性表现出明显的差异，在下垂控制下，当有功与无功负荷变化时系统的频率与电压迅速响应，在时间上几乎没有延迟效应，因此出现频率与电压振荡。而在 VSG 控制下，其输出频率与电压均体现出更为明显的惯性，动态过程更加平滑，振荡明显减少，从而提高了系统频率和电压的稳定性。

2）场景二：VSG 控制与下垂控制的一致性

同样地，对单个分布式电源孤岛运行场景下的输出有功频率与无功电压响应特性进行比较，仿真参数选取如表 3.5 所示，其满足式 (3.42)、式 (3.45) 的约束关系。

仿真场景仍设置为：2s 与 3s 时分别增加与减少有功负荷 10kW，5s 与 6s 时分别增加与减少无功负荷 10kvar，仿真对比结果如图 3.24 所示。

表 3.5 仿真场景二主要参数

VSG 控制参数	数值	下垂控制参数	数值
有功–频率下垂系数 m_ω	0.08/(MW·s/rad)	有功–频率下垂系数 m_w	0.08/(MW·s/rad)
无功–电压下垂系数 n_u	4/(Mvar/kV)	无功–电压下垂系数 n_v	4/(Mvar/kV)
阻尼系数 D_p	0/(MW·s²/rad²)	有功滤波时间常数 T_{fp}	0.125/s
惯量系数 J	31.83/(kg·m²)	无功滤波时间常数 T_{fq}	0.125/s
积分时间常数 k_i	0.5/s		

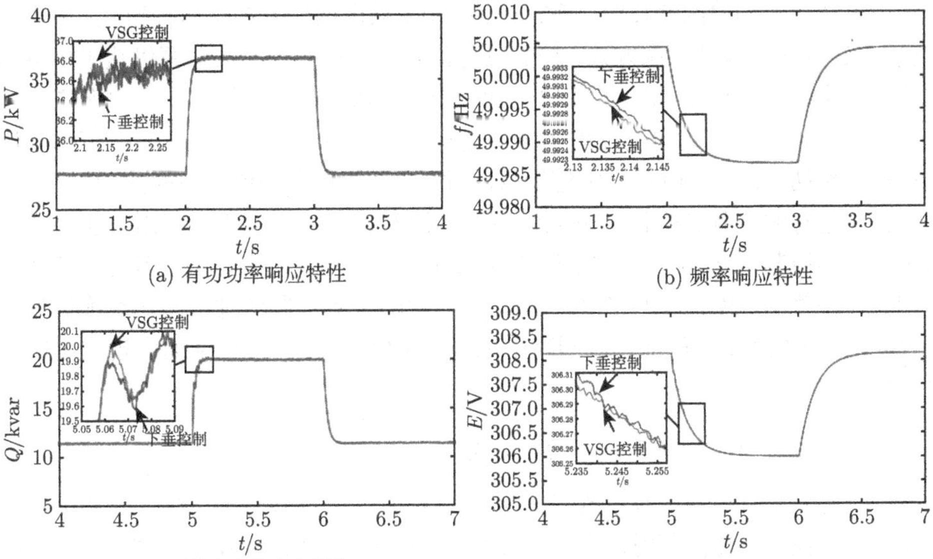

(a) 有功功率响应特性

(b) 频率响应特性

(c) 无功功率响应特性

(d) 电压响应特性

图 3.24 VSG 控制与下垂控制的一致性仿真结果

从图 3.24 中可以明显看出,因 VSG 控制与下垂控制在控制参数上满足式 (3.42)、式 (3.45),其有功频率与无功电压无论是在稳态过程还是在动态过程中均表现出近似一致的响应特性,与理论分析一致,说明下垂控制可以通过合理设置滤波环节的参数为系统提供与 VSG 类似的惯性支撑能力。

3.3 微电网运行模式平滑切换

微电网通过静态开关 PCC 连接至大电网,一般情况下开关闭合,微电网并网运行,大电网向系统内分布式电源提供电压频率和幅值参考,而微电网向大电网传输或吸收功率,共同维系负荷功率平衡。当电网出现故障时,静态开关断开,微电网通过分布式电源、储能系统和可调负荷的协同控制实现孤岛运行。若微电网在两种运行状态间直接切换势必会引起瞬间冲击,从而导致电压和频率振荡,这主要是由三个方面引起：①控制结构切换；②控制环路参考值切换；③相角获取方式切换。本节分别针对采用主从控制和对等控制的微电网运行模式切换可能导致系统振荡的原因，介绍实现微电网运行模式平滑切换的控制策略。

3.3.1　基于主从控制的微电网运行模式平滑切换

基于主从控制的微电网的系统结构如图 3.1 所示[55,56]，当微电网处于并网状态时，所有逆变器采用恒功率控制方式。控制过程如式 (3.7)~式 (3.9) 所示，当系统中主电源检测到电网故障时，静态开关断开，微电网转入独立运行模式，主电源逆变器采用恒压/恒频控制方式，控制过程如式 (3.11) 所示，从电源仍然采用恒功率控制。因此，基于主从控制的微电网运行模式平滑切换的关键在于主电源逆变器能否克服两种控制模式切换过程所带来的扰动 [57,59]：①恒功率与恒压/恒频控制器切换的扰动；②电流内环给定值切换的扰动；③相位参考值切换的扰动。

目前已有的控制策略包括电流内环滞环控制策略[60]、基于虚拟阻抗压降的电压电流双环控制策略[61] 等，这里侧重介绍基于动态开关切换的微电网运行模式平滑切换控制算法，其原理为在恒功率控制和恒压/恒频控制两种控制器切换过程中通过动态开关的操作，保证控制回路中电流参考值不发生突变，从而实现微电网平滑切换[62,63]。

1. 并网运行状态切换至孤岛运行状态

当微电网从并网状态切换至孤岛状态运行时，主控单元逆变器需要从恒功率控制模式切换至恒压/恒频控制模式。微电网在切换瞬间内部功率出现不匹配，需要主控单元承担瞬时不平衡功率，其逆变器输出状态会产生较大变化。由于控制器包含积分环节，在切换过程中输出状态的跳变会对控制器的性能产生不利影响，造成较大的暂态振荡，可能会造成母线电压超过限值，触发保护装置动作。为了避免控制环路参考值跳变可能引起的系统状态振荡，文献 [58,59] 对并网转孤岛模式的控制结构进行了改进，如图 3.25 所示。通过对动态开关进行灵活的控制，实现控制器输出状态跟随，避免控制环路参考值跳变可能引起的系统状态振荡。

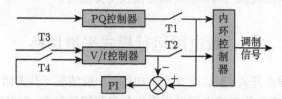

图 3.25　V/f 控制器输出状态跟随控制框图

主从控制模式下微电网运行状态平滑切换的原理如下：微电网并网运行时，PCC 闭合，T1、T4 闭合，T2、T3 断开，外环为定功率控制，主电源工作在恒功率模式之下。同时，V/f 控制器在调节器的作用下跟随 PQ 控制器的输出。微电网并网转孤岛模式运行时，PCC 断开，T2、T3 闭合，T1、T4 断开，外环为定电压控制，由于 V/f 控制器的输出一直跟随 PQ 控制器变化，所以切换瞬间，电流内环参考值不变，其输出状态不会发生突变，实现了电压参考调制信号幅值的平滑过渡。

此外，为了保证控制系统相位参考信号的平滑过渡，将并网至离网运行状态切换瞬间的相位，作为初相位自激生成孤岛微电网的相位参考。图 3.26 给出了微电网参考相位生成模块，是由电网相位提取模块、相位预同步模块和相位切换模块组成。电网相位提取模块采用锁相环提取电网侧三相电压的相角，微电网并网运行时，相位选择开关保持在"1"，即 $\theta_{inv} = \theta_g$，微电网逆变器定向参考相位与电网侧一致；当微电网由并网模式转换至孤岛模式时，相位选择开关切换至"2"，Z^{-1} 代表上一时刻采样值，此时逆变器定向参考相位以切换前时刻相位为基础，ω_{inv} 本地角频率自激生成。

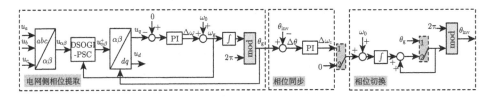

图 3.26 微电网参考相位生成模块

2. 孤岛运行状态切换至并网运行状态

大电网消除故障后，微电网需要重新并网运行，PCC 连接前应首先保证两侧的电压幅值、相位和频率偏差减小至允许范围内，以减小切换后电流的冲击，称之为预同步操作。电网侧电压幅值、相位及频率偏差，和上文提到的主控 DG 电压参考调制信号幅值、定向参考相位及频率相对应。由于主控 DG 在孤岛模式下采用 V/f 控制，微电网电压幅值理论上维持在额定值，忽略微电网线路上的阻抗压降，PCC 两端的电压幅值基本一致；微电网侧频率也为额定值。因此，微电网孤岛转并网运行模式平滑切换的难点在于主控 DG 定向参考相位的平滑切换。图 3.26 中相位预同步模块的目标是消除 PCC 两侧的相位差，使逆变器定向相位跟随电网侧相位。具体步骤：首先通过电网相位提取模块获取电网侧相角 θ_g，将 θ_g 与主逆变器相角 θ_{inv} 经过 PI 比较，得到频率补偿量 $\Delta\omega_c$，选择开关切换至"2"，因此主逆变器以 $\omega_{inv} + \Delta\omega_c$ 为本地频率跟随电网侧相位，直到 PCC 两侧相位达到阈值，预同步完成。为了避免该相位预同步方法中微电网与电网侧相位误同步的可能性，需要维持两侧相角重合状态一段时间，当满足设定时间时，可以进行 PCC 并网操作。

3. 算例分析

为了验证基于主从控制的微电网运行模式平滑切换策略的有效性，构建基于 PSCAD/ EMTDC 的仿真系统如图 3.27 所示。系统是一个额定电压为 0.38kV 的微电网系统，通过变压器连接到 10kV 配电网。储能电池（battery energy storage, BES）作为主控 DG，并网时运行在恒功率控制模式，孤岛时运行在恒压/恒频控制模式，而光伏和风机单元均运行在恒功率控制模式，系统总负荷 0.12MW。

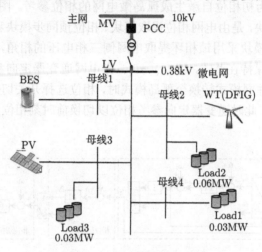

图 3.27　微电网仿真系统图

1）并网运行模式切换至孤岛运行模式

并网运行时，微电网内各分布式电源均以额定功率运行，光伏出力维持在 0.03MW，风机出力维持在 0.04MW，储能电池处于热备用状态，不输出功率。$t=2$s 时，由上级控制层下发孤岛指令，微电网进行模式切换，微电网内母线电压及各分布式电源输出功率如图 3.28 所示。

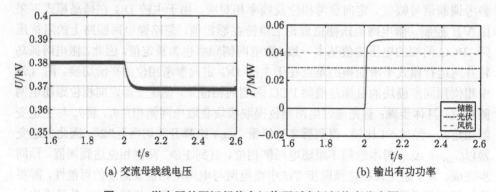

(a) 交流母线线电压　　　　　　　(b) 输出有功功率

图 3.28　微电网并网运行状态切换至孤岛运行状态仿真图

图 3.28（a）为微电网交流母线线电压有效值曲线，并网运行时交流母线直接与主网相连，线电压为 380V，孤岛运行时储能作为微电网主控单元维持系统电压的稳定，由于线路阻抗上的压降，交流母线电压有小幅跌落，但仍然能维持稳定运行。图 3.28（b）为微电网各分布式电源的输出有功功率波形，光伏和风机单元由于在并网和离网运行时均采用 PQ 控制，维持稳定的功率输出，并网时储能单元保持在浮充状态以便应对系统紧急状况，输出功率为零；孤岛时作为主控单元平衡系统内功率差额，输出功率为 0.05MW。仿真结果说明，采用微电网运行模式切换策略，可以有效避免控制器切换引起的参考值跳变，从而最终实现微电网由并网模式向孤岛模式的平滑切换。

2）孤岛运行模式切换至并网运行模式

当电网故障消除后，微电网需要由孤岛运行模式转入并网运行模式。微电网并网前为了保证开关两侧的电压幅值、频率和相位差在允许的范围内，以防并网瞬间切换电流的冲击，需要进行预同步操作，由于微电网处于孤岛状态时主控单元运行于 V/f 控制（电压幅值和频率取为电网侧额定值），这里侧重相位预同步。图 3.29 给出了微电网由孤岛运行模式切换至并网运行模式的系统仿真图，初始时微电网独立运行，光伏输出功率 0.03MW，风机输出功率 0.04MW，储能输出功率 0.05MW，微电网内部功率平衡；$t=2s$ 时电网恢复正常，中央控制器下发重新并网指令，预同步模块首先进入运行。由图 3.29（a）的交流母线线电压曲线可以看出，主控制器根据采集到的电网侧相位不断调节自身的相位，使 PCC 两侧的相角差逐渐趋于阈值，从而减缓模式切换瞬间的冲击。当 $t= 2.01s$ 时，微电网母线相位与电网侧一致，PCC 开关闭合，微电网进入并网运行模式，而储能系统转入浮充状态，其有功功率由电网承担。以上仿真结果说明，采用本节所介绍的微电网运行模式切换方法，能够在主从控制下实现平滑切换，避免了系统状态的跳变，从而维持微电网的稳定、可靠运行。

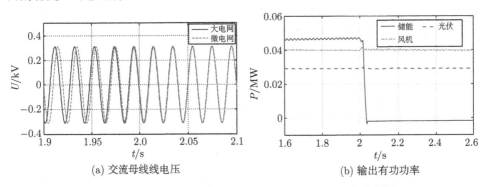

(a) 交流母线线电压   (b) 输出有功功率

图 3.29 微电网孤岛运行状态切换至并网运行状态仿真图

3.3.2　基于对等控制的微电网运行模式平滑切换

分布式电源输出接口结构如图 3.30 所示。电网电流 i_g 取决于 PCC 是否断开以及其他分布式电源的出力，负载侧电流 i_L 由等效输出阻抗 Z_L 决定，即负载功率波动，两者组成输出电流 i_o。由于对象的小惯性，i_o 作为外部扰动对母线电压产生快速的瞬态影响。

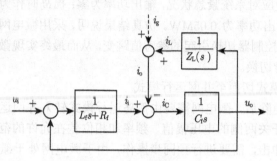

图 3.30　DG 接口结构框图

由上述分析可知，在任何运行模式下，系统都受到源自于控制环路切换引起的内部扰动和源自于供需不平衡的外部扰动的影响，只是在模式切换过程中，两者叠加扰动冲击更大。本节介绍了一种基于扰动观测器的对等控制模式下微电网运行模式平滑切换控制策略，具有以下特点：①保证固定的逆变器控制结构，避免环路切换带来的扰动；②基于扰动观测器的模型逆控制可主动抑制外部扰动，并具有理想的动态跟随特性。

1. 基于扰动观测器的控制策略

内模控制（internal model control，IMC）[64] 是一种基于过程模型的先进控制算法，图 3.31 给出内模控制结构图，其中 $G(s)$ 为实际被控对象；$G_\mathrm{n}(s)$ 为被控对象标称模型；$G_{\mathrm{IMC}}(s)$ 为内模控制器；$G_\mathrm{d}(s)$ 为反馈控制器；r 为参考输入；u 为控制量；d 为外部扰动；y 为被控量。

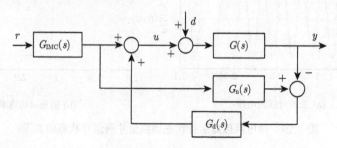

图 3.31　内模控制结构图

系统输出 $y(s)$ 的传递函数为

$$
\begin{cases}
y(s) = \varphi_{\mathrm{R}}(s)r(s) + \varphi_{\mathrm{D}}(s)d(s) \\[2mm]
\varphi_{\mathrm{R}}(s) = \dfrac{G(s)G_{\mathrm{IMC}}(s)[1 + G_{\mathrm{d}}(s)G_{\mathrm{n}}(s)]}{1 + G_{\mathrm{d}}(s)G(s)} \\[4mm]
\varphi_{\mathrm{D}}(s) = \dfrac{G(s)}{1 + G_{\mathrm{d}}(s)G(s)}
\end{cases}
\tag{3.46}
$$

由上式可知，当 $G_{\mathrm{n}}(s) = G(s)$，$\varphi_{\mathrm{R}}(s) = G_{\mathrm{n}}(s)G_{\mathrm{IMC}}(s)$。假设 $G_{\mathrm{n}}(s)$ 为最小相位系统，令 $\varphi_{\mathrm{R}}(s)=1$，则取 $G_{\mathrm{IMC}}(s) = G_{\mathrm{n}}^{-1}(s)f(s)$；$f(s)=1/(\lambda s+1)^{r}$ 表示能够使模型逆成为可实现形式的低通滤波器，其中 r 为不低于模型相对阶，λ 为滤波时间常数，通过调节 λ 使 IMC 获得最佳控制性能。因此，基于 IMC 的控制器设计能够保证对参考输入的单位跟踪，具有理想的开环特性；但扰动仍通过反馈作用抑制，而较大的反馈系数容易对系统稳定性产生影响。

扰动观测器（disturbance observer，DOB）[78,79] 实时估计出扰动并前馈补偿至输入端，从而主动抑制扰动影响，其控制结构图如图 3.32 所示。其中虚线框部分为 DOB，提供了扰动估计值 $\hat{d}$ 作用于被控对象输入信号 c；$Q(s)$ 为低通滤波器，其阶次不低于 $G_{\mathrm{n}}(s)$ 的相对阶。

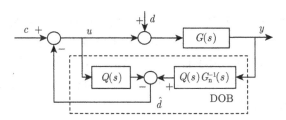

图 3.32　扰动观测器控制结构图

假如 $Q(s)=1$，则可推导出

$$
\hat{d}(s) = [G(s)^{-1} - G_{\mathrm{n}}(s)^{-1}]y(s) + d(s)
\tag{3.47}
$$

由式（3.47）可以得到，DOB 提供的扰动估计量可完全补偿模型摄动和外部扰动。系统输出为

$$
\begin{cases}
y(s) = \phi_{\mathrm{cy}}(s)c(s) + \phi_{\mathrm{dy}}(s)d(s) \\[2mm]
\phi_{\mathrm{cy}}(s) = \dfrac{G(s)G_{\mathrm{n}}(s)}{G_{\mathrm{n}}(s) + [G(s) - G_{\mathrm{n}}(s)]Q(s)} \\[4mm]
\phi_{\mathrm{dy}}(s) = \dfrac{G(s)G_{\mathrm{n}}(s)[1 - Q(s)]}{G_{\mathrm{n}}(s) + [G(s) - G_{\mathrm{n}}(s)]Q(s)}
\end{cases}
\tag{3.48}
$$

式中，在中低频段 $Q(s)=1$ 时，$\phi_{\mathrm{dy}}(s)=0$，说明 DOB 对各种扰动具有完全抑制的能力；$y(s)=G_{\mathrm{n}}(s)c(s)$，表明通过 DOB 可以使被控对象标称化，从而提高对模型参数摄动的鲁棒性。在高频段 $Q(s)=0$ 时，$\phi_{\mathrm{cy}}(s)=\phi_{\mathrm{dy}}(s)=G(s)$，此时 DOB 控制性能消失，系统成为常规反馈控制系统。扰动观测器的性能主要取决于 $Q(s)=1/(T_{f}s+1)^{r}$，应设计 T_{f} 使 $Q(s)$ 在重要频段的增益尽可能为 1，减少扰动对系统动态性能的影响。

综上所述，IMC 关注于跟踪性能，没有针对抗扰设计，而且依赖于对象模型；而 DOB 可以完全抵消外部扰动和模型摄动。因此可以利用两者优点，形成一种新型的控制策略，其结构图如图 3.33 所示。

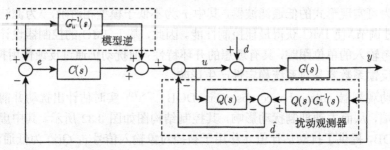

图 3.33　基于扰动观测器的新型控制结构图

图 3.33 中，模型逆结构是对 IMC 结构进行改造得到的，与 IMC 一致，侧重于控制系统的跟踪性能，被控对象在 DOB 作用下标称化为 $G_{\mathrm{n}}(s)$。因此，系统同时具有理想的跟踪性能和抗扰性能。实际控制系统设计如下：首先将 DOB 置于开环状态，调试 T_{f} 使估计扰动值能够准确地跟踪实际扰动，再调试滤波参数使模型逆部分达到良好的跟踪效果。

2. 微电网平滑切换控制策略

针对上述微电网运行控制中存在的问题，下面从下垂控制、幅值相角预同步以及基于扰动观测器的逆变器双环控制器进行阐述。

1）下垂控制

为避免控制环路切换，采用下垂控制产生逆变器电压参考值 $u_{\mathrm{o}}^{\mathrm{ref}}$ 和频率参考值 ω_{inv}，原理如下所示：

$$u_{\mathrm{o}}^{\mathrm{ref}}=u_{\mathrm{n}}-n_{Q}(Q-Q_{\mathrm{n}}) \tag{3.49}$$

$$\omega_{\mathrm{inv}}=\omega_{\mathrm{n}}-m_{P}(P-P_{\mathrm{n}}) \tag{3.50}$$

式中，电压标称值 u_{n} 和频率标称值 ω_{n} 的取值需与电网额定值保持一致。对式（3.49）、式（3.50）进行改进，图 3.34 给出电压环路和频率环路的具体控制框图。

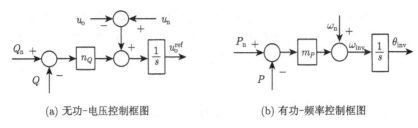

(a) 无功-电压控制框图   (b) 有功-频率控制框图

图 3.34 下垂控制结构图

在该控制策略下，微电网运行模式切换的流程为：①系统并网运行时，终端电压 u_o 和频率 ω_{inv} 受大电网钳制，可通过设置有功功率 P_n、无功功率 Q_n 实现对分布式电源的能量管理。②当电网出现故障但 PCC 未完全断开时，u_o 受电网影响与 u_n 产生偏差，此时通过调整输出无功功率补偿电压偏差。③进入孤岛模式后，逆变器不改变控制结构，仍工作在下垂控制模式，承担系统的电压/频率支撑和功率平衡。因此，系统无须控制策略切换，即使出现孤岛检测和 PCC 开断延时，控制环路的参考值也可以无冲击地由并网运行状态切换至孤岛运行状态。

2）幅值相角预同步

电网故障消除后，逆变器从孤岛运行状态转换至并网运行状态。但由于下垂控制是有差控制，微电网侧的电压幅值、频率和相位可能与电网侧产生偏差，并网前需要进行预同步，使偏差减小至允许的范围内，避免并网操作对控制系统产生瞬时冲击。图 3.35 描述了微电网电压幅值和相角预同步控制框图。

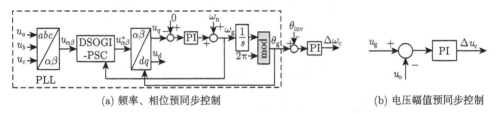

(a) 频率、相位预同步控制   (b) 电压幅值预同步控制

图 3.35 微电网预同步控制框图

图 3.35（a）为频率、相位预同步控制策略，与基于主从控制的微电网运行模式切换的相位预同步类似。图 3.35（b）为电压幅值预同步控制策略，逆变器输出电压 u_o 与电网侧额定电压 u_g 的误差经过 PI 控制器得到电压补偿量 Δu_c，直至 u_o 趋近于 u_g，电压预同步过程完成。对等控制模式中分布式电源输出电压由于下垂特性，会与额定值有一定的偏差，这是基于对等控制的微电网预同步过程与基于主从控制的微电网预同步过程的最大差异。

3）基于扰动观测器的逆变器双环控制

图 3.36 为基于扰动观测器（DOB）的电压电流双环控制器的结构框图。图中，

为了提高内环响应速度，电流控制器选择了比例控制器 k_i，系统误差由电压 PI 控制器 $k_{pu} + k_{iu}/s$ 消除。由于电流环给定值 i_i^{ref} 由电压控制器产生，可以将 i_i^{ref} 到 u_o 的环路作为广义被控对象 $G(s)$；分别设计 DOB 和模型逆结构，如式（3.52）、式（3.53）所示。

$$\frac{u_o}{i_i^*} = G(s) = \frac{k_i k_{pwm}}{L_f C_f s^2 + (R_f + k_i k_{pwm}) C_f s + 1} \tag{3.51}$$

$$f(s) G_n(s)^{-1} = \frac{L_f^n C_f^n s^2 + (R_f^n + k_i k_{pwm}) C_f^n s + 1}{k_i k_{pwm} (\lambda s + 1)^2} \tag{3.52}$$

$$Q(s) G_n(s)^{-1} = \frac{L_f^n C_f^n s^2 + (R_f^n + k_i k_{pwm}) C_f^n s + 1}{k_i k_{pwm} (T_f s + 1)^2} \tag{3.53}$$

式中，L_f、C_f 和 R_f 分别为逆变器的滤波器电感、电容和等效串联电阻；k_{pwm} 为逆变器放大系数，等于直流母线电压与三角载波幅值之比；上标 "n" 代表相应参数标称值。

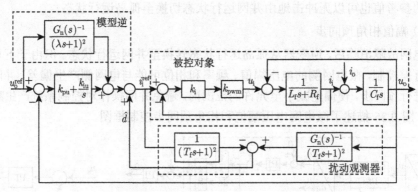

图 3.36　基于 DOB 的电压电流双环控制器结构框图

综合以上环节，主逆变器详细控制框图如图 3.37 所示。

3. 动态性能和鲁棒性分析

根据以上分析，基于扰动观测器的双环控制器的输入输出传递函数及扰动传递函数为

$$\frac{u_o}{u_o^{ref}} = \frac{G_{vc}(s) G(s) G_n(s) + f(s) G_n(s)^{-1} G(s)}{Q(s)[G(s) - G_n(s)] + G_n(s)[1 + G_{vc}(s) G(s)]} \tag{3.54}$$

$$\frac{u_o}{i_o} = \frac{G(s) G_n(s)(1 - Q(s))}{Q(s)[G(s) - G_n(s)] + G_n(s)[1 + G_{vc}(s) G(s)]} \tag{3.55}$$

式中，$G_{vc}(s)$ 为主电压 PI 控制器。图 3.38 描述了该控制策略下系统的跟踪性能和

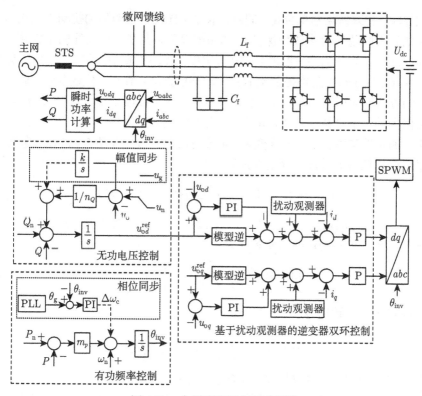

图 3.37 主逆变器控制策略框图

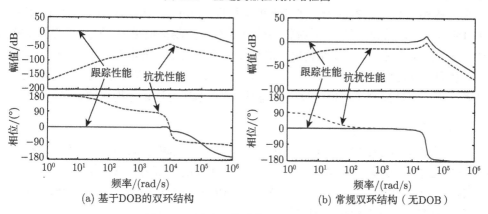

(a) 基于 DOB 的双环结构

(b) 常规双环结构（无DOB）

图 3.38 跟踪及扰动传递函数 Bode 图

抗扰性能的频率响应曲线, 将其与在同一组控制参数下的常规 PI 控制器结果进行对比。

由图 3.38 可知, 在同一组控制器参数下, 基于扰动观测器的控制方案的跟踪性能较常规方案具有更大的带宽、更小的相位滞后, 这是由于增加的模型逆结构作为前馈环路, 将系统增益单位化。同时, 本方案体现了较明显的扰动抑制优势, 扰动传递函数的幅值所有频段均保持在 $-50\mathrm{dB}$ 以下, 尤其在所关注的中低频段, 可以认为扰动基本衰减为零。相比于常规方案中, 扰动依靠 PI 反馈作用抑制具有滞后性; 本方案以 DOB 策略提前预估并主动补偿扰动, 具有一定超前性。此外, 本节所介绍方法的输出阻抗在更宽频段内呈感性, 在高频段主要成阻性, 这样可以在更大范围内满足下垂特性要求, 并能较好地抑制谐波。

由于测量误差以及运行条件变化, 系统通常存在未建模动态。被控对象实际模型可以用标称模型的乘性不确定性描述, 即

$$G(s) = [1 + W(s)\Delta(s)]G_{\mathrm{n}}(s), \quad \|\Delta\|_{\infty} \leqslant 1 \tag{3.56}$$

式中, $W(s)$ 为添加到标称对象 $G_{\mathrm{n}}(s)$ 上的乘性摄动; Δ 为不确定结构。根据小增益定理[10], 系统鲁棒稳定的充要条件为

$$\left\| W(s)\frac{G_{\mathrm{vc}}(s)G_{\mathrm{n}}(s)}{1 + G_{\mathrm{vc}}(s)G_{\mathrm{n}}(s)} \right\|_{\infty} \leqslant 1 \tag{3.57}$$

式 (3.57) 可进一步转化为

$$|W(s)| \leqslant \left| 1 + \frac{1}{1 + G_{\mathrm{vc}}(s)G_{\mathrm{n}}(s)} \right| \tag{3.58}$$

分别将基于 DOB 的控制方案和常规方案的参数代入式 (3.58) 的右侧, 进行鲁棒稳定性比较, 在相同不确定性的情况下, 右侧幅值相对较大的控制系统具有较强的鲁棒稳定性。图 3.39 给出了两者的鲁棒性对比曲线。由图可知, 在中低频段, 基于扰动观测器的双环控制系统幅值较常规双环控制幅值更大, 对应更强的鲁棒性。这是由于添加的 DOB 结构能同时估计外扰及模型不确定性, 将实际对象标称化, 从而抑制过程参数的摄动。在高频段, 由于低通滤波器的功能随着频率增大而逐渐失效, 两种控制策略鲁棒稳定性趋同, 仿真结果与理论分析一致。

4. 算例分析

为验证本书方法的有效性, 将单逆变型分布式电源通过滤波器和连接阻抗连接至交流母线, 交流母线通过 PCC 与大电网相连的系统为仿真系统, 基于 MAT-LAB/Simulink 平台进行仿真分析。分布式电源采用下垂控制, 表 3.6 给出了微电网系统的主要电气参数和控制参数。

1) 非计划性孤岛

相对于计划性孤岛, 非计划性孤岛实现平滑切换难度更大, 尤其是当连接线处有较大的功率传输时。为了验证本节所介绍方法在应对微电网非计划性孤岛时较常规基于状态跟随的并离网切换控制策[67] 具有更大的优势, 这里将微电网在两种控制策略下的控制性能进行仿真比较, 图 3.40 给出运行结果曲线。

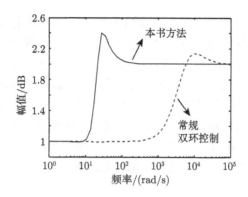

图 3.39　本节所介绍方法与常规方案的鲁棒性能幅频图

表 3.6　主逆变器主要参数

逆变器参数	数值	逆变器参数	数值
额定容量 S	50kV·A	有功–频率下垂系数 m_P	0.06rad/(s·mW)
滤波电感 L_f	1.5mH	无功–电压下垂系数 n_Q	0.3kV/var
滤波电容 C_f	100μF	模型逆滤波时间常数 λ	0.015ms
连接电感 L_c	0.12mH	DOB 滤波时间常数 T_f	0.2ms
直流侧电压 U_{dc}	800V	等效串联电抗 R_c	0.1Ω
开关频率 f_s	4kHz	额定电压/频率	380V/50Hz

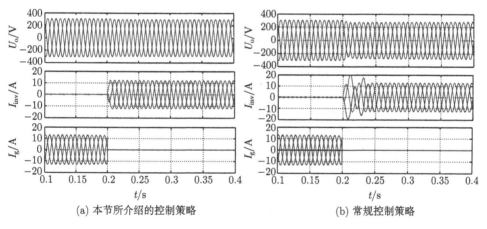

(a) 本节所介绍的控制策略　　　　　　　　　　(b) 常规控制策略

图 3.40　并网转孤岛运行模式仿真对比图

开始时，逆变器运行于并网模式，由于额定功率 P_n 为零，则逆变器输出功率为零，负载功率全部由大电网供给；$t=0.2$ s 时，电网故障导致微电网进入孤岛模式，电网侧输出电流为零，为维持本地负载的持续不间断供电，逆变器输出电流增加，负载全部由微电网供给。对比图 3.40（a）和图 3.40（b）发现，本节所介绍的控制策略在模式切换时终端电压仅出现微小的降低，2 个周波调节稳定，逆变器输出电流快速增加，没有出现振荡。而常规方式下虽然状态跟随起到一定作用，避免了硬切换过程的突变现象，但由于电压控制器刚投入运行，电压在切换后仍需要 8 个周波左右才能恢复至稳态值，过渡时间较长，逆变器电流瞬时也出现了一定的畸变。显然，本控制方案较常规控制方案切换过程更平滑，调节时间更短，保证了微电网非计划性孤岛运行时电能质量稳定。这是由于在模式转化过程中，控制环路未发生控制器切换，而且新增加的扰动观测器结构能够提前估计并补偿扰动，提高动态响应速度，最终跟踪性能和抗扰性能都得到改善。

2）孤岛加载卸载

图 3.41 描述了微电网孤岛运行时采用本节所介绍方法进行加载卸载操作的波形图。系统首先运行于孤岛空载模式，0.2s 时投入负载，终端电压仅出现非常微小的抖动，很快进入稳态值，而逆变器输出电流非常平滑地增加为负载提供功率，支持此时根据设定的下垂系数，系统频率降低 0.5Hz （约为 3.14rad/s），符合下垂特性。0.4s 时负载切除，电压瞬间稍有增加，一两个周波内恢复至额定值，而电流恢复至零输出，同时角频率升回至 100π rad/s。可以看出，本控制策略对孤岛模式下微电网负载扰动具有良好的动态调节性能。

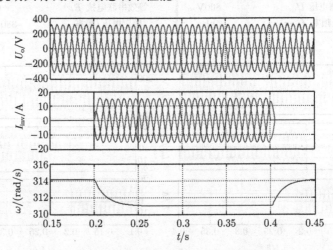

图 3.41　微电网孤岛模式下加载卸载仿真结果

参 考 文 献

[1] 王成山. 微电网分析与仿真理论 [M]. 北京：科学出版社，2013.

[2] 鲁宗相，王彩霞，闵勇，等. 微电网研究综述 [J]. 电力系统自动化，2007, 31(19):100-107.

[3] 王志群，朱守真，周双喜. 逆变型分布式电源控制系统的设计 [J]. 电力系统自动化，2004,

28(24):61-66.

[4] Timbus A V, Teodorescu R, Blaabjerg F, et al. Linear and nonlinear control of distributed power generation systems[C]// IEEE Industry Applications Conference, Tampa, 2006:1015-1023.

[5] 曾正, 赵荣祥, 汤胜清, 等. 可再生能源分散接入用先进并网逆变器研究综述 [J]. 中国电机工程学报, 2013, 33(24):1-12.

[6] Zhu H, Arnet B, Haines L, et al. Grid synchronization control without AC voltage sensors[C]//18th IEEE Applied Power Electronics Conference and Exposition, Miami Beach, 2003: 172-178.

[7] 李建林, 王立乔, 熊宇, 等. 三相电压型变流器系统静态数学模型 [J]. 电工技术学报, 2004, 19(7):11-15.

[8] 王成山, 肖朝霞, 王守相. 微网中分布式电源逆变器的多环反馈控制策略 [J]. 电工技术学报, 2009,(2): 100-107.

[9] Ibrahim H, Moursi M E, Huang P. Adaptive roles of islanded microgrid components for voltage and frequency transient responses enhancement[J]. IEEE Transactions on Industrial Informatics, 2015, 11(6): 1298-1312.

[10] Blaabjerg F, Teodorescu R, Liserre M, et al. Overview of control and grid synchronization for distributed power generation systems[J]. IEEE Transactions on Industrial Electronics, 2006, 53(5):1398-1409.

[11] 王成山, 李琰, 彭克. 分布式电源并网逆变器典型控制方法综述 [J]. 电力系统及其自动化学报, 2012, 24(2):12-20.

[12] Bertani A, Bossi C, Fornari F, et al. A micriturbine generation system for grid connected and islanding operation[C]// IEEE PES Power Systems Conference and Exposition, New York, 2004:360-365.

[13] Wang Y, Lu Z, Min Y, et al. Comparison of the voltage and frequency control schemes for voltage source converter in autonomous microgrid[C]//The 2nd International Symposium on Power Electronics for Distributed Generation Systems, Hefei, 2010:220-223.

[14] Chandorkar M C, Divan D M, Adapa R. Control of parallel connected inverters in standalone ac supply systems[J]. IEEE Transactions on Industrial Application, 1993, 29(1):136-143.

[15] Guerrero J M, Matas J, Garciacute L, et al. Wireless-control strategy for parallel operation of distributed generation inverters[J]. IEEE Transactions on Industrial Electronics, 2006, 53(5):1461-1470.

[16] Pogaku N, Prodanovic M, Green T C. Modeling, analysis and testing of autonomous operation of an inverter-based microgrid[J]. IEEE Transactions on Power Electronics, 2007, 22(2):613-625.

[17] Guerrero J M, Matas J, de Vicuna L G, et al. Decentralziled control for parallel operation of distributed generation inverters using resistive output impedance[J]. IEEE

Transactions on Industrial Electronics, 2007, 54(2):994-1004.

[18] 牟晓春, 毕大强, 任先文. 低压微网综合控制策略设计 [J]. 电力系统自动化, 2010, 34(19):91-96.

[19] Yao W, Chen M, Matas J, et al. Design and analysis of the droop control method for parallel inverters considering the impact of the complex impedance on the power sharing[J]. IEEE Transactions on Industrial Electronics, 2011, 58(2):576-587.

[20] Moawwad A, Khadkikar V, Kirtley J L. A new P-Q-V droop control method for an interline photovoltaic (I-PV) power system[J]. IEEE Transactions on Power Delivery, 2013, 28(2):658-668.

[21] Majumder R, Ledwich G, Ghosh A, et al.Droop control of converter-interfaced microsources in rural distributed generation[J]. IEEE Transactions on Power Delivery, 2010, 25(4):2768-2778.

[22] 郜登科, 姜建国, 张宇华. 使用电压–相角下垂控制的微电网控制策略设计 [J]. 电力系统自动化, 2012, 36(5):29-34.

[23] Sun Q, Han R, Zhang H, et al. A Multiagent-Based Consensus Algorithm for Distributed Coordinated Control of Distributed Generators in the Energy Internet[J]. IEEE Transactions on Smart Grid, 2015, 6(6):3006-3019.

[24] Guerrero J M, Garciade Vicuna L, Matas J. Output impedance design of parallel-connected UPS inverter with wireless load-sharing control[J]. IEEE Transactions on Industrial Electronics, 2005, 52(4):1126-1135.

[25] He H, Li Y. Analysis, design, and implementation of virtual impedance for power electronics interfaced distributed generation[J]. IEEE Transactions on Industrial Application, 2011, 47(6):2525-2538.

[26] Mahmood H, Michaelson D, Jiang J. Accurate reactive power sharing in an islanded microgrid using adaptive virtual impedances[J]. IEEE Transactions on Power Electronics, 2015, 30(3):1605-1617.

[27] 程军照, 李澎森, 吴在军, 等. 微电网下垂控制中虚拟电抗的功率解耦机理分析 [J]. 电力系统自动化, 2012, 36(7): 27-32.

[28] 周贤正, 荣飞, 吕志鹏, 等. 低压微电网采用坐标旋转的虚拟功率 V/f 下垂控制策略 [J]. 电力系统自动化, 2012, 36(2):47-51.

[29] 吴振奎, 宋文隽, 魏毅立, 等. 低电压微电网虚拟坐标变换下垂控制策略 [J]. 电力系统保护与控制, 2014(8):101-107.

[30] Li Y, Li Y W. Power management of inverter interfaced autonomous microgrid based on virtual frequency-voltage frame[J]. IEEE Transactions on Smart Grid, 2011, 2(1):30-40.

[31] 吕振宇, 吴在军, 窦晓波, 等. 自治直流微电网分布式经济下垂控制策略 [J]. 中国电机工程学报, 2016, 36(4):900-910.

[32] 刘喜梅, 赵倩, 姚致清. 基于改进下垂算法的同步逆变器并联控制策略研究 [J]. 电力系统保护与控制, 2012(14):103-108.

[33] 张尧, 马皓, 雷彪, 等. 基于下垂特性控制的无互联线逆变器并联动态性能分析 [J]. 中国电机工程学报, 2009, 29(3):42-48.

[34] Rokrok E, Golshan M E H. Adaptive voltage droop scheme for voltage source converters in an islanded multibus microgrid[J]. IET Generation, Transmission & Distribution, 2010, 4(5):562-578.

[35] Bevrani H, Ise T, Miura Y. Virtual synchronous generators: a survey and new perspectives[J]. International Journal of Electrical Power & Energy Systems, 2014(54): 244-254.

[36] Beck H P, Hesse R. Virtual synchronous machine[C]. 9th International Conference on Electrical Power Quality and Utilisation, Barcelona, 2007: 1-6.

[37] Driesen J, Visscher K. Virtual synchronous generators[C]//2008 IEEE Power and Energy Society General Meeting - Conversion and Delivery of Electrical Energy in the 21st Century, Pittsburgh, 2008: 1-3.

[38] 丁明, 杨向真, 苏建徽. 基于虚拟同步发电机思想的微电网逆变电源控制策略 [J]. 电力系统自动化, 2009, 33(8): 89-93.

[39] 吕志鹏, 盛万兴, 钟庆昌, 等. 虚拟同步发电机及其在微电网中的应用 [J]. 中国电机工程学报, 2014, 34(16): 2591-2603.

[40] 钟庆昌. 虚拟同步机与自主电力系统 [J]. 中国电机工程学报, 2017, 37(2): 336-348.

[41] Hirase Y, Sugimoto K, Sakimoto K, et al. Analysis of resonance in microgrids and effects of system frequency stabilization using a virtual synchronous generator[J]. IEEE Journal of Emerging & Selected Topics in Power Electronics, 2016, 4(4): 1287-1298.

[42] Visscher K, Haan D. Virtual synchronous machines(VSG'S) for frequency stabilisation in future grids with a significant share of decentralised generation[C]//Proceedings of the CIRED Smartgrids Conference, Frankfurt, 2008: 1-4.

[43] Van T V, Woyte A, Albu M, et al. Virtual synchronous generator: laboratory scale results and field demonstration[C]. IEEE Bucharest PowerTech Conference, Bucharest, 2009: 1-6.

[44] Van T V, Visscher K, Diaz J, et al. Virtual synchronous generator: an element of future grids[C]//IEEE Innovative Smart Grid Tecnologies Conference Europe, Gothenberg, 2010: 1-7.

[45] Tom L. Participation of inverter-connected distributed energy resources in grid voltage control[D]. Leuven: Katholieke University, 2011.

[46] Chen Y, Hesse R, Turschner D, et al. Improving the grid power quality using virtual synchronous machines[C]//International Conference on Power Engineering, Energy and Electrical Drives, Malga, 2011: 1-6.

[47] Chen Y, Ralf H, Dirk T, et al. Comparison of methods for implementing virtual synchronous machine on inverters[C]//Renewable Energy and Power Quality Journal, Santiago de Compostela, 2012: 734-739.

[48] Gao F, Iravani M R. A control strategy for a distributed generation unit in grid-connected and autonomous modes of operation[J]. IEEE Transactions on Power Delivery, 2008, 23(2): 850-859.

[49] Zhong Q. Synchronverters: inverters that mimic synchronous generators[J]. IEEE Transactions on Industrial Electronics, 2011, 58(4): 1259-1267.

[50] 吕志鹏, 盛万兴, 刘海涛, 等. 虚拟同步机技术在电力系统中的应用与挑战 [J]. 中国电机工程学报, 2017, 37(02): 349-360.

[51] Ma Z, Zhong Q C, Yan J D. Synchronverter-based control strategies for three-phase PWM rectifiers[C]//The 7th IEEE Conference on Industrial Electronics and Applications, Singapore, 2012: 225-230.

[52] 朴威, 姜齐荣, 陈蛟瑞. 微电网电源的虚拟惯性频率控制策略 [J]. 电力系统自动化, 2011, 35(23): 26-36.

[53] Liu J, Miura Y, Ise T. Dynamic characteristics and stability comparisons between virtual synchronous generator and droop control in inverterbased distributed generators[C]. 2014 International Power Electronics Conference, Hiroshima, 2014: 1536-1543.

[54] Liu J, Miura Y, Ise T. Comparison of dynamic characteristics between virtual synchronous generator and droop control in inverter-based distributed generators[J]. IEEE Transactions on Power Electronics, 2016, 31(5): 3600-3611.

[55] Zhao B, Zhang X, Chen J. Integrated microgrid laboratory system[J]. IEEE Transactions on Power Systems, 2012, 27(4):2175-2185.

[56] Caldognetto T, Tenti P. Microgrids operation based on master–slave cooperative control[J]. IEEE Journal of Emerging and Selected Topics in Power Electronics, 2014, 2(4):1081-1088.

[57] Tirumala R, Mohan N, Henze C. Seamless transfer of grid-connected PWM inverters between utility-interactive and stand-alone modes[C]//17th Annual IEEE Aplied Power Electronics Conference and Expositions, Dallas, 2001:1081-1086.

[58] Jung S M, Bas Y S, Choi S W, et al. A low cost utility interactive for residential fuel cell generation[J]. IEEE Transactions on Power Electronics, 2007, 22(6):2293-2297.

[59] Chen C L, Wang Y B, Lai J S, et al. Design of parallel inverters for smuuth mode transfer microgrid applications[J]. IEEE Transactions on Power Electronics, 2010, 25(1):6-14.

[60] Yao Z L, Xiao L, Yan Y G. Seamless transfer of single-phase grid-interactive inverters between grid-connected and stand-alone modes[J]. IEEE Transactions on Power Electronics, 2010, 25(6):1597-1602.

[61] Rocabert J, Azevedo G, Guerrero J, et al. Intelligent control agent for transient to an island grid[C]// IEEE International Symposium on Industrial Electonics, Bari, 2010:2223-2228.

[62] Chen X, Wang Y H, Wang Y C. A novel seamless transferring control method for microgrid based on master-slave configuration[C]//IEEE ECCE Asia Downunder, Melbourne,

2013:351-357.

[63] 陈新, 姬秋华, 刘飞. 基于微网主从结构的平滑切换控制策略 [J]. 电工技术学报, 2014, 29(2):163-170.

[64] Morari M, Zafirious E. Robust Process Control. Englewood Cliffs, NJ: Prentice-Hall; 1989.

[65] Li S H, Yang J, Chen W H, et al. Disturbance observer based control: method and application[M]. Boca Raton, FL: CRC Press, 2014.

[66] Chen W H, Yang J, Guo L, et al. Disturbance observer based control and related methods-an overview[J]. IEEE Transaction on Industrial Electronics,2016,63(2):1083-1095.

[67] Wang C S, Li X L, Guo L, et al. A seamless operation mode transition control strategy for a microgrid based on master-slave control[J]. Science China,2012,55(6):1644-1654.

第4章 微电网分层控制结构及方法

为了提高系统运行水平,微电网通常采用分层控制结构[1-3],包括维持微电网频率、电压稳定的本地一次控制,侧重于实现系统电压、频率恢复和有功、无功功率合理分配等控制目标的二次控制,以及根据市场和调度需求协调微电网与配电网、多微电网运行的微电网能量管理层。该分层控制结构明确了各功能层的控制目标、实现方式以及各层之间的信息交互,可以促进微电网的安全、可靠、经济运行。此外,本章基于主从控制模式和对等控制模式,描述了微电网二次控制的控制目标和实现方式,尤其是对等控制模式下分布式电源输出电压恢复和无功功率按容量分配的控制目标间存在矛盾性的问题,结合集中式和分散式控制方式的优缺点,详细介绍了分布式二次控制方式。

4.1 微电网分层控制结构

微电网分层控制是指根据欧盟电力传输协会(UCTE)定义的大电网分级控制标准[1,4],将系统结构分为若干功能层,每一层对应不同的控制目标及时间尺度。目前国内外学者将微电网的运行控制分为三层[5-8],上一控制层监管下一控制层,向其提供参考指令,并对应较大的控制周期,图 4.1 给出了该三层控制架构。

(1)一次控制层(primary control),主要功能是维持系统电压、频率的稳定以及供需功率平衡。根据微电网中各分布式电源的作用,该层控制模式可分为主从控制模式和对等控制模式。在主从控制模式中,基于恒压恒频控制的主控分布式电源向微电网提供电压和频率参考,具有较高的功率吞吐容量及较快的功率消纳速度;其他分布式电源作为从电源采用定功率控制向系统传输功率,不参与调节系统电压和频率。基于下垂控制的对等控制模式中,微电网通过下垂系数实现外界功率变化在各分布式电源之间的合理分配,从而满足负荷变化需求以及对电压和频率的支撑作用。两种微电网控制模式都是根据系统接入点信息自动实现系统稳定以及功率调节,不需要依赖通信,称为微电网本地控制(microgrid local controller,MGLC)。

(2)二次控制层(secondary control)。主从控制模式的一次控制中,由于快速支撑系统电压和频率稳定的储能装置等主控单元的容量有限,不可能长时间一直处于充电或放电状态,在系统达到新的稳定平衡点后,储能装置将自身消纳的功率基于可调度分布式电源的容量合理地转接给采用 PQ 控制的从电源,从而使储

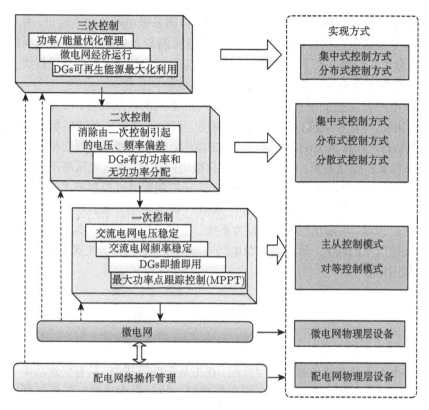

图 4.1 微电网三层控制架构

能装置的功率输出为零并进入浮充模式，保证其在紧急状态下具有足够的备用容量。对于没有加速控制和旋转惯性的分布式电源逆变器，一次控制和二次控制可以通过具有不同时间尺度的储能装置实现。而在对等模式的一次控制过程中，采用下垂控制的分布式电源基于下垂特性分配功率，共同维持系统电压及频率稳定。由于是对等控制，负荷变化导致系统的电压、频率与额定值会产生一定的偏差；而逆变器自身参数与连接线路的不同进一步引起分布式电源功率的不合理分配，可能导致环流产生甚至功率倒吸，对微电网系统的稳定运行造成影响[6,9]。因而，二次控制的主要功能是实现孤立微电网有功功率和无功功率在分布式电源间的合理分配，消除由一次控制引起的电压和频率偏差，提高微电网运行的稳定性、经济性和可靠性。

（3）三次控制层（tertiary control），即微电网能量管理层[5,10-12]，主要负责根据市场和调度的需求制订运行计划，实时管理微电网和大电网的运行模式，以及多微电网的协调控制，实现方式可分为集中式和分布式控制。在集中式控制方式下，中央控制器采集配电网及微电网的电压、频率及功率信息，根据配电网侧的运行情况实现多运行模式切换；根据能量管理策略，协调多微电网的功率输出，并将求解的参考指令发送至二次控制层，实现可再生能源的最大化利用以及微电网经济运行。而在分布式控制方式下，本地控制器通过与相邻控制器信息交互进行类全局信息共享，最终实现与集中式控制方法类似的系统协同优化。

在微电网分层控制架构中，各控制层对应不同的时间尺度，文献 [4] 中一次控制层的电压外环和电流内环、二次控制层、三次控制层采用的控制带宽分别为 5kHz、20kHz、30Hz 和 3Hz。在这一控制方案中，微电网能量管理层根据市场需求输出功率和负荷变化需求；中间层负责优化微电网运行，通过电压频率调节和功率分配，提升分布式电源利用率及电能质量，上一控制层通过控制模式产生参考指令并下发至下一控制层，直至本地控制层 MGLC 调节底层分布式电源的稳态设置点和进行负荷管理，层层递进，形成较为系统、完整的控制框架。本章主要侧重于微电网二次控制层的研究，旨在改善微电网电能质量，避免部分电源过载，提高分布式电源利用率。

4.2　微电网二次控制

微电网二次控制的主要目标为维持系统频率、电压在额定参考值以及实现有功无功功率在各分布式电源间合理分配。在主从控制模式中，具有快速功率吞吐能力的主控单元（一般为储能装置）采用恒频恒压控制提供系统电压频率额定参考值，即

$$\begin{cases} U_1 = U_2 = \cdots = U_n = U_{\mathrm{ref}} \\ f_1 = f_2 = \cdots = f_n = f_{\mathrm{ref}} \end{cases} \tag{4.1}$$

为应对负荷功率变化以及并离网运行模式切换，主控单元释放/吸收的有功无功功率 P_{total}、Q_{total} 在可调度分布式电源间基于功率容量采用定功率控制进行功率分配：

$$\begin{cases} P_1 + P_2 + \cdots + P_n = P_{\mathrm{total}} \\ Q_1 + Q_2 + \cdots + Q_n = Q_{\mathrm{total}} \end{cases} \tag{4.2}$$

式中，$P_1, P_2, \cdots, P_n$ 表示各可调度分布式电源输出的有功功率；$Q_1, Q_2, \cdots, Q_n$ 表示各可调度分布式电源输出的无功功率。由此主控单元最终输出功率为零并进入浮充状态，维持微电网电压频率稳定。

相比于主从控制模式，对等控制模式由于无需通信联络就可自主实现负荷功率分配而受到越来越多的关注，成为微电网二次控制相关内容的研究焦点。微源下垂特性可表示为如下形式：

$$\begin{cases} \omega_i = \omega_{ni} - m_{Pi} P_i \\ U_i = U_{ni} - n_{Qi} Q_i \end{cases} \tag{4.3}$$

式中，ω_i、U_i 为第 i 个 DG 的输出角频率和端电压；ω_{ni}、U_{ni} 为分布式电源的额定角频率和额定输出电压；m_{Pi}、n_{Qi} 代表下垂控制的频率下垂系数和电压下垂系数；P_i 和 Q_i 为 DG_i 输出的有功功率和无功功率。

　　由第 3 章内容可知，下垂控制本质是有差控制，需要引入二次控制提高系统运行性能。接下来本节侧重于对对等模式下的二次频率控制和二次电压控制的控制目标进行分析。图 4.2 描述了微电网主从控制和对等控制的二次控制结构图。

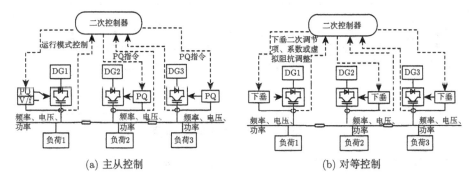

(a) 主从控制　　　　　　　　　　　　　(b) 对等控制

图 4.2　微电网二次控制结构图

4.2.1　微电网二次频率控制

　　有功/频率下垂控制中，由于有功功率缺额导致微电网频率偏离额定参考值，二次频率控制的主要目的是使各分布式电源按容量分配共同承担系统有功功率缺额，即通过有功功率均分实现微电网系统频率恢复至额定值的控制目标。由于下垂控制中各分布式电源下垂系数通常取为额定容量的反比，满足 $m_{P1}P_1 = m_{P2}P_2 = \cdots = m_{Pn}P_n$。此外，考虑到微电网中频率是系统全局变量，二次控制中频率恢复和有功功率均分具有统一性，如图 4.3 所示。

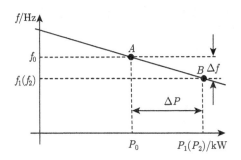

图 4.3　微电网二次频率控制原理图

　　下面以集中式控制结构为例描述微电网二次频率控制的控制原理，过程实现框图如图 4.4 所示[13]。

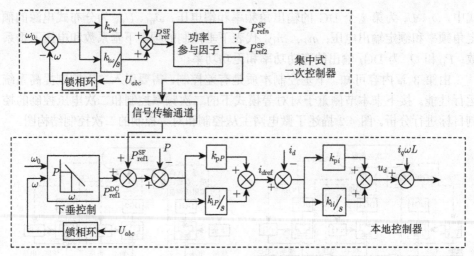

图 4.4　微电网二次频率控制原理框图[13]

通过对系统某一点处电压采用锁相环（phase-locked loop，PLL），得到微电网系统频率值：

$$\omega = \left(k_{\mathrm{pPLL}} + \frac{k_{\mathrm{iPLL}}}{s} \right) U_{qi} + \omega_0 \tag{4.4}$$

式中，U_{qi} 为电压 U_{abc} 通过派克变换后的 q 轴电压；k_{pPLL} 和 k_{iPLL} 表示 PLL 控制器的比例项和积分项系数。ω 在二次控制器中与额定值 ω_0 比较，并经过 PI 控制器产生有功功率缺额指令 $P_{\mathrm{ref}}^{\mathrm{SF}}$；将 $P_{\mathrm{ref}}^{\mathrm{SF}}$ 基于各分布式电源的功率参与因子分配为 $P_{\mathrm{ref1}}^{\mathrm{SF}}$，$P_{\mathrm{ref2}}^{\mathrm{SF}}$，$\cdots$，$P_{\mathrm{ref}n}^{\mathrm{SF}}$，其计算过程如式（4.5）所示：

$$P_{\mathrm{ref}i}^{\mathrm{SF}} = \alpha_i \left(k_{\mathrm{p}\omega} + \frac{k_{\mathrm{i}\omega}}{s} \right) (\omega - \omega_0) \tag{4.5}$$

式中，α_i 表示第 i 个分布式电源的功率参与因子；$P_{\mathrm{ref}i}^{\mathrm{SF}}$ 为对应的功率缺额指令；$k_{\mathrm{p}\omega}$ 和 $k_{\mathrm{i}\omega}$ 代表二次控制器的 PI 控制系数。

将式（4.5）所求得的 $P_{\mathrm{ref}i}^{\mathrm{SF}}$ 传输至分布式电源本地控制器作为功率二次调节指令，过程如下：

$$\begin{cases} i_{d\mathrm{ref}i} = \left(k_{\mathrm{p}P} + \dfrac{k_{\mathrm{i}P}}{s} \right) \left(P_{\mathrm{ref}i}^{\mathrm{SF}} + P_{\mathrm{ref}i}^{\mathrm{DC}} - P_i \right) \\[3mm] i_{q\mathrm{ref}i} = \left(k_{\mathrm{p}P} + \dfrac{k_{\mathrm{i}P}}{s} \right) \left(Q_{\mathrm{ref}i} - Q_i \right) \end{cases} \tag{4.6}$$

$$\begin{cases} u_{di} = \left(k_{\mathrm{p}i} + \dfrac{k_{\mathrm{ii}}}{s} \right) \left(i_{d\mathrm{ref}i} - i_{di} \right) \\[3mm] u_{qi} = \left(k_{\mathrm{p}i} + \dfrac{k_{\mathrm{ii}}}{s} \right) \left(i_{q\mathrm{ref}i} - i_{qi} \right) \end{cases} \tag{4.7}$$

式中，k_{pP}、k_{iP}、k_{pi} 和 k_{ii} 为功率控制器、电流控制器的 PI 控制系数；i_{drefi} 和 i_{qrefi} 表示内环电流控制器参考信号在 d 轴和 q 轴的分量；i_{di} 和 i_{qi} 分别为输出电流在 d 轴和 q 轴的分量；u_{di} 和 u_{qi} 分别为端电压在 d 轴和 q 轴的分量；$P_{\text{ref}i}^{\text{DC}}$ 表示为本地下垂控制的功率指令，由下式计算得到：

$$P_{\text{ref}i}^{\text{DC}} = m_{Pi}(\omega - \omega_0) \tag{4.8}$$

上述二次频率控制过程是将计算的有功功率缺额基于制定的功率参与因子分配至各分布式电源作为功率补偿量，共同承担功率缺额，从而实现系统频率恢复至额定值。另一方面，考虑到微电网中频率是系统全局变量，而由式 (4.3) 可知，分布式电源输出有功功率与频率下垂系数成反比，即 $m_{P1}P_1 = m_{P2}P_2 = \cdots = m_{Pn}P_n$，因此可通过引入式 (4.9) 中的二次频率调节项 $\delta\omega_i$，以分散式控制结构实现频率恢复和有功功率均分的控制目标：

$$\begin{cases} \omega_i = \omega_{\text{n}i} - m_{Pi}P_i + \delta\omega_i \\ \delta\omega_i = \left(k_{\text{p}f} + \dfrac{k_{\text{i}f}}{s}\right)(\omega_{\text{ref}} - \omega_i) \end{cases} \tag{4.9}$$

式中，$\delta\omega_i$ 表示二次频率调节项；$k_{\text{p}f}$ 和 $k_{\text{i}f}$ 分别为二次频率控制器的比例积分系数。由于 P/f 下垂特性中频率调节和功率均分的统一性，也可通过本地分散控制实现频率二次调节的控制目标。

4.2.2 微电网二次电压控制

无功/电压下垂特性中，系统无功功率缺额导致系统电压偏离额定值，需引入二次电压控制，具体控制目标包括分布式电源输出电压恢复和无功功率均分。与频率下垂二次控制中频率恢复与有功功率均分的统一性不同，针对同一母线上的分布式电源，影响无功均分的因素包括逆变器输出阻抗和线路阻抗、下垂控制参数及本地负载等[14]，线路的功率特性和逆变器的控制特性为：

$$\begin{cases} U = U_{\text{b}} + \dfrac{Z}{U_{\text{b}}}Q_i \\ U_i = U_{\text{n}i} - n_{Qi}Q_i \end{cases} \tag{4.10}$$

由于各个逆变器参数以及输出阻抗、线路阻抗存在差异，因而分布式电源端电压调节至额定参考值与实现无功功率精确均分两个控制目标间存在矛盾性，其原理可由图 4.5 进行说明。

微电网由两个逆变器参数一致但输出线路阻抗不一致的分布式电源（DG1 和 DG2）并联组成。图 4.5 描述了应用二次电压控制调节逆变器端电压前后的特性曲线，首先在下垂控制作用下，DG1 和 DG2 对应的输出电压和无功功率分别为 U_1 和 U_2、Q_1 和 Q_2，其中 $U_1 \neq U_2 < U_{\text{ref}}$，$Q_1 \neq Q_2$，这是由连接线路阻抗不一致引起

的。如图 4.5（a）所示，引入二次电压控制后，分布式电源电压恢复至额定值 U_{ref}，输出无功功率变为 $Q_1' < Q_1$，$Q_2' > Q_2$，功率不均分情况更严重。图 4.5（b）所示为应用二次电压控制实现无功功率精确均分前后的特性曲线，在下垂作用下 DG1 和 DG2 输出电压偏离额定值且无功功率不能均分，当引入二次电压控制实现无功功率精确均分，即 $Q_1 = Q_2 = Q''$，输出电压 $U_1'' > U_{\text{ref}}$，$U_2'' < U_{\text{ref}}$。当逆变器参数不一致时，上述现象更明显。这是由于与频率这一全局变量不同，电压是本地变量，只要逆变器参数或输出阻抗不一致，各分布式电源电压恢复与无功功率精确均分无法同时实现。本节从输出电压控制与无功功率均分两个方面分别对微电源二次电压控制策略进行介绍。

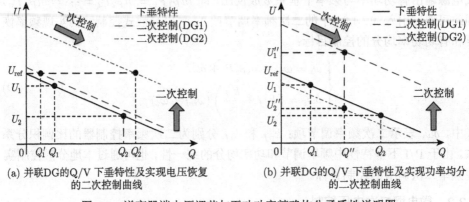

(a) 并联DG的Q/V 下垂特性及实现电压恢复　　　(b) 并联DG的Q/V 下垂特性及实现功率均分
　　　　的二次控制曲线　　　　　　　　　　　　　　　　的二次控制曲线

图 4.5　逆变器端电压调节与无功功率精确均分矛盾性说明图

1. 分布式电源输出电压恢复

由于微电网无功功率可通过负载和传输线路的电容进行调节[15-17]，这里首先考虑分布式电源输出电压调节过程，控制策略由下式给出：

$$\begin{cases} U_i = U_{ni} - n_{Qi}Q_i + u_i \\ u_i = \left(k_{\text{p}U} + \dfrac{k_{\text{i}U}}{s} \right)(U_{\text{ref}} - U_i) \end{cases} \tag{4.11}$$

式中，u_i 表示二次电压调节项；$k_{\text{p}U}$ 和 $k_{\text{i}U}$ 分别为二次电压控制器的比例、积分系数。各分布式电源二次电压控制器采集系统接入点电压，与额定参考值比较并经过 PI 控制器产生电压调节指令，作用于本地控制器，从而使输出电压恢复至额定参考值。

2. 分布式电源无功功率均分

由于逆变器参数或输出阻抗不一致导致的并联型分布式电源无功功率无法精确分配的问题，目前主要可以从调整二次电压控制项、调整电压下垂系数及调整虚拟阻抗三个方面进行研究。对于同一母线下无功功率的精确分配，由于存在公共母线电压这一共同量，其相对于不同母线下无功功率精确分配更容易实现。下面分别进行介绍。

1）同一母线下的无功均分

（1）相同容量（下垂系数）逆变器并联的无功均分

当多台参数相同的逆变器并联至同一交流母线时，线路阻抗和本地负载是影响无功均分的关键因素。为此，可以调整虚拟阻抗消除线路阻抗和本地负载的差异，实现无功功率精确均分[18-20]。本地负载的等效示意图和虚拟阻抗调整方法如图 4.6 所示。

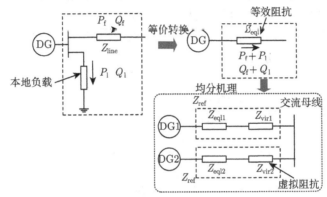

图 4.6　本地负载等效为线路阻抗示意图

在图 4.6 中，首先将本地负载信息等效到线路阻抗上计算等效线路阻抗，并由统一的线路阻抗计算分布式电源的虚拟阻抗，从而缓解逆变器输出阻抗的差异，实现无功功率均分。等效阻抗的计算方式如下：

$$\begin{cases} R_{\mathrm{eql}i} = \dfrac{P_i B_i + Q_i A_i}{P_i^2 + Q_i^2} \\[2mm] X_{\mathrm{eql}i} = \dfrac{P_i A_i - Q_i B_i}{P_i^2 + Q_i^2} \end{cases} \tag{4.12}$$

式中，P_i 为分布式电源本地负载与线路的有功功率之和；Q_i 为分布式电源本地负载与线路的无功功率之和；A_i 和 B_i 如下式所示：

$$\begin{cases} A_i = P_{fi} X_{\mathrm{line}i} - Q_{fi} R_{\mathrm{line}i} \\ B_i = P_{fi} R_{\mathrm{line}i} + Q_{fi} X_{\mathrm{line}i} \end{cases} \tag{4.13}$$

式中，P_{fi} 和 Q_{fi} 分别为线路的有功功率和无功功率；$R_{\mathrm{line}i}$ 和 $X_{\mathrm{line}i}$ 分别为线路电阻和电抗。

该策略的关键在于将本地负载的影响等效到线路阻抗上，从而能够实现无通信情况下的功率均分。但本地负载的等效可能导致线路阻抗差异较大，统一线路阻抗的设置将受到很大的限制，可能引起较大的电压降落；同时，本地负载的波动也将使得虚拟阻抗时刻变动，且所提方法仅适用于逆变器下垂参数相同的情况。

（2）不同容量逆变器并联的无功均分

当并联到同一母线下的逆变器容量、下垂参数、线路阻抗及本地负载均不相同时，可以通过调整下垂参数、虚拟阻抗、二次电压控制项补偿上述差异的影响，实现无功的精确分配[21-23]。当各分布式电源无本地负载且有功功率确定时，由于线路阻抗不同无法实现初始无功功率均分，当负载过重时可能存在部分分布式电源首先达到最大无功输出。因此，下垂参数中初始电压和下垂斜率的调整应使得各分布式电源运行在初始无功点时，交流母线的电压处于标准值，而运行在最大无功出力点时，交流母线的电压处于额定的最小值，如图 4.7 所示。因此，为消除线路阻抗差异对功率均分的影响，分布式电源下垂曲线应由图中的实线调整为虚线。

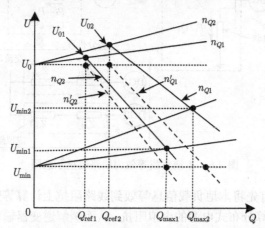

图 4.7　无本地负载时补偿线路阻抗对无功控制影响的示意图

由图 4.7 可见，可调节线路电压降和逆变器输出无功的斜率，补偿线路电压降的影响，修正初始无功输出时的初始电压和最大无功输出时的最小电压，实现无功功率的优化分配，如下式所示：

$$\begin{cases} U_{0i} = U_0 + n_{Qi}Q_{0i} \\ U_{\min i} = U_{\min} + n_{Qi}Q_{\max i} \end{cases} \tag{4.14}$$

两个并联分布式电源的稳态工作点如下式所示：

$$\begin{cases} U_0 + \Delta U_{01} - (n_{Q1} + \Delta n_{Q1})(Q_1 - Q_{01}) = U + n_{Q1}Q_1 \\ U_0 + \Delta U_{02} - (n_{Q2} + \Delta n_{Q2})(Q_2 - Q_{02}) = U + n_{Q2}Q_2 \end{cases} \tag{4.15}$$

为实现无功功率均分，二次电压调节项和下垂斜率调整即下式所示：

$$
\begin{cases}
\Delta n_{Q1} = -n_{Q1}, & \Delta U_{01} = -\Delta n_{Q1} Q_{01} \\
\Delta n_{Q2} = -n_{Q2}, & \Delta U_{02} = -\Delta n_{Q2} Q_{02}
\end{cases}
\tag{4.16}
$$

根据下垂斜率设置的方式可知，式（4.15）与式（4.16）是等价的。

当存在本地负载时，无功均分控制曲线如图 4.8 所示，此时需根据本地负载情况和线路电压降对分布式电源按照式（4.17）调整下垂参数。

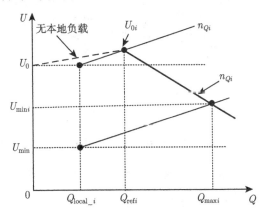

图 4.8 存在本地负载时改进无功控制示意图

$$
\begin{cases}
U_{0i} = U_0 + n_{Qi}(Q_{0i} - Q_{\text{local}\_i}) \\
U_{\min i} = U_{\min} + n_{Qi}(Q_{\max i} - Q_{\text{local}\_i})
\end{cases}
\tag{4.17}
$$

同时，有功功率的差异引起的线路电压降也会影响无功功率的精确分配，可根据线路电压降对线路有功流的比例直接进行调整，如下式所示：

$$
U_i = U_{0i} - n_{Qi}(Q_i - Q_{0i}) + m_{\text{P}_i} P_i
\tag{4.18}
$$

上述方法通过初始电压和下垂斜率的设计综合补偿了线路压降、本地负载和有功功率流对无功均分的影响，其关键在于确定线路电压降对线路有功功率、无功功率的关系，线路电压降的精确度将直接影响系统无功功率均分的精度，当线路参数和本地负载改变时，需重新估计线路压降与无功功率的对应关系。

2）不同母线下的无功均分

当微电网中各分布式电源连接至不同电压母线，通常需要在一定的通信条件下获得各分布式电源的无功输出参考值，以实现负荷无功功率精确均分。下面介绍通过调节二次电压控制项、下垂系数、虚拟阻抗，以及势函数法和注入谐波法实现无功功率均分，其工作原理在于调整各分布式电源输出电压使系统达到新的电压平衡状态。

（1）调整二次电压控制项[9,24]

调整下垂特性的二次电压控制项实现无功均分的原理如图 4.9 所示。

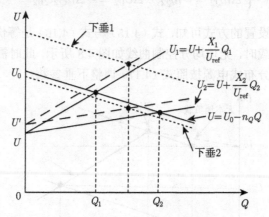

图 4.9　调整下垂控制初始电压实现无功均分示意图

根据网络供需功率平衡，孤立微电网的无功功率满足下式：

$$\begin{cases} Q_1 + Q_2 + \cdots + Q_n = Q_L \\[2mm] \dfrac{Q_1}{Q_{\max 1}} = \dfrac{Q_2}{Q_{\max 2}} = \cdots = \dfrac{Q_n}{Q_{\max n}} \end{cases} \tag{4.19}$$

式中，$Q_1, Q_2, \cdots, Q_n$ 分别为 DG1，DG2，$\cdots$，DGn 的瞬时无功功率；$Q_{\max 1}$，$Q_{\max 2}, \cdots, Q_{\max n}$ 分别表示 DG1，DG2，$\cdots$，DGn 的最大可输出无功功率，即无功功率容量；Q_L 表示负载无功功率。因此，实现无功功率均分的二次电压控制策略可由式（4.20）所示：

$$\begin{cases} U_i = U_0 - n_{Qi}Q_i + u_i, \\[2mm] u_i = \left(k_{\mathrm{p}Q} + \dfrac{k_{\mathrm{i}Q}}{s} \right)(Q_{\mathrm{ref}i} - Q_i), \\[2mm] Q_{\mathrm{ref}i} = Q_{\max i}\dfrac{Q_L}{\displaystyle\sum_{j=1}^{n} Q_{\max j}} \end{cases} \tag{4.20}$$

式中，$Q_{\mathrm{ref}i}$ 表示第 i 个分布式电源无功功率参考值；$k_{\mathrm{p}Q}$ 和 $k_{\mathrm{i}Q}$ 分别为二次电压控制器的比例和积分系数。将分布式电源输出无功功率与根据微源无功容量比例产生的无功功率参考信号作比较，产生误差经过 PI 控制器调节下垂特性曲线，从而实现无功功率精确均分的控制目标。

（2）调整下垂系数

调整下垂系数实现无功均分的原理如图 4.10 所示[25]。

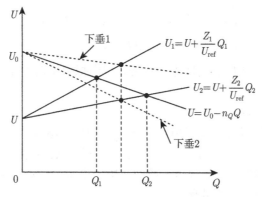

图 4.10　调整下垂斜率实现无功均分示意图

此控制方法下，通过调整下垂系数实现各分布式电源输出电压的调整，进而实现无功功率精确分配，实现方法为

$$
\begin{cases}
n_{Qi} = n_{0Qi} + n_{Qi} \displaystyle\int (Q_{\mathrm{ref}i} - Q_i)\mathrm{d}t \\
U_i = U_{0i} - (Q_i - Q_{0i})
\end{cases}
\tag{4.21}
$$

调整下垂系数虽然能实现无功均分，但下垂系数一般与分布式电源容量成反比，而且过大的下垂系数容易对系统稳定性造成影响。

（3）调整虚拟阻抗

调整虚拟阻抗实现无功均分的原理如图 4.11 所示[7,26]。

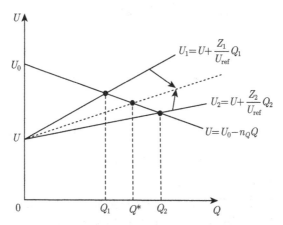

图 4.11　调整虚拟阻抗实现无功均分示意图

在实现方法上，调整虚拟阻抗实现无功功率均分的原理同式（4.21）实现无功功率均分的原理一致，可表示如下：

$$\begin{cases} Z_{vi} = Z_{0vi} - k_{iQ} \displaystyle\int (Q_{refi} - Q_i)\mathrm{d}t \\ U_i = U_{0i} - n_{Qi}(Q_i - Q_{0i}) \end{cases} \tag{4.22}$$

调整虚拟阻抗虽然也能实现无功均分，但虚拟阻抗的变化未必能保证有功无功的充分解耦。

（4）势函数法和注入信号法

上述三种方法均以各分布式电源实际无功功率输出与无功功率参考值的偏差为基础，容易影响系统稳定，且调整过程中存在超调振荡问题。为此，文献 [27,28] 通过构造势函数逐步调节分布式电源的空载输出电压，实现全局无功精确分配。空载输出电压的调整公式如下式所示：

$$U_{0i}^k = U_{0i}^{k-1} - K\Delta T \frac{\mathrm{d}\varphi_i}{\mathrm{d}U_{0i}} \tag{4.23}$$

式中，K 为可调系数；ΔT 为时间间隔；φ_i 为分布式电源的势函数，包含电压恢复控制与无功均分控制两个部分：

$$\varphi_i(U_{0i}) = K_E(U_{0i} - U_{ref})^2 + K_Q(n_{Qi}Q_i - n_{Qj}Q_j)^2 \tag{4.24}$$

式中，K_E 和 K_Q 均为可调系数。势函数法实现无功精确控制，具有良好的响应特性和稳态特性，并且不依赖于分布式电源的本地控制，但该方法对于微电网的通信有较高的要求。此外，信号注入法无需系统通信，通过向系统中注入无功信息的非工频信号所产生的有功功率变化，调节逆变器电压幅值，实现各 DG 的无功均分。注入信号法的实现示意图如图 4.12 所示。

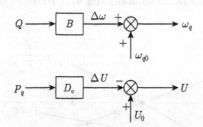

图 4.12 注入信号法原理示意图

在图 4.12 中，各分布式电源根据输出的无功功率按照下垂斜率确定注入信号的频率，之后利用 PLL 测量注入信号频率下的电流，计算注入信号引起的小有功功率，利用小有功功率根据电压下垂曲线计算基准频率下的电压参考值，并最终实现无功精确分配。注入信号法可以在无通信的情况下实现无功功率精确分配，降低通信的成本。但整体控制方案较为复杂，注入信号下的小有功功率变化不易测量，且注入的信号也会影响微电网的电能质量。因此，本章主要侧重于采用调整电压二次控制项实现分布式电源无功功率均分的方式。

3. 分布式电源电压调节与无功功率均分

考虑到微电网二次电压控制的精确无功功率均分和电压调节间的矛盾性，将两个控制目标折中进行控制，提出如下具有可调参数项的控制策略[9]：

$$
\begin{cases}
U_i = U_0 - n_{Qi}Q_i + u_i, \\
\kappa_i \dfrac{\mathrm{d}u_i}{\mathrm{d}t} = \beta_i(U_{\mathrm{ref}} - U) - \gamma_i(Q_{\mathrm{ref}i} - Q_i), \\
Q_{\mathrm{ref}i} = Q_{\max i}\dfrac{Q_{\mathrm{L}}}{\displaystyle\sum_{j=1}^{n} Q_{\max j}}
\end{cases}
\tag{4.25}
$$

式中，κ_i 表示控制器增益；β_i 和 γ_i 分别表示控制目标中电压恢复和无功功率均分的参与因子；变量 $Q_{\mathrm{ref}i}$、$Q_{\max i}$ 和 Q_{L} 的意义同式（4.20）中一致。根据参与因子 β_i 和 γ_i 的不同，可以将控制过程分为 4 种情况：

情况一（$\beta_i = 0$，$\gamma_i \neq 0$）　由于 $\beta_i = 0$ 导致式（4.25）中仅存在与无功功率均分有关的一项，而 u_i 的微分作用类似于通过上下平移下垂曲线使各分布式电源满足 $Q_{\mathrm{ref}i} = Q_i$，从而实现精确的无功功率均分，原理如图 4.5（b）所示。

情况二（$\beta_i \neq 0$，$\gamma_i = 0$）　由于 $\gamma_i = 0$ 导致式（4.25）中仅存在与电压恢复有关的前一项，此时控制问题与分散式二次电压控制器式（4.11）一致。微分作用使 u_i 趋于一常数用以实现 $U_i = U_{\mathrm{ref}}$，原理如图 4.5（a）所示。

情况三（$\beta_i \neq 0$，$\gamma_i \neq 0$）　通过 β_i 和 γ_i 的调节，实现分布式电源电压恢复和无功功率均分间的折中控制，效果介于情况一和情况二之间。

情况四（智能调节）　将连接电压敏感型负载的分布式电源 DGi 采用情况二的参数（$\beta_i \neq 0$，$\gamma_i = 0$）实现电压恢复至额定值，其余分布式电源 DGj（$j \neq i$）采用情况一的参数（$\beta_i = 0$，$\gamma_i \neq 0$）实现无功功率均分，从而 DGj 将会形成围绕于 $U_i = U_{\mathrm{ref}}$ 的电压簇聚。

4.2.3 微电网二次控制方式

本书主要侧重于微电网二次控制策略的研究，在这一控制层中，根据各分布式电源信息交互的紧密程度，通常可分为集中式控制、分散式控制及分布式协同控制。

1）集中式二次控制

由远程传感器模块采集各分布式电源、储能及负载的电压、电流及功率信号，在微电网中央控制器（microgrid central control，MGCC）中将被控量与参考值进行比较计算，产生的控制指令下发至本地控制器执行。图 4.13 给出了集中式二次控制的控制结构。由于集中式架构对微电网全局信息可观，可得到控制周期的全局优化计算与控制。然而，这一控制模式存在一些明显的缺陷：① 通信链路复杂，集中控制器或链路的故障会导致控制过程无法进行，可靠性较差；② 大量的通信计算数据，需要高性能的中央控制器和高带宽的通信网络，成本较高；③ 新增分布式电源接入较为复杂，系统扩展性较差。

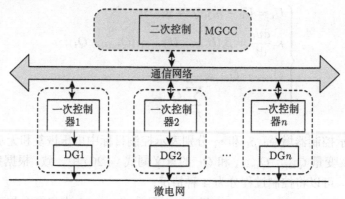

图 4.13　微电网集中式控制方式结构图

2）分散式二次控制

分散式二次控制是指通过设备接入系统点的就地信息，经本地决策产生控制指令，无需控制器的通信链路，目前仅实现于微电网对等控制模式中。图 4.14 给出分散式二次控制的控制结构。由于各分布式电源在控制上都具有同等的地位，无需通信环节，系统动态响应速度快，具有 "即插即用" 的功能，但由于并非根据全局有效信息而是本地信息进行控制运行，无法得到用以实现系统级控制目标的全局最优控制变量，甚至可能破坏微电网电压、频率的稳定性，造成系统的崩溃。

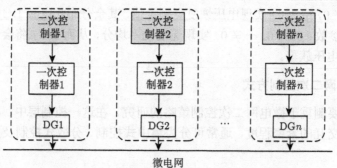

图 4.14　微电网分散式控制方式结构图

3）分布式协同二次控制

在信息交互的紧密程度上介于集中式控制结构和分散式控制结构之间，通过与邻居节点间通信的方式实现对系统的协同优化与控制。图 4.15 给出了分布式协同二次控制的控制结构图。分布式控制利用点对点的稀疏通信网络，在无中央控制器和复杂网络拓扑的情况下，各分布式电源信息"间接"地实现全局可观，从而最终得到系统最优控制决策。主要具有如下优势：① 由于无需中央控制器和复杂的通信网络，系统可靠性较强；② 在保证最终与集中式控制一致的全局最优决策下，满足微电网"即插即用"的功能需求，系统扩展性较好；③ 全局优化目标可分散到各本地控制器中求解，降低了计算复杂度和运行成本。微电网二次控制由于是系统级的优化控制，更偏重于具有信息交互的控制策略，而分布式协同控制具有上述优点，并克服了集中控制的弊端，受到国内外学者越来越多的关注与研究。

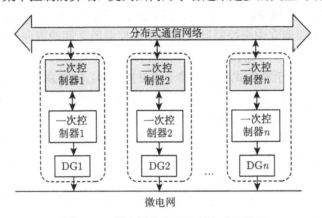

图 4.15 微电网分布式控制方式结构图

根据微电网控制模式的不同，二次控制的控制策略有多种组合，目前研究较多的控制方式为：主从–集中式控制、主从–分布式控制、对等–集中式控制、对等–分布式控制及对等–分散式控制等。随着微电网控制领域对多智能体系统和分布式控制的广泛关注和深入研究，主从–分布式控制架构、对等–分布式控制架构成为研究的焦点。在对等控制模式下，相对于微电网二次频率控制在分散式控制结构下也能够实现频率恢复和有功功率均分，微电网二次电压控制需要依赖于信息通信交互，从而实现协同的电压恢复和无功功率均分，控制策略更为复杂。

4.3 微电网三次控制

微电网三次控制通过协调管理微电网与大电网或多微电网系统的有功、无功功率，实现微电网电压与频率的调整，又称为微电网能量管理。微电网能量管理通常包括经济调度、频率/电压控制、黑启动等功能[29]。经济调度根据系统当前信息及预测数据，以电网经济效益和环保效益等为控制目标制订微电网的运行计划，主要包括设备运行参考功率、系统备用计划和设备检修计划等[30]。频率和电压控制也称为有功和无功功率控制，是微电网通过实时调整分布式电源和储能等设备的输出功率来维持微电网的稳定优化运行。微电网的控制模式可分为主从控制和对等控制，基于此逆变器控制策略包括 PQ 控制、V/f 控制和下垂控制。微电网能量管理系统通过经济调度、修正反馈以及协调控制，提供微电网设备运行的启停指令和功率指令，并不断根据实时信息进行功率修正，确保微电网运行的经济性、稳定性和可靠性[31]。

微电网能量管理可由集中式控制和分布式控制两种方式实现。集中式控制通过微电网中央控制器汇集微电网中的所有信息进行统一的分析决策，制订微电网运行计划并下发至本地控制器，本地控制器接收中央控制器的控制指令并执行。在集中式方式下需要建立中央控制器与所有本地控制器之间的双向通信，以有效获取微电网所有信息，在考虑微电网整体效益和运行安全约束情况下制定设备运行的功率参考曲线。由于集中式控制依赖于中央控制器，导致系统可靠性差，需要考虑中央控制器故障的应急措施以及数据同步性问题。相对于集中式控制，分布式控制更关注于信息交互壁垒下多主体的协调运行。分布式控制方式下所有设备是对等的，通过本地控制器自主控制，而各单元的本地控制器只与相邻单元控制器进行信息交互，根据本地与相邻信息获得管理决策，提升微电网整体性能，同时分布式控制有利于实现设备的即插即用[32]。

在实现方法上，微电网能量管理包括专家系统和实时优化。由于微电网结构复杂、控制手段及运行目标多样化，对微电网运行调度进行绝对优化或者近似优化的难度较大，而应用有限的运行策略集更容易实现设定的优化目标[33]。因此，目前微电网示范工程多数采用基于有限运行策略集的控制方式，尽管这样的运行策略集不一定能够保证微电网运行效益的最大化，但可以将微电网运行状态控制在已有的经验范畴内，确保其运行的安全性和稳定性，这种基于运行策略集的控制方法称为专家系统。由于专家系统根据特定的微电网结构、控制方法及运行目标制定不同运行模式下的运行策略集，所以可扩展性和适用性较差。实时优化基于微电网和设备当前运行状态，考虑负载和设备随机特性，优化微电网的未来运行状态和设备运行功率参考值，并尽量降低与实际运行状态的偏差[34]。实时优化为含多类型约束的数学优化问题，如线性规划、混合整数规划、非线性规划等形式。事实上，专家系统在微电网示范工程及实验系统中应用较多，一方面因为现有微电网工程主要目的是验证微电网可行性，另一方面因为复杂的能量管理优化方法还有待进一步的研究和验证，但专家系统也逐渐与实时优化相结合，通过专家策略确定系统运行模式，然后由局部优化问题替代原有的调度原则来提升微电网系统的经济效益。

随着微电网结构和组成愈加丰富，微电网的能量管理也更加复杂。可再生能源渗透率不断提高，使得功率不确定性问题对微电网能量管理影响越来越大。功率不确定性导致的误差会随着时间积累越来越大，使得确定性优化结果失去意义，因此需对实时优化进行计划修正[35]。已有学者在微电网能量管理中开展机会约束规划、随机优化及鲁棒优化等不确定性优化方法的研究，同时结合实时修正或滚动优化，使得调度计划能够满足各种不确定场景的需求。其次，随着电力市场的不断开放与完善，需求侧管理在微电网能量管理中受到越来越多的关注。通过对需求侧潜在资源的调度优化，可有效调整微电网负荷的峰谷特性，提升可再生能源的消纳比例，同时减少电量转移和浪费，大大提高微电网的经济效益[36]。

参 考 文 献

[1] Bidram A，Davoudi A. Hierarchical structure of microgrids control system[J]. IEEE Transactions on Smart Grid，2012，3(4)：1963-1976.

[2] 张玮亚，李永丽，孙广宇，等. 微电网安全防御体系下电压分层分区控制 [J]. 电力系统自动化，2015，39(13)：1-7, 15.

[3] 王成山，武震，李鹏. 微电网关键技术研究 [J]. 电工技术学报，2014，29(2)：1-12.

[4] Guerrero J M，Vasquez J C，Matas J，et al. Hierarchical control of droop-controlled AC and DC microgrids—A general approach toward standardization[J]. IEEE Transactions on Industrial Electronics，2011，58(1)：158-172.

[5] 王成山. 微电网分析与仿真理论 [M]. 北京：科学出版社，2013.

[6] Lou G N，Gu W，Xu Y L，et al. Stability robustness for secondary voltage control in autonomous microgrids with consideration of communiation delays[J]. IEEE Transactions on Power Systems，2018，33(4)：4164-4178.

[7] Mahmood H，Michaelson D，Jiang J. Accurate reactive power sharing in an islanded microgrid using adaptive virtual impedances[J]. IEEE Tansactions on Power Electronics，2015，30(3)：1605-1617.

[8] Liu W，Gu W，Sheng W X. Pinning-based distributed cooperative control for autonomous microgrids under uncertainty communication topologies[J]. IEEE Transactions on Power System，2016，31(2)：1320-1329.

[9] Simpson-Porco J W，Shafiee Q，Dorfler F，et al. Secondary frequency and voltage control of islanded microgrids via distributed averaging[J]. IEEE Transactions on Industrial Electronics，2015，62(11)：7025-7037.

[10] 李霞林，郭力，王成山，等. 直流微电网关键技术研究综述 [J]. 中国电机工程学报，2016，36(1)：2-17.

[11] 张海涛，秦文萍，韩肖清，等. 多时间尺度微电网能量管理优化调度方案 [J]. 电网技术，2017，41(5)：1533-1542.

[12] Chaouachi A，Kamel R M，Andoulsi R，et al. Multiobjective intelligent energy management for a microgrid[J]. IEEE Transactions on Industrial Electronics，2013，60(4)：1688-1699.

[13] Liu S, Wang X, Liu P X. Impact of communication delays on secondary frequency control in an islanded microgrid[J]. IEEE Transactions on Industrial Electronics, 2015, 62(4): 2021-2031.

[14] 韩华, 刘尧, 孙尧, 等. 一种微电网无功均分的改进控制策略 [J]. 中国电机工程学报, 2014, 34(16): 2639-2648.

[15] Bidram A, Davoudi A, Liews F L, et al. Distributed cooperative secondary control of microgrid using feedback linearization[J]. IEEE Transactions on Power Systems, 2013, 28(3): 3462-3470.

[16] Bidram A, Davoudi A, Lewis F L, et al. Secondary control of microgrids based on distributed cooperative control of multi-agent systems[J]. IET Generation Transmission & Distribution, 2013, 7(8): 822-831.

[17] Guo F H, Wen C Y, Mao J F, et al. Distributed secondary voltage and frequency restoration control of droop-controlled inverter-based microgrids[J]. IEEE Transactions on Power Electronics, 2015, 62(7): 4355-4364.

[18] Zhu Y, Zhuo F, Wang F, et al. A wireless reactive power sharing strategy for islanded microgrid based on feeder current sensing[J]. IEEE Transactions on Power Electronics, 2015, 30(12): 6706-6719.

[19] 马添翼, 金新民, 梁建钢. 孤岛模式微电网变流器的复合式虚拟阻抗控制策略[J]. 电工技术学报, 2013, 28(12): 304-312.

[20] 于玮, 徐德鸿. 基于虚拟阻抗的不间断电源并联系统均流控制[J]. 中国电机工程学报, 2009, 29(24): 32-39.

[21] 苏晨, 吴在军, 吕振宇, 等. 孤立微电网分布式二级功率优化控制[J]. 电网技术, 2016, 40(9): 2689-2697.

[22] 刘尧, 林超, 陈滔, 等. 基于自适应虚拟阻抗的交流微电网无功功率–电压控制策略[J]. 电力系统自动化, 2017, 41(5): 16-21, 133.

[23] Yun W L, Kao C N. An accurate power control strategy for power-electronics-interfaced distributed generation units operating in a low-voltage multibus microgrid[J]. IEEE Transactions on Power Electronics, 2009, 24(12): 2977-2988.

[24] He J, Li Y W. An enhanced microgrid load demand sharing strategy[J]. IEEE Transactions on Power Electronics, 2012, 27(9): 3984-3995.

[25] Mahmood H, Michaelson D, Jiang J. Reactive power sharing in islanded microgrids using adaptive voltage droop control[J]. IEEE Transactions on Smart Grid, 2015, 6(6): 3052-3060.

[26] Zhang H, Kim S, Sun Q, et al. Distributed adaptive virtual impedance control for accurate reactive power sharing based on consensus control in microgrids[J]. IEEE Transactions on Smart Grid, 2017, 8(4): 1749–1761.

[27] Mehrizi-Sani A, Iravani R. Potential-function based control of a microgrid in islanded and grid-connected modes[J]. IEEE Transactions on Power Systems, 2010, 25(4): 1883-

1891.

[28] 金鹏，艾欣，王永刚. 采用势函数法的微电网无功控制策略 [J]. 中国电机工程学报，2012，32(25)：44-51，9.

[29] 薛美东. 微网优化配置和能量管理研究 [D]. 杭州：浙江大学，2015.

[30] 邱海峰，赵波，林达，等. 计及储能损耗和换流成本的交直流混合微网区域协调调度 [J]. 电力系统自动，2017，41(23)：29-37.

[31] Tie S，Tan C. A review of energy sources and energy management system in electric vehicles[J]. Renewable & Sustainable Energy Reviews，2013，20(4)：82-102.

[32] Jiang Q，Xue M，Geng G. Energy management of microgrid in grid-connected and stand-alone modes[J]. IEEE Transactions on Power Systems，2013，28(3)：3380-3389.

[33] 郭思琪，袁越，张新松，等. 多时间尺度协调控制的独立微网能量管理策略 [J]. 电工技术学报，2014，29(2)：122-129.

[34] Silvente J，Kopanos G M，Pistikopoulos E N，et al. A rolling horizon optimization framework for the simultaneous energy supply and demand planning in micro-grids[J]. Applied Energy，2015，155：485-501.

[35] Khodaei A. Microgrid optimal scheduling with multi-period islanding constraints[J]. IEEE Transactions on Power Systems，2014，29(3)：1383-1392.

[36] 曾君，徐冬冬，刘俊峰，等. 考虑负荷满意度的微电网运行多目标优化方法研究 [J]. 中国电机工程学报，2016，36(12)：3325-3333.

第 5 章 微电网集中式和分散式控制

上一章介绍了微电网分层控制结构和控制方法，本书侧重于阐述微电网二次控制层的相关内容。微电网由多个分布式电源组成，每个分布式电源可以看作一个子系统，因此整个微电网是一个典型的多变量系统。集中式控制和分散式控制是多变量系统较为常见的控制方式，从是否考虑子系统间关联的角度来看，集中式控制考虑了子系统间的耦合，本地控制决策由中央控制器基于全局信息计算而得到；分散式控制指的是各子系统仅利用本地信息产生控制指令，完成某一控制任务，不存在子系统间的信息交互[1,2]。本章主要围绕微电网二次控制的控制目标，介绍微电网集中式和分散式控制的具体实现方法，以及各自的优势和弊端。

5.1 微电网集中式控制

5.1.1 集中式控制方法

微电网集中式控制的核心是微电网中央控制器（microgrid central control, MGCC）和数据采集总线，由数据采集单元采集系统各分布式电源的电压、电流、功率等信息并传输至 MGCC，根据优化目标将求解的参考指令下发至本地控制器。由于集中式控制对微电网全局可观，可以实现精确的全局优化，因此是微电网较常见的运行控制方式。文献 [3] 提出微电网集中式能量优化策略，将控制系统进行分层以对应不同的功能，中央控制器协调各本地控制器完成协同优化功能，包括功率分配、切负荷等操作。文献 [4] 利用储能系统和分布式电源响应时间上的差异，提出了源储协同控制策略。文献 [5] 提出应用于海岛孤立型微电网能量优化策略，能量管理系统采集当前系统运行状态，通过对智能优化算法制定后续运行规划，实现微电网的稳定、可靠、经济运行。对等–集中式控制架构下，文献 [6] 通过锁相环得到系统频率，与频率额定值比较求解总功率缺额，并根据分布式电源功率分配因子获得各自的功率参考指令。文献 [7] 基于此控制体系设计储能系统的均衡控制策略，通过全局集中优化目标计算下垂系数并实时更新，使得微电网内储能系统荷电状态（state of charge, SOC）处于均衡状态，系统稳定、高效运行。文献 [8,9] 分析了微电网中不同容量逆变器按比例均分负荷功率的条件，提出有互连线的自适应鲁棒下垂控制，通过重新设计等效输出阻抗使得功率分配具备鲁棒性，改善功率均衡分配的效果。文献 [10] 侧重于研究基于动态下垂系数的

微电网自适应下垂控制策略，明确了不同运行工况下下垂系数的稳定域。Shafiee
等[11,12] 根据平均信息量设计微电网二次控制策略，实现电压、频率恢复及精确的
功率均分，同时基于小信号模型进行系统稳定性分析。

1. 主从控制模式下集中式控制

在主从控制模式下，微电网主控单元根据系统功率波动自主调整功率输出，维
持系统的功率平衡并实现电压和频率的无差控制，由于主控单元一般采用蓄电池
等储能装置，不可长时间地处于充电或放电模式，后续需要将自身承担的全部（或
部分）功率转接于其他可调度分布式电源，则各分布式电源分配的有功功率 $P_{\text{ref}i}^{\text{SF}}$
和无功功率 $Q_{\text{ref}i}^{\text{SF}}$ 可以由下式计算得到

$$\begin{cases} P_{\text{ref}i}^{\text{SF}} = \dfrac{c_{Di}}{c_{D1} + c_{D2} + \cdots + c_{Dn}} P_{\text{T}} \\[3mm] Q_{\text{ref}i}^{\text{SF}} = \dfrac{c_{Di}}{c_{D1} + c_{D2} + \cdots + c_{Dn}} Q_{\text{T}} \end{cases} \tag{5.1}$$

式中，P_{T} 和 Q_{T} 分别为主控单元承担的有功功率和无功功率；c_{Di} 为分布式电源 i
的额定容量。集中式控制方式下，各分布式电源按照额定容量分配总功率缺额，可
以保证系统长时间稳定、经济运行，称为微电网主从–集中式控制结构。

2. 对等控制模式下集中式控制

在有功/频率控制（P/f 控制）中，考虑到有功功率缺额导致微电网频率偏离额
定参考值，可以参照上述主从–集中式控制结构，利用频率的偏差计算总功率缺额，
再根据各分布式电源的功率参与因子分配 $P_{\text{ref}i}^{\text{SF}}$：

$$P_{\text{ref}i}^{\text{SF}} = \alpha_i \left(k_{\text{p}\omega} + \frac{k_{\text{i}\omega}}{s} \right) (\omega - \omega_{\text{ref}}) \tag{5.2}$$

式中，ω 和 ω_{ref} 分别为系统频率输出值和额定值；α_i 为第 i 个分布式电源的功率参
与因子，$\alpha_i = c_{Di}/(c_{D1} + c_{D2} + \cdots + c_{Dn})$；$k_{\text{p}\omega}$ 和 $k_{\text{i}\omega}$ 为二次频率控制器的 PI 控制
系数。具体控制策略见 4.2.1 节，可实现系统频率恢复以及有功功率按容量分配。

在有功/频率控制（P/f 控制）中，通过调整二次频率控制项达到频率二次控
制：

$$\begin{cases} \omega_i = \omega_{ni} - m_{Pi} P_i + u_{\omega i} \\[3mm] u_{\omega i} = \left(k_{\text{p}\omega} + \dfrac{k_{\text{i}\omega}}{s} \right) (\omega_{\text{ref}} - \bar{\omega}) + \left(k_{\text{pp}} + \dfrac{k_{\text{ip}}}{s} \right) (P_{\text{ref}i} - P_i) \end{cases} \tag{5.3}$$

式中，ω_i、ω_{ni} 和 $u_{\omega i}$ 分别为第 i 个分布式电源频率的输出值、额定值，以及二次
控制项；m_{Pi} 表示频率下垂系数；P_i 为输出有功功率；$k_{\text{p}\omega}$ 和 $k_{\text{i}\omega}$、k_{pp} 和 k_{ip} 为
PI 控制器系数；$\bar{\omega}$ 代表系统频率平均值，$P_{\text{ref}i}$ 代表有功功率参考值，具体形式如

式（5.4）所示。微电网中央控制器基于式（5.4a）和式（5.4b）分别获得全局平均频率和考虑各分布式电源功率参与因子的分配功率，从而实现系统频率恢复和有功功率按容量均分。

$$\bar{\omega} = \sum_i \omega_i \Big/ n \tag{5.4a}$$

$$P_{\text{ref}i} = \alpha_i \sum_i P_i \tag{5.4b}$$

同理，微电网二次电压控制也可以采用上述调节二次控制项的方法实现：

$$\begin{cases} U_i = U_{ni} - n_{Qi}Q_i + u_{ui} \\ u_{ui} = \left(k_{\text{pv}} + \dfrac{k_{\text{iv}}}{s}\right)(U_{\text{ref}} - \bar{U}) + \left(k_{\text{p}Q} + \dfrac{k_{\text{i}Q}}{s}\right)(Q_{\text{ref}i} - Q_i) \end{cases} \tag{5.5}$$

式中，U_i、U_{ni}、U_{ref} 和 u_{ui} 分别为第 i 个分布式电源电压的输出值、额定值、参考值，以及二次控制项；n_{Qi} 表示电压下垂系数；Q_i 为输出无功功率；k_{pv} 和 k_{iv}、$k_{\text{p}Q}$ 和 $k_{\text{i}Q}$ 为 PI 控制器系数；$\bar{U}$ 代表系统全局电压平均值，$Q_{\text{ref}i}$ 代表无功功率参考值，其表达式分别为

$$\bar{U} = \sum_i U_i \Big/ n \tag{5.6a}$$

$$Q_{\text{ref}i} = \alpha_i \sum_i Q_i \tag{5.6b}$$

式（5.3）和式（5.5）均以频率和电压恢复、有功和无功功率均分为微电网二次控制的控制目标。此外，通过调整下垂斜率、虚拟阻抗等可以实现与调整二次控制项一致的控制效果，具体内容见 4.2 节。集中式控制方式的特点在于信息全局可观，将全局信息作为本地控制决策的计算依据，在较快速度下实现全局最优化控制，意义明确。

5.1.2 算例分析

基于 MATLAB/Simulink 构建如图 5.1 所示系统，介绍微电网集中式控制结构的系统性能。3 个分布式电源通过各自连接阻抗连接于电压母线，2 个阻感型负载分布接入母线 1 和母线 3。微电网模型参数和控制参数如表 5.1 所示，DG1、DG2 和 DG3 的电源容量比值为 3:4:6。

初始阶段，微电网运行在下垂控制方式下，$t=0.5\text{s}$ 时以集中式电压控制方式（式（5.5））启动，负载 $S=10\text{kW}+\text{j}5\text{kvar}$ 在 $t=1.5\text{s}$ 时接入母线 3，$t=2.5\text{s}$ 时负荷切除，系统有功功率、无功功率和输出电压的响应曲线如图 5.2 所示。由图可见，在系统初始阶段由于下垂特性，各分布式电源输出电压偏离额定值，无功功率不能均

分；当集中式二次控制启动后，系统在过渡时间 0.15s 内实现了电压恢复和无功功率按容量精确分配，无论增减负荷均能保持较好的动态性能。

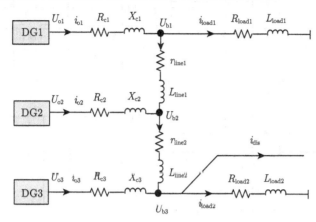

图 5.1　微电网算例系统结构图

表 5.1　微电网模型参数和控制参数

参数		数值	参数		数值
母线侧电压		750 V	分布式电源容量	DG1	20 kW, 10 kvar
微电网电压		380 V/50 Hz		DG2	30 kW, 15 kvar
连接阻抗	R_{c1}/X_{c1}	0.15 Ω/0.17 Ω		DG3	40 kW, 20 kvar
	R_{c2}/X_{c2}	0.2 Ω/0.15 Ω	频率下垂系数	m_{P1}	2×10^{-5} rad/(W·s)
	R_{c3}/X_{c3}	0.18 Ω/0.1 Ω		m_{P2}	1.5×10^{-5} rad/(W·s)
线路阻抗	r_{line1}/X_{line1}	0.2 Ω/0.1 Ω		m_{P3}	1×10^{-5} rad/(W·s)
	r_{line2}/X_{line2}	0.2 Ω/0.1 Ω	电压下垂系数	n_{Q1}	1×10^{-3} V/var
负载容量	R_{load1}/X_{load1}	7.26 Ω/7.2534 Ω		n_{Q2}	7.5×10^{-4} V/var
	R_{load2}/X_{load2}	7.26 Ω/7.2534 Ω		n_{Q3}	5×10^{-4} V/var
功率控制参数	ω_c	40 Hz	电压控制参数	k_{pu}/k_{iu}	0.0001/0.018 s^{-1}
	k_{vi}	1		k_{pE}/k_{iE}	0.01/20 s^{-1}

　　为了说明通信延时对集中式控制系统动态性能的影响，在集中式通信网络的任一传输链路上施加通信延时 100ms，系统仿真结果如图 5.3 所示。由此可见，当通信网络存在传输延时，系统控制性能相比无延时集中式控制方法（图 5.2）明显变差，调节时间变长。这是由于集中式控制结构基于系统全局信息获取本地控制量，延时信号对任一控制量都会产生影响。而在实际应用中，集中式计算和通信功能不可避免地受到控制系统和通信系统性能的限制，包括控制器失效、传输延时、数据丢包及通信中断等问题，影响系统控制性能甚至可能破坏稳定性。

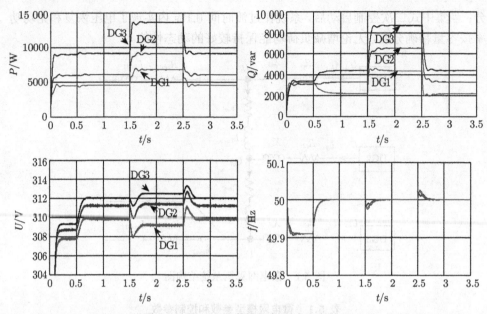

图 5.2　无延时集中式控制方法仿真结果

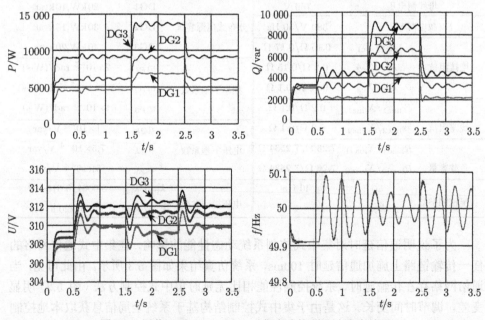

图 5.3　通信延时 $\tau = 100\text{ms}$ 时集中式控制方法仿真结果

5.2 微电网分散式控制

5.2.1 分散式控制方法

相对于集中式控制，基于本地信息的分散式控制虽然不能实现全局目标最优化，但具有控制结构简单、响应快、可靠性高等优点，在工业中得到了广泛的应用[13-15]。本节以微电网对等–分散式控制结构为例，介绍了微电网分散式控制的具体实现过程，一次控制层采用下垂控制，各分布式电源根据电压和频率本地信息共同参与功率分配并为系统提供稳定的电压和频率参考；二次控制层不依赖于通信链路和中央控制器，利用本地信息完成系统频率、电压恢复及功率均分的控制目标，具体可以分为分散式二次频率控制和分散式二次电压控制。

1. 分散式二次频率控制

电网的二次频率控制指的是并列运行的机组在外界负荷变化而引起电网频率改变时，通过人为或自动控制的方式增减某些机组的输出功率以恢复电网的频率[16,17]。实现方法包括：① 由中央调度所调度员根据负荷潮流及电网频率，给各电厂下达负荷调整指令进行调整；② 采用自动发电控制（automatic generation control，AGC），由计算机系统对各厂进行遥控从而实现调频过程，参与该系统的机组必须具有协调控制系统。针对幅度较大、周期较长的负荷波动，二次频率控制由中央控制器对各调频电厂分配发电功率，并对连接线功率进行监视和调整，从而维持系统频率在额定值。

相比于采用集中式频率控制的大电网，微电网规模、容量较小，系统内大多采用逆变型分布式电源，导致系统等效转动惯量较小[18]。通常，某处负荷扰动引起的各分布式电源频率变化将在短时间内趋于一致，稳态时微电网频率可看作全局变量，即全网频率值唯一，因此式（5.3）可以简化为如下分散式控制形式：

$$\begin{cases} \omega_i = \omega_{ni} - m_{Pi}P_i + u_{\omega i} \\ u_{\omega i} = \left(k_{p\omega} + \dfrac{k_{i\omega}}{s} \right)(\omega_{ref} - \omega_i) \end{cases} \tag{5.7}$$

在每个控制周期内，各分布式电源将测得的本地频率 ω_i 与额定值 ω_{ref} 比较，误差 $\Delta\omega_i$ 经过 PI 控制器产生控制量 $u_{\omega i}$，直至频率恢复至额定值。以系统有功负荷突然增大时系统频率降低为例，分布式电源控制器调节输出有功功率按下垂特性相应增大，最终在所有分布式电源的共同作用下达到新的功率平衡，频率稳定在额定值。由于自身特性和距功率扰动点位置的差异，各分布式电源的输出频率和有功功率响应在扰动瞬时会略有差异。通常，离负荷扰动点越近、下垂系数越大的分布式电源可以越快地检测出频率变化，瞬时响应越快。从微电网系统而言，各电源端口输出频率在短时间内可以达到一致，进而实现全网频率恢复与有功功率均分的统一性。微电网的二次频率控制之所以可以采用与大电网二次频率控制不同的分散式控制结构，原因有：① 微电网各分布式电源端口频率可以直接测量；② 微电网相对规模较小，大多采用逆变型分布式电源，因而系统转动惯量较小、响应速度较快。

2. 分散式二次电压控制

相比于频率，由于输出阻抗不一致，逆变型分布式电源的输出电压是局部变量，端口电压恢复和无功功率均分具有矛盾性，需要通过信息交互协调各分布式电源的控制决策，从而实现微电网二次电压控制目标[19,20]。与采用信息直接共享的集中式或分散式控制方式不同，本节介绍了一种基于非线性状态观测器的微电网分散式二次电压控制方法，各分布式电源通过状态观测器估计出其他分布式电源的过程量，通过信息"间接"共享，实现无通信链路的端电压恢复和无功功率均分[21]。图 5.4 给出其控制结构框图，主要由微电网大信号模型、非线性状态观测器以及分散式二次电压控制器构成。首先，通过检测各分布式电源和负载的连接状态、查询系统线路参数，推导出微电网大信号模型，从而建立各分布式电源的非线性状态观测器。接着，各分布式电源采集本地电压、电流等过程量，并基于状态观测器准确估计出其他分布式电源的过程量。最后，各分布式电源采用本地过程量及其他分布式电源估计量实现分散式二次电压控制。

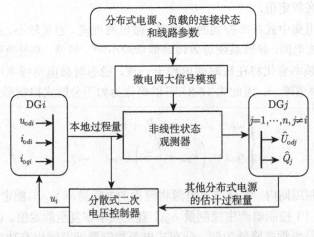

图 5.4　微电网分散式二次电压控制结构框图

1) 微电网大信号模型

分布式电源的非线性状态观测器是基于微电网大信号模型建立的，包含逆变器、连接网络以及负载三部分，分别对各部分建立模型。

各逆变器在以 ω_i 为旋转角频率的 $dq0$ 参考坐标系下进行，为了统一参考坐标，将某一分布式电源的参考坐标设定为公共参考坐标系 $DQ0$，旋转角频率为 ω_{com}，系统中其他变量需要通过坐标变换转换至公共参考坐标下[22]：

$$\boldsymbol{f}_{DQ} = \boldsymbol{T}_i \cdot \boldsymbol{f}_{dq} \tag{5.8a}$$

$$\boldsymbol{T}_i = \begin{bmatrix} \cos\delta_i & -\sin\delta_i \\ \sin\delta_i & \cos\delta_i \end{bmatrix} \tag{5.8b}$$

$$\dot{\delta}_i = \omega_i - \omega_{\mathrm{com}} \tag{5.8c}$$

式中，$\boldsymbol{f}_{DQ}$ 和 $\boldsymbol{f}_{dq}$ 分别表示在 $DQ0$ 和 $dq0$ 参考坐标系下的状态向量，$\boldsymbol{f}_{DQ} = [f_D \quad f_Q]^{\mathrm{T}}$，$\boldsymbol{f}_{dq} = [f_d \quad f_q]^{\mathrm{T}}$；$\boldsymbol{T}_i$ 表示向量转换矩阵；δ_i 表示第 i 个分布式电源的参考坐标系与公共参考坐标系间的旋转相角差。

考虑到逆变器本地控制中电压电流控制环的动态特性远高于下垂控制环，可以将分布式电源当作忽略高阶动态部分的可控电压源。逆变器电压下垂特性可表示成如下形式[23,24]：

$$\begin{cases} \omega_i = \omega_{ni} - m_{Pi}P_i \\ k_{Ui}\dot{U}_i = U_{ni} - U_i - n_{Qi}Q_i \end{cases} \tag{5.9}$$

式中，k_{Ui} 表示电压控制系数；P_i 和 Q_i 可由瞬时有功和无功功率通过一阶低通滤波器计算得到

$$\begin{cases} \dot{P}_i = -\omega_{ci}P_i + \omega_{ci}(u_{odi}i_{odi} + u_{oqi}i_{oqi}) \\ \dot{Q}_i = -\omega_{ci}Q_i + \omega_{ci}(u_{oqi}i_{odi} - u_{odi}i_{oqi}) \end{cases} \tag{5.10}$$

式中，ω_{ci} 为滤波器剪切频率；u_{odi}、u_{oqi} 表示分布式电源输出电压的 dq 轴分量。设逆变器输出电压经 Park 变换后，幅值与 d 轴重合，可得

$$\begin{cases} k_{Ui}\dot{u}_{odi} = U_{ni} - u_{odi} - n_{Qi}Q_i + u_{ui} \\ u_{oqi} = 0 \end{cases} \tag{5.11}$$

在 $dq0$ 坐标系下，逆变器输出电流的动态方程可表示为

$$\begin{cases} \dot{i}_{odi} = -\dfrac{R_{ci}}{L_{ci}}i_{odi} + \omega_i i_{oqi} + \dfrac{1}{L_{ci}}(u_{odi} - u_{bdi}) \\ \dot{i}_{oqi} = -\dfrac{R_{ci}}{L_{ci}}i_{oqi} - \omega_i i_{odi} + \dfrac{1}{L_{ci}}(u_{oqi} - u_{bqi}) \end{cases} \tag{5.12}$$

式中，u_{bdi}、u_{bqi} 表示第 i 个分布式电源接连母线电压的 dq 轴分量，可通过坐标变换转换至公共参考系 $DQ0$ 下，即 u_{bDi}、u_{bQi}。

联立式（5.9）～式（5.12），则包含二次控制项 u_{ui} 的分布式电源的大信号模型可表示为

$$
\begin{cases}
\dot{\boldsymbol{x}}_{\text{inv}i} = \boldsymbol{f}_{\text{inv}i}(\boldsymbol{x}_{\text{inv}i}) + \boldsymbol{k}_{\text{inv}i}(\boldsymbol{x}_{\text{inv}i})\boldsymbol{u}_{\text{b}DQi} + \boldsymbol{h}_{\text{inv}i}\omega_{\text{com}} + \boldsymbol{g}_{\text{inv}i}u_{ui} \\
\boldsymbol{i}_{\text{o}DQi} = \boldsymbol{C}_{\text{inv}ci}\boldsymbol{x}_{\text{inv}i}
\end{cases}
\tag{5.13}
$$

式中，状态变量 $\boldsymbol{x}_{\text{inv}i} = [\delta_i \quad P_i \quad Q_i \quad u_{\text{o}di} \quad i_{\text{o}di} \quad i_{\text{o}qi}]^{\text{T}}$；$\boldsymbol{i}_{\text{o}DQi}$ 表示在公共参考坐标系下分布式电源输出电流；ω_{com} 和 $\boldsymbol{u}_{\text{b}DQi}$ 可以看作其他分布式电源对本地分布式电源变量的扰动。通常，将第 1 个分布式电源的坐标系设定为公共参考坐标系 $DQ0$，则

$$
\omega_{\text{com}} - \boldsymbol{C}_{\text{inv}\omega1}(\boldsymbol{x}_{\text{inv}1}) = \omega_{n1} \quad m_{P1}P_1
\tag{5.14}
$$

函数表达式 $\boldsymbol{f}_{\text{inv}i}(\boldsymbol{x}_{\text{inv}i})$、$\boldsymbol{k}_{\text{inv}i}(\boldsymbol{x}_{\text{inv}i})$、$\boldsymbol{h}_{\text{inv}i}$ 及 $\boldsymbol{g}_{\text{inv}i}$，可以由式（5.8）～式（5.12）推导求出：

$$
\boldsymbol{f}_{\text{inv}i}(\boldsymbol{x}_{\text{inv}i}) =
\begin{bmatrix}
\omega_{ni} - m_{Pi}P \\
-\omega_{ci}P_i + \omega_{ci}u_{\text{o}di}i_{\text{o}di} \\
-\omega_{ci}Q_i - \omega_{ci}u_{\text{o}di}i_{\text{o}qi} \\
k_{Ui}^{-1}(-u_{\text{o}di} - n_{Qi}Q_i) \\
-R_{ci}L_{ci}^{-1}i_{\text{o}di} + \omega_i i_{\text{o}qi} + L_{ci}^{-1}u_{\text{o}di} \\
-R_{ci}L_{ci}^{-1}i_{\text{o}qi} - \omega_i i_{\text{o}di} + L_{ci}^{-1}u_{\text{o}qi}
\end{bmatrix}
\tag{5.15}
$$

$$
\boldsymbol{k}_{\text{inv}i}(\boldsymbol{x}_{\text{inv}i}) =
\begin{bmatrix}
\boldsymbol{0}_{4\times2} \\
-\boldsymbol{L}_{ci}^{-1}\boldsymbol{T}_i^{-1}
\end{bmatrix}_{6\times2}, \qquad
\boldsymbol{h}_{\text{inv}i} = [-1 \quad \boldsymbol{0}_{1\times5}]^{\text{T}}
\tag{5.16}
$$

$$
\boldsymbol{g}_{\text{inv}i} =
\begin{bmatrix}
\boldsymbol{0}_{3\times1} \\
k_{Ui}^{-1} \\
\boldsymbol{0}_{2\times1}
\end{bmatrix}, \qquad
\boldsymbol{C}_{\text{inv}ci} = [\boldsymbol{0}_{2\times4} \quad [\boldsymbol{T}_i]_{2\times2}]_{2\times6}
\tag{5.17}
$$

则 n 个分布式电源的大信号模型可以描述成

$$
\begin{cases}
\dot{\boldsymbol{x}}_{\text{inv}} = \boldsymbol{f}_{\text{inv}}(\boldsymbol{x}_{\text{inv}}) + \boldsymbol{k}_{\text{inv}}(\boldsymbol{x}_{\text{inv}})\boldsymbol{u}_{\text{b}DQ} + \boldsymbol{g}_{\text{inv}}\boldsymbol{u} \\
\boldsymbol{i}_{\text{o}DQ} = \boldsymbol{C}_{\text{inv}}\boldsymbol{x}_{\text{inv}}
\end{cases}
\tag{5.18}
$$

式中，状态向量 $\boldsymbol{x}_{\text{inv}} = [x_{\text{inv}1} \ x_{\text{inv}2} \ \cdots \ x_{\text{inv}n}]^{\text{T}}$；$\boldsymbol{u}_{\text{b}DQ} = [u_{\text{b}DQ1} \ u_{\text{b}DQ2} \ \cdots \ u_{\text{b}DQn}]^{\text{T}}$ 表示母线电压状态向量；$\boldsymbol{u} = [u_{u1} \ u_{u2} \ \cdots \ u_{un}]^{\text{T}}$；$\boldsymbol{i}_{\text{o}DQ} = [i_{\text{o}DQ1} \ i_{\text{o}DQ2} \ \ldots \ i_{\text{o}DQn}]^{\text{T}}$ 表示分布式电源输出电流；函数表达式 $\boldsymbol{f}_{\text{inv}}(\boldsymbol{x}_{\text{inv}})$、$\boldsymbol{k}_{\text{inv}}(\boldsymbol{x}_{\text{inv}})$、$\boldsymbol{g}_{\text{inv}}$ 和 $\boldsymbol{C}_{\text{inv}}$ 可以表示成

$$\boldsymbol{f}_{\mathrm{inv}}(\boldsymbol{x}_{\mathrm{inv}}) = \begin{bmatrix} f_{\mathrm{inv}1}(\boldsymbol{x}_{\mathrm{inv}1}) + h_{\mathrm{inv}1}C_{\mathrm{inv}\omega 1}(\boldsymbol{x}_{\mathrm{inv}1}) \\ f_{\mathrm{inv}2}(\boldsymbol{x}_{\mathrm{inv}2}) + h_{\mathrm{inv}2}C_{\mathrm{inv}\omega 1}(\boldsymbol{x}_{\mathrm{inv}1}) \\ \vdots \\ f_{\mathrm{inv}n}(\boldsymbol{x}_{\mathrm{inv}n}) + h_{\mathrm{inv}n}C_{\mathrm{inv}\omega 1}(\boldsymbol{x}_{\mathrm{inv}1}) \end{bmatrix}_{6n \times 1} \tag{5.19}$$

$$\boldsymbol{k}_{\mathrm{inv}}(\boldsymbol{x}_{\mathrm{inv}}) = \begin{bmatrix} k_{\mathrm{inv}1}(\boldsymbol{x}_{\mathrm{inv}1}) \\ k_{\mathrm{inv}2}(\boldsymbol{x}_{\mathrm{inv}2}) \\ \vdots \\ k_{\mathrm{inv}n}(\boldsymbol{x}_{\mathrm{inv}n}) \end{bmatrix}_{6n \times 2}$$

$$\boldsymbol{g}_{\mathrm{inv}} = \begin{bmatrix} \boldsymbol{g}_{\mathrm{inv}1} & 0 & 0 & \cdots \\ 0 & \boldsymbol{g}_{\mathrm{inv}2} & 0 & \cdots \\ \vdots & \vdots & & \vdots \\ 0 & \cdots & 0 & \boldsymbol{g}_{\mathrm{inv}n} \end{bmatrix}_{6n \times 2}$$

$$C_{\mathrm{inv}} = \begin{bmatrix} C_{\mathrm{inv}1} & 0 & 0 & \cdots \\ 0 & C_{\mathrm{inv}2} & 0 & \cdots \\ \vdots & \vdots & & \vdots \\ 0 & \cdots & 0 & C_{\mathrm{inv}n} \end{bmatrix}_{2n \times 6n} \tag{5.20}$$

上述介绍了逆变型分布式电源的大信号建模, 接下来以图 5.5 所示的包含 s 条中间线路、p 个负载以及 m 条母线的微电网连接网络为例, 介绍连接网络与负载的建模过程, 本节中微电网中间线路与负载均假设为阻抗型。

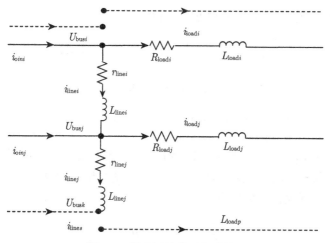

图 5.5 微电网连接网络结构图

连接于第 i 条和第 j 条电压母线之间的中间线路的电流动态方程可以表示为

$$\begin{cases} \dot{i}_{\text{line}Di} = -\dfrac{r_{\text{line}i}}{L_{\text{line}i}} i_{\text{line}Di} + \omega_{\text{com}} i_{\text{line}Qi} + \dfrac{1}{L_{\text{line}i}} (u_{\text{b}Di} - u_{\text{b}Dj}) \\[3mm] \dot{i}_{\text{line}Qi} = -\dfrac{r_{\text{line}i}}{L_{\text{line}i}} i_{\text{line}Qi} - \omega_{\text{com}} i_{\text{line}Di} + \dfrac{1}{L_{\text{line}i}} (u_{\text{b}Qi} - u_{\text{b}Qj}) \end{cases} \tag{5.21}$$

第 j 个负载电流动态方程可以整理为

$$\begin{cases} \dot{i}_{\text{load}Dj} = -\dfrac{R_{\text{load}j}}{L_{\text{load}j}} i_{\text{load}Dj} + \omega_{\text{com}} i_{\text{load}Qj} + \dfrac{1}{L_{\text{load}j}} u_{\text{b}Dj} \\[3mm] \dot{i}_{\text{load}Qj} = -\dfrac{R_{\text{load}j}}{L_{\text{load}i}} i_{\text{load}Qj} - \omega_{\text{com}} i_{\text{load}Dj} + \dfrac{1}{L_{\text{load}j}} u_{\text{b}Qj} \end{cases} \tag{5.22}$$

连接于第 i 条、第 j 条中间线路以及第 j 个负载之间的母线电压动态方程可以描述成

$$\begin{cases} u_{\text{b}Dj} = R_{\text{load}j}(i_{\text{o}Dj} + i_{\text{line}Di} - i_{\text{line}Dj}) + L_{\text{load}j}\left[\dfrac{\mathrm{d}(i_{\text{o}Dj} + i_{\text{line}Di} - i_{\text{line}Dj})}{\mathrm{d}t}\right. \\[3mm] \qquad \left. -\omega_{\text{com}}(i_{\text{o}Qj} + i_{\text{line}Qi} - i_{\text{line}Qj})\right] \\[3mm] u_{\text{b}Qj} = R_{\text{load}j}(i_{\text{o}Qj} + i_{\text{line}Qi} - i_{\text{line}Qj}) + L_{\text{load}j}\left[\dfrac{\mathrm{d}(i_{\text{o}Qj} + i_{\text{line}Qi} - i_{\text{line}Qj})}{\mathrm{d}t}\right. \\[3mm] \qquad \left. +\omega_{\text{com}}(i_{\text{o}Dj} + i_{\text{line}Di} - i_{\text{line}Dj})\right] \end{cases} \tag{5.23}$$

将式 (5.23) 代入式 (5.21) 和式 (5.22)，可得

$$\dot{i}_{\text{net}DQ} = \boldsymbol{f}_{\text{net}}(i_{\text{net}DQ}, i_{\text{o}DQ}, \dot{i}_{\text{o}DQ}, \omega_{\text{com}}) \tag{5.24}$$

$$u_{\text{b}DQ} = \boldsymbol{f}_{\text{b}}(i_{\text{net}}, i_{\text{o}DQ}, \dot{i}_{\text{o}DQ}, \omega_{\text{com}}) \tag{5.25}$$

式中，$i_{\text{net}DQ} = [i_{\text{line}DQ} \quad i_{\text{load}DQ}]^{\text{T}}$；$i_{\text{line}DQ} = [i_{\text{line}1DQ} \quad i_{\text{line}2DQ} \quad \cdots \quad i_{\text{line}sDQ}]^{\text{T}}$；$i_{\text{load}DQ} = [i_{\text{load}1DQ} \quad i_{\text{load}2DQ} \quad \cdots \quad i_{\text{load}pDQ}]^{\text{T}}$。

以母线电压 $u_{\text{b}DQ}$ 和公共坐标旋转频率 ω_{com} 为中间变量，联立式 (5.13) 的逆变型分布式电源模型、式 (5.21) 的连接线路动态模型和式 (5.22) 的负载动态模型，可以推导出微电网大信号模型为

$$\begin{cases} \dot{\boldsymbol{x}} = \boldsymbol{f}(\boldsymbol{x}) + \boldsymbol{g}\boldsymbol{u} \\ y_i = h_i(\boldsymbol{x}) \end{cases} \tag{5.26}$$

式中, 状态变量 $\boldsymbol{x} = [x_{\mathrm{inv1}}\ x_{\mathrm{inv2}}\ \cdots\ x_{\mathrm{invn}}\ i_{\mathrm{line1}} i_{\mathrm{line2}} \cdots i_{\mathrm{lines}}\ i_{\mathrm{load1}} i_{\mathrm{load2}} \cdots i_{\mathrm{loadp}}]^{\mathrm{T}}$; y_i 代表本地分布式电源测得的电压、电流变量, 如 u_{odi}、i_{odi}、i_{oqi}; h_i 为相应的输出表达式。

2) 非线性状态观测器

根据上述的微电网大信号模型, 在各个分布式电源中建立基于线性矩阵不等式的非线性状态观测器, 通过本地过程量估计出其他分布式电源的过程量, 从而实现微电网分散式二次电压控制。

首先采用雅可比线性化、状态转换或函数替换等方法[25-27] 将系统非线性模型转化为线性变参数 (linear parameter varying, LPV) 模型。其中, 雅可比线性化方法由于意义明确、操作简单得到了广泛的应用, 它是将非线性模型在各平衡操作点处线性化, 再把得到的线性模型序列按照插值定律进行组合。考虑非线性系统的利普希茨 (Lipschitz) 特性, LPV 模型可以写成如下仿射形式:

$$\begin{cases} \dot{\boldsymbol{x}} = \boldsymbol{A}(\vartheta)\boldsymbol{x} + \boldsymbol{B}(\vartheta)\boldsymbol{u} \\ \boldsymbol{y} = \boldsymbol{C}(\vartheta)\boldsymbol{x} \end{cases} \tag{5.27}$$

式中, $\boldsymbol{A}(\vartheta)$, $\boldsymbol{B}(\vartheta)$, $\boldsymbol{C}(\vartheta)$ 分别为 $\boldsymbol{f}(\boldsymbol{x}), \boldsymbol{g}(\boldsymbol{u}), \boldsymbol{h}(\boldsymbol{x})$ 的线性雅可比矩阵; ϑ 为线性时变参数序列, 取值与具体操作点相关, 并可以在凸多边形区域内变化。

$$\Theta = \{\theta \in \boldsymbol{R}^k : \theta_i \in [\underline{\theta}_i, \bar{\theta}_i], i = 1, \cdots, k\} \tag{5.28}$$

式中, $\vartheta = [\theta_i]$, $i = 1, \cdots, k$, θ_i 为各线性时变参数; $\bar{\theta}_i$, $\underline{\theta}_i$ 分别表示时变参数的上界和下界。

根据凸分解技术[28], LPV 模型最终可描述为凸多面体形式:

$$\begin{cases} \dot{\boldsymbol{x}} = \sum_{i=1}^{N} \rho_i(\vartheta)\left[\boldsymbol{A}(\vartheta_{mi})\boldsymbol{x} + \boldsymbol{B}(\vartheta_{mi})\boldsymbol{u}\right] \\ \boldsymbol{y} = \sum_{i=1}^{N} \rho_i(\vartheta)\boldsymbol{C}(\vartheta_{mi})\boldsymbol{x} \end{cases} \qquad \sum_{i=1}^{N} \rho_i(\vartheta) = 1, \quad \rho_i(\vartheta) \geqslant 0 \tag{5.29}$$

式中, N 为凸多边形 Θ 的维数; $\boldsymbol{A}(\vartheta_{mi})$, $\boldsymbol{B}(\vartheta_{mi})$, $\boldsymbol{C}(\vartheta_{mi})$ 为对应于凸多边形第 i 个顶点 ϑ_{mi} 的线性化模型状态矩阵; $\rho_i(\vartheta)$ 为在操作点 ϑ 处的凸插值权重。

这里需要注意的是, 对微电网大信号模型进行雅可比线性化的过程中, 可能只有某些状态矩阵中含有时变参数序列 ϑ, 另外一些状态矩阵为常数矩阵。假如 $\boldsymbol{B}(\vartheta)$ 和 $\boldsymbol{C}(\vartheta)$ 为常数矩阵, 则 $\boldsymbol{B}(\vartheta) = \boldsymbol{B}, \boldsymbol{C}(\vartheta) = \boldsymbol{C}$, 此时转换后的 LPV 模型称为高斯模型。

状态观测器有效的首要条件是系统状态可观, 即可以根据系统部分过程量准确估计出其他不可测状态变量。系统内任一操作点的可观测度可由下式进行判断:

$$\mathrm{rank}\begin{bmatrix} \lambda_i \boldsymbol{I} - \boldsymbol{A} \\ \boldsymbol{C} \end{bmatrix} \tag{5.30}$$

根据文献 [28]，假如系统在某一操作点，对应的可观测度存在秩损失（矩阵的秩小于矩阵的维数），则称此操作点的特征根 λ_i 不可测，称系统为不可测系统。

基于 LPV 模型，系统的类龙贝格状态观测器可以描述为

$$\begin{cases} \dot{\hat{\boldsymbol{x}}} = \boldsymbol{A}(\vartheta)\hat{\boldsymbol{x}} + \boldsymbol{B}(\vartheta)\boldsymbol{u} + \boldsymbol{H}(\boldsymbol{y} - \hat{\boldsymbol{y}}) \\ \hat{\boldsymbol{y}} = \boldsymbol{C}(\vartheta)\hat{\boldsymbol{x}} \end{cases} \tag{5.31}$$

式中，$\hat{\boldsymbol{x}}$ 和 $\hat{\boldsymbol{y}}$ 代表系统状态量 $\boldsymbol{x}$ 和输出量 $\boldsymbol{y}$ 的估计值；$\boldsymbol{H}$ 为观测器增益矩阵。

观测器增益矩阵 $\boldsymbol{H}$ 的取值与系统动态响应密切相关，是状态观测器的设计核心。为了使观测器估计值以期望的动态性能收敛至真实值，应选取增益矩阵使对应于所有操作点的观测器闭环系统特征根聚集在复平面某一特定的范围内，这里采用基于极点配置的线性矩阵不等式（linear matrix inequalities，LMI）实现，接下来介绍一些相关的定义和定理。

定义 5.1[29](LMI 区域)　对复平面中某一子集 D，如果存在对称矩阵 $\boldsymbol{\alpha} = [\alpha_{kl}] \in \boldsymbol{R}^{m \times m}$ 和 $\boldsymbol{\beta} = [\beta_{kl}] \in \boldsymbol{R}^{m \times m}$ 满足以下条件，则称此子空间为 LMI 区域。

$$D = \{z \in C : \boldsymbol{f}_D(z) < 0\} \tag{5.32}$$

式中，z 为一复数；$\boldsymbol{f}_D(z)$ 为子空间 D 的特征函数矩阵，表示为

$$\boldsymbol{f}_D(z) = \boldsymbol{\alpha} + z\boldsymbol{\beta} + \bar{z}\boldsymbol{\beta}^{\mathrm{T}} = [\alpha_{kl} + \beta_{kl}z + \beta_{lk}\bar{z}]_{1 \leqslant k,l \leqslant m} \tag{5.33}$$

根据上述定义，LMI 区域可以由复数 z 和相应的共轭形式 $\bar{z}$ 表示，因此该区域为凸多边形区并且关于实轴对称。

定理 5.1[29]　对某一矩阵 $\boldsymbol{A}$，当且仅当存在对称矩阵 $\boldsymbol{X}$ 使 $m \times m$ 块矩阵 $\boldsymbol{M}_D(\boldsymbol{A}, \boldsymbol{X})$ 满足以下条件，则称此矩阵为 D 稳定矩阵。

$$\begin{aligned} \boldsymbol{M}_D(\boldsymbol{A}, \boldsymbol{X}) &= \boldsymbol{\alpha} \otimes \boldsymbol{X} + \boldsymbol{\beta} \otimes (\boldsymbol{A}\boldsymbol{X}) + \boldsymbol{\beta}^{\mathrm{T}} \otimes (\boldsymbol{A}\boldsymbol{X})^{\mathrm{T}} \\ &= [\alpha_{kl}\boldsymbol{X} + \beta_{kl}\boldsymbol{A}\boldsymbol{X} + \beta_{lk}\boldsymbol{X}\boldsymbol{A}^{\mathrm{T}}]_{1 \leqslant k,l \leqslant m} < 0, \quad \boldsymbol{X} > 0 \end{aligned} \tag{5.34}$$

式中，$\otimes$ 表示 Kronecker 乘积[30]。

如式（5.33）和式（5.34）所示，通过坐标变换 $(\boldsymbol{X}, \boldsymbol{A}\boldsymbol{X}, \boldsymbol{X}\boldsymbol{A}^{\mathrm{T}}) \leftrightarrow (1, z, \bar{z})$ 实现特征函数 $\boldsymbol{M}_D(\boldsymbol{A}, \boldsymbol{X})$ 和 $\boldsymbol{f}_D(z)$ 的相互转换。本章中将极点聚集的 LMI 区域表示为平面圆，如下式：

$$D = \{z \in C : (x + q)^2 + y^2 < r^2, \quad q > r\} \tag{5.35}$$

式中，$x = \mathrm{Re}(z)$，$y = \mathrm{Im}(z)$。

根据系统的舒尔（Schur）补特性[31]，空间 D 的特征函数 $\boldsymbol{f}_D(z)$ 可以进一步表示为

$$\boldsymbol{f}_D(z) = \begin{bmatrix} -r & q+z \\ q+\bar{z} & -r \end{bmatrix} \tag{5.36}$$

因此，当存在一李雅普诺夫（Lyapunov）矩阵 $\boldsymbol{X}$ 和观测器增益矩阵 $\boldsymbol{L}$，使得在所有的时变参数下系统都满足 $\boldsymbol{M}_D(\boldsymbol{A}(\vartheta) - \boldsymbol{L}\boldsymbol{C}(\vartheta), \boldsymbol{X}) < 0$ 时，称此状态观测器为 D 稳定。此条件可以进一步转化为对应于 LPV 模型所有顶点 $(\boldsymbol{A}(\vartheta_{mi}), \boldsymbol{C}(\vartheta_{mi}))$ 的时变参数线性矩阵不等式组，如下所示：

$$\begin{cases} \begin{bmatrix} -r\boldsymbol{X} & q\boldsymbol{X} + \boldsymbol{A}_{cl}(\vartheta_{mi})\boldsymbol{X} \\ q\boldsymbol{X} + \boldsymbol{X}\boldsymbol{A}_{cl}^{\mathrm{T}}(\vartheta_{mi}) & -r\boldsymbol{X} \end{bmatrix} < 0, \quad i = 1, \cdots, N, \\ \boldsymbol{X} > 0 \end{cases} \tag{5.37}$$

式中，$\boldsymbol{A}_{cl}(\vartheta_{mi}) = \boldsymbol{A}(\vartheta_{mi}) - \boldsymbol{H}\boldsymbol{C}(\vartheta_{mi})$，表示闭环系统的状态矩阵。

根据文献 [29, 32] 分配时变参数的权重 $\rho_1(\vartheta), \cdots, \rho_N(\vartheta)$，则线性矩阵不等式组的所有解均满足 $\boldsymbol{M}_D(\boldsymbol{A}(\vartheta) - \boldsymbol{H}\boldsymbol{C}(\vartheta), \boldsymbol{X}) < 0$，这表明观测器闭环系统的所有特征根聚集在子空间 D 内。因此，观测器增益矩阵 $\boldsymbol{H}$ 的求解可以转化为系统空间 D 稳定的求解，结果可由 MATLAB 的 LMI 控制工具箱[33] 求得。

需要注意的是，由于线性矩阵不等式的保守性，此线性矩阵不等式组式（5.37）可能无解。这里介绍两种方法可以减少结果的保守性：① 扩大原先的特征根聚集空间 D 的范围；② 通过在线调整得到观测器增益矩阵 $\boldsymbol{L}$。假设 $\boldsymbol{L}(\vartheta_{mi})$ 为离线求得的对应于时变参数区域顶点 ϑ_{mi} 的观测器增益，$i = 1, \cdots, N$，则系统观测器增益为各顶点增益的权重和，且表示为

$$\boldsymbol{L}(\vartheta) = \sum_{i=1}^{N} \rho_i(\vartheta)\boldsymbol{L}(\vartheta_{mi}) \tag{5.38}$$

在对等控制模式的微电网中，由于逆变器控制参数和连接阻抗不一致，端电压恢复和无功功率均分存在矛盾性，此外电压下垂控制很难实现无功功率均分，甚至会引起无功环流，影响微电网系统的稳定性。上文建立的非线性状态观测器，可根据本地分布式电源的测量值实时估计出其他分布式电源的过程量，进行全局信息"间接"共享，从而实现无通信链路的微电网无功功率均分和电压调节，提高了系统可靠性和延时鲁棒性。

为了实现负载无功功率在分布式电源间的合理分配，一般取各下垂系数与其额定容量成反比，即 $n_{Q1}Q_1 = n_{Q2}Q_2 = \cdots = n_{Qn}Q_n$。如图 5.6 所示，对每个分布式电源而言，本地过程量是可测的，其他分布式电源的过程量虽然是不可测的，但

可以由本地状态观测器基于本地过程量（如 u_{odi}、i_{odi}、i_{oqi} 等）实时估计，从而获得不依赖于信息传递的无功功率输出值，因此微电网分散式无功功率均分过程可以表示为

$$\begin{cases} S_{Qi} = \left(k_{pQ} + \dfrac{k_{iQ}}{s} \right) (Q_{\text{ref}i} - Q_i) \\ Q_{\text{ref}i} = \dfrac{1/n_{Qi}}{\displaystyle\sum_{j=1}^{n} 1/n_{Qj}} \left(Q_i + \displaystyle\sum_{j=1,j\neq i}^{n} \hat{Q}_j \right) \end{cases} \tag{5.39}$$

式中，$\hat{Q}_j$ 为系统其他分布式电源的输出无功功率估计值；S_{Qi} 为每个控制周期内无功功率控制信号，微电网可以在分散式控制模式下实现精确的无功功率均分。

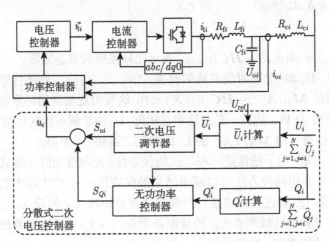

图 5.6　微电网分散式电压控制框图

　　由上文可知，分布式电源输出端电压恢复至额定值和输出无功功率精确均分间存在矛盾性，这里引入平均电压实现微电网系统电压的恢复。分散式平均电压调节过程可以表示成

$$\begin{cases} S_{ui} = \left(k_{pu} + \dfrac{k_{iu}}{s} \right) (U_{\text{ref}} - \bar{U}_i) \\ \bar{U}_i = \left(U_i + \displaystyle\sum_{j=1,j\neq i}^{n} \hat{U}_j \right) \Big/ n \end{cases} \tag{5.40}$$

式中，$\bar{U}_i$ 为本地平均电压观测器的输出值，可以根据本地端电压 U_i 和其余分布式电源端电压估计值 $\hat{U}_j$ 计算获得；S_{ui} 为每个控制周期内的电压控制信号。根据式（5.40），分布式电源输出端电压将会形成一组在电压参考值 U_{ref} 附近的簇集。

综上所述，分散式二次电压控制量可以表示为

$$u_{ui} = S_{Qi} + S_{ui} \tag{5.41}$$

图 5.6 为微电网分散式电压控制框图，由无功功率均分和平均电压调节两部分组成，其核心为能体现分布式电源之间耦合关系的非线性状态观测器的设计。各分布式电源基于状态观测器由本地过程量实时估计出系统中其他分布式电源的不可测过程量，从而实现无通信交互的二次电压控制，与传统的基于直接数据交互的集中式控制方式相比，避免了传输延时、通信中断、数据丢失等通信问题对系统性能的影响。其中，两组控制器参数 (k_{pQ}, k_{iQ}) 和 (k_{pu}, k_{iu}) 可以根据期望的微电网动态性能进行调试求取。

5.2.2 算例分析

以图 5.1 仿真系统为例验证所介绍的微电网分散式二次电压控制方法的有效性。采用上述基于极点配置的线性矩阵不等式设计观测器，实时估计出其他分布式电源的状态量，此系统中期望观测器闭环系统的特征根聚集在以 $(-100, 0)$ 为圆心、40 为半径的平面圆中，即 D 稳定。由于微电网频率为全局变量，可直接由分散式控制实现。

1. 分散式电压控制性能

此算例侧重于微电网分散式电压控制的性能分析，并与集中式控制性能进行比较，从而验证本章所介绍方法的有效性。仿真场景与 5.1.2 节相同，即初始阶段，微电网运行在下垂控制方式下，$t=0.5$s 时分散式二次电压控制启动，负载 $S=10$kW+j5 kvar 在 $t=1.5$s 时接入母线 U_{b3}，$t=2.5$s 时负荷切除。系统有功功率、无功功率和输出电压的响应曲线如图 5.7 所示。由图可见，在系统初始阶段，各分布式电源输出电压偏离额定值，无功功率不能按容量均分；当分散式二次控制运行后，系统逐渐实现了无功功率按额定容量的精确分配，系统平均电压经过 0.4s 后恢复至额定参考值。将仿真结果与 5.1.2 节中无延时和 100ms 延时集中式控制方式的控制性能进行比较，可以看出在 3 种仿真场景中，无通信延时的集中式控制方法表现出最优的动态性能，但当通信网络存在传输延时时，系统控制性能明显变差，调节时间变长。

而随着通信延时的进一步增加，它对集中式控制方式性能的不利影响会进一步增强，响应曲线逐渐振荡直至系统不稳定。图 5.8 描述了传输延时 $\tau = 200$ms 时微电网无功功率和输出电压的仿真结果，图中各输出曲线增幅振荡。与传输延时类似，信息交互过程中通信网络数据中断、数据丢失等问题都会对系统控制性能造成

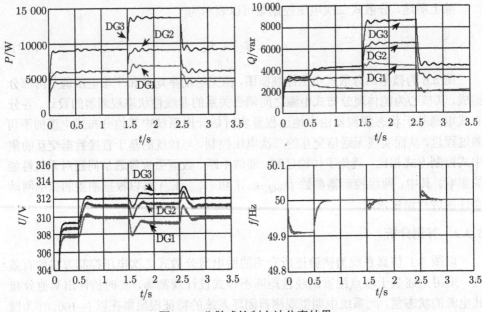

图 5.7　分散式控制方法仿真结果

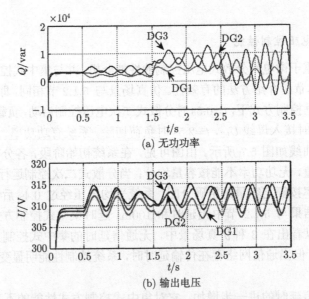

图 5.8　通信延时 $\tau=200\mathrm{ms}$ 时集中式控制方法仿真结果

影响。由上述仿真结果可以得到，本章介绍的分散式控制方法在模型精确时，能够达到与无延时集中式控制方法类似的动态性能，仅仅在出现扰动时响应曲线有轻微的振荡，这是因为状态观测器准确跟踪系统不可测状态需要一定的调节时间。同时，由于微电网分散式控制方式的实现不依赖于数据传输，不受通信延时、数据终端和丢包等问题的影响，具有较高的系统可靠性。

2. 分布式电源即插即用特性

此算例侧重于分散式电压控制在分布式电源即插即用场景下的控制效果。初始阶段，微电网运行在下垂控制方式下，$t=0.5s$ 时分散式二次控制启动，$t=1s$ 时 DG2 从系统中断开。这里需要注意的是，DG2 的断开导致微电网大信号模型的调整，进而调整各分布式电源的状态观测器将其输出。如图 5.9 所示，二次控制启动后，3 个分布式电源间实现了无功功率精确均分，系统平均电压恢复至额定参考值。当 DG2 断开后，DG2 输出功率逐渐为 0，原先由 DG2 承担的功率按 1:2 的比值在 DG1 和 DG3 间分配；DG2 的电压最终恢复至下垂控制无负载时对应的电压值，DG1 和 DG3 的平均电压调整至额定参考值。因此，本章所介绍的分散式电压控制策略满足微电网对即插即用的控制需求。

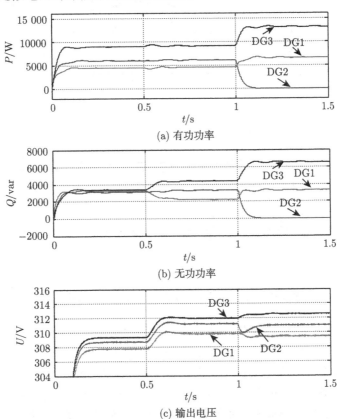

(a) 有功功率

(b) 无功功率

(c) 输出电压

图 5.9 分散式控制在即插即用下控制效果图

3. 系统线路参数摄动

为了分析和验证本章介绍的分散式电压控制策略对微电网参数摄动的鲁棒性，此算例采用的系统输出阻抗和线路阻抗均在表 5.1 的基础上增加 20%。初始阶段，微电网运行在下垂控制方式下，$t=0.5$s 时二次电压控制启动，负荷 $S=10$kW$+$j5 kvar 在 $t=1.5$s 时接入母线 U_{b3}，$t=2.5$s 时负荷切除，图 5.10 描述了各分布式电源的无功功率和平均电压估计值的响应曲线。由图可见，此过程中微电网系统大体实现了无功功率均分，而各分布式电源的平均电压估计值为 310.5V、311.1V 和 311.4V，这是由于线路参数摄动导致系统模型不精确，进而引起状态观测器不能准确地估计实际输出量。虽然在参数摄动下控制系统性能有所下降，但仍然能达到一定的无功功率均分和电压恢复的控制效果，控制策略的鲁棒性得到验证。

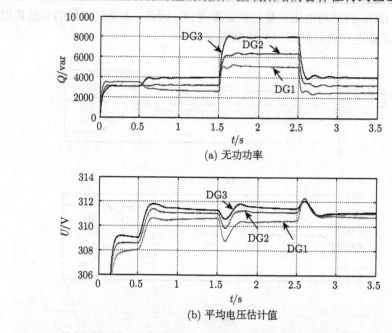

(a) 无功功率

(b) 平均电压估计值

图 5.10　分散式控制在线路参数摄动下控制效果图

目前，微电网分散式控制结构主要应用于功率优化和经济优化方面。在功率优化方面，文献 [34, 35] 在传统下垂控制中附加了馈线电流传感器，通过补偿馈线电流降低逆变器连接阻抗的差异，改善功率均分的效果。微电网频率信息作为各分布式电源的控制信号，可以对系统内可再生能源、储能及负荷进行能量管理，实现功率优化[36,37]。文献 [38] 根据本地脉冲高、低电平分别实现电压恢复和功率均分，不存在各分布式电源控制层面的通信，保证微电网即插即用特性。通过在下垂控制中添加与无功功率相关的主导虚拟阻抗，可以降低线路阻抗不一致对电压控制效果的影响[39,40]，但是该策略降低了输出节点电压，并对系统电能质量造成不利影响。文献 [41,42] 基于微电网小信号模型建立 Kalman 状态观测器，通过本地电压、无功功率信号估计出其他分布式电源的状态量，从而实现全局协同二次电压控制。陆晓楠等[43] 提出基于储能单元荷电状态 SOC 的改进下垂控制策略，根据各单元的实时 SOC 调整下垂系数，使 SOC 较大的储能单元提供较多的有功功率而 SOC 较小的储能单元提供较少的有功功率。

在经济优化方面，文献 [44] 提出了分散式经济下垂控制策略，基于本地信息计算出各分布式电源的运行成本曲线并分配系统出力，使得成本高的分布式电源少出力，成本低的分布式电源多出力。类似地，基于经济成本曲线设计的分散下垂策略已在由燃料电池、燃气轮机、储能系统及可再生能源组成的微电网中得到验证[45]。Nutkanl 等[46] 进一步提出经济优化的下垂控制策略，最终系统负荷在较大范围变化时仍然能获得良好的经济效益。浙江大学辛焕海团队在分散式控制框架下建立了微电网自趋优控制策略，无需中央控制器和通信系统实现系统的三次分散分层控制[37,47]：一次控制为传统下垂控制，维持系统稳定性和功率自动分配；二次控制根据各分布式电源的输出端频率实现系统频率恢复至额定值的控制目标；三次控制采用考虑发电机成本曲线的非线性下垂控制策略，遵循等微增率准则实现微电网的优化运行。该控制策略的核心在于，通过设计不同时间常数的低通滤波器使三次分层控制实现动态解耦，保证分散式控制结构的有效性。

分散式控制结构不依赖于通信网络，具有响应快、可靠性高等优点，在微电网运行操作中具有重要的研究意义。由于频率为全局变量，可以直接测量分布式电源输出端频率进行系统有功功率均衡和频率恢复的二次控制，也可以基于各自的成本曲线进行三次经济优化，以上均能够在无中央控制器和无通信环节下实现。相对而言，分布式电源输出电压为局部变量，基于本地信息和本地决策很难实现全局目标最优化，已有的分散式电压控制的研究成果均为通过附加通信传感器或状态观测器达到信息共享的目的，抑或通过添加虚拟阻抗缓解无功功率不均分现象。虽然分散式电压控制达到了一定效果，但增加了系统成本和结构的复杂性，限制了该控制方式在微电网运行中的应用。

根据本章所述，微电网集中式控制对系统全局可观，能够以较快的速度实现全局最优控制，但随着控制规模的扩大，通信链路变复杂，系统的可靠性和扩展性降低；微电网分散式控制不涉及子系统间信息交互，结构简单，实现方便，但很难在不增加额外成本的前提下实现全局目标的精确最优化，因此有必要结合两者的优势，基于现有的控制方法和通信技术提出更符合实际需求的微电网协同控制框架，在保证系统控制性能的同时，提升系统鲁棒性，并适应微电网即插即用的扩展性需求。

参 考 文 献

[1] Lunze J. Feedback Control of Large-Scale Systems[M]. New York: Prentice Hall. 1992.

[2] Carlos J, Quintero V. Decentralized control techniques applied to electric power distributed generation in microgrids[EB/OL]. https://www.tdx.cat/bitstream/handle/10803/5956/tjvq.pdf?se-quence=1.pdf.[2009-06-10].

[3] 丁明, 马凯, 毕锐. 基于多代理系统的多微网能量协调控制 [J]. 电力系统保护与控制, 2013, 41(24): 1-8.

[4] Barklund E, Pogaku N, Zhang W, et al. Synchronverters: Inverters that mimic synchronous generators[J]. IEEE Transactions on Industrial Electronics, 2011, 58(4): 1259-1267.

[5] 郭力, 王蔚, 刘文建, 等. 风柴储海水淡化独立微电网系统能量管理方法 [J]. 电工技术学报, 2014, 29(2): 113-121.

[6] Liu S, Wang X, Liu P X. Impact of communication delays on secondary frequency control in an islanded microgrid[J]. IEEE Transactions on Industrial Electronics, 2015, 62(4): 2021-2031.

[7] Tomislav D, Guerrero J M, Vasquez J C, et al. Control of an adaptive-droop regulated DC microgrid with battery management capacity[J]. IEEE Transactions on Power Electronics, 2014, 29(2): 695-706.

[8] Barklund E, Pogaku N, Prodanovic M, et al. Energy management in autonomous microgrid using stability-constrained droop control of inverters[J]. IEEE Transactions on Power Electronics, 2008, 23(5): 2346-2353.

[9] 吕志鹏, 罗安. 不同容量微源逆变器并联功率鲁棒控制 [J]. 中国电机工程学报, 2012, 32(12): 35-42.

[10] Mahmood H, Michaelson D, Jiang J. Reactive power sharing in islanded microgrids using adaptive voltage droop control[J]. IEEE Tansactions on Smart Grid, 2015, 6(6): 3052-3060.

[11] Shafiee Q, Stefanovic C, Dragicevic T, et al. Robust networked control scheme for distributed secondary control of islanded microgrids[J]. IEEE Transactions on Industrial Electronics, 2014, 61(10): 5363-5374.

[12] Shafiee Q, Guerrero J M, Vasquez J C. Distributed secondary control for islanded microgrids-a novel approach[J]. IEEE Transactions on Power Electronics, 2014, 29(2): 1018-1031.

[13] Sandell N, Varaiya P, Athans M, et al. Survey of decentralized control methods for large scale systems[J]. IEEE Transactions on Automatic Control, 1978, 23(2): 108-128.

[14] Yang A, Naeem W, Irwin G W, et al. Stability analysis and implementation of a decentralized formation control strategy for unmanned vehicles[J]. IEEE Transactions

on Control Systems Technology，2014，22(2)：706-720.

[15] 张晓朝，段建东，石祥宇，等. 利用 DFIG 无功能力的分散式风电并网有功最大控制策略研究 [J]. 中国电机工程学报，2017，37 (7)：2001-2009.

[16] Allen J W, Bruce F W. Power generation, operation, and control[EB/OL]. http：// powerunit-ju. com/wp-content/uploads/2018/01/Power-Generation-Operation-Control- Allen-Wood.pdf[2018-01-12].

[17] 刘梦欣，王杰，陈陈. 电力系统频率控制理论与发展 [J]. 电工技术学报，2007, (11)：135-145.

[18] Olivares D E，Mehrizi-Sani A，Etemadi A H，et al. Trends in microgrid control[J]. IEEE Transactions on Smart Grid，2014，5(4)：1905-1919.

[19] Yazdanian M，Mehrizi-Sani A. Distributed control techniques in microgrids[J]. IEEE Transactions on Smart Grid，2014，5(6)：2901-2909.

[20] Simpson-Porco J W，Shafiee Q，Dorfler F，et al. Secondary frequency and voltage control of islanded microgrids via distributed averaging[J]. IEEE Transactions on Industrial Electronics，2015，62(11)：7025-7037.

[21] Gu W，Lou G N，Tan W，et al. A nonlinear state estimator-based decentralized secondary voltage control scheme for autonomous microgrids[J]. IEEE Transactions on Power Systems，2017，32(6)：1.

[22] Bidram A，Davoudi A，Lewis F L，et al. Distributed cooperative secondary control of microgrid using feedback linearization[J]. IEEE Transactions on Power System，2013，28(3)：3462-3470.

[23] Yu X，Cecati C，Dillon T，et al. The new frontier of smart grids: An industrial electronics perspective[J]. IEEE Industrial Electronics Magazine，2011，5(3)：49-63.

[24] Guo F，Wen C，Mao J，et al. Distributed secondary voltage and frequency restoration control of droop-controlled inverter-based microgrids[J]. IEEE Transactions on Industrial Electronics，2015，62(7)：4355-4364.

[25] Shamma J，Cloutier J. Gain-scheduled missile autopilot design using linear parameter varying transformations[J]. Journal of Guidance，Control and Dynamics，1993，16(2)：256-263.

[26] Ibrir S. LPV approach to continuous and discrete nonlinear observer design[C]// IEEE Conference on Decision & Control. IEEE，Shanghai，China，2010.

[27] Lira S D，Puig V，Quevedo J，et al. LPV observer design for PEM fuel cell system: Application to fault detection[J]. Journal of Power Sources，2011，196(9)：4298-4305.

[28] Kajiwara H，Apkarian P，Gahinet P. LPV techniques for control of an inverted pendulum[J]. Control Systems IEEE，1999，19(1)：44-54.

[29] Chilali M，Gahinet P. H-inf design with pole placement constraints: An LMI approach[J]. IEEE Automatic Control，1996，41(3)：358-367.

[30]　Graham A. Kronecker Product and Matrix Calculus with Applications[M]. New York: Wilery, 1981.

[31]　Zhou K M, Doyle J C. Essentials of Robust Control[M]. Prentice-Hall, Inc. , 1998.

[32]　Gahinet P. Explicit controller formulas for LMI-based H-infinity synthesis[J]. Automatic, 1996, 32(7): 1007-1014.

[33]　Gahinet P, Nemirovski A, Laub A J. The LMI control toolbox[C]// Proceedings of the IEEE Conference on Decision and Control. IEEE, Lake Buena Vista, FL, USA, 1994.

[34]　Mahmood H, Michaelson D, Jiang J. Accurate reactive power sharing in an islanded microgrid using adaptive virtual impedances[J]. IEEE Tansactions on Power Electronics, 2015, 30(3): 1605-1617.

[35]　Zhu Y, Zhuo F, Wang F, et al. A wireless load sharing strategy for islanded microgrid based on feeder current sensing[J]. IEEE Transactions on Power Electronics, 2015, 30(12): 6706-6719.

[36]　Zhu Y, Liu B, Sun X. Frequency-based power management for PV/battery/ fuel cell stand-alone microgrid[C]// Future Energy Electronics Conference. IEEE, Taipei, China, 2015.

[37]　Xin H H, Zhao R, Zhang L Q, et al. A decentralized hierarchical control structure and self-optimizing control strategy for F-P type DGs in islanded microgrids[J]. IEEE Transactions on Smart Grid, 2016, 7(1): 3-5.

[38]　孙孝峰, 郝彦丛, 赵巍, 等. 孤岛微电网无通信功率均分和电压恢复研究 [J]. 电工技术学报, 2016, 31(1): 55-61.

[39]　Guerrero J M, Garciadevicuna L, Matas J, et al. Output impedance design of parallel-connected UPS inverters with wireless load-sharing control[J]. IEEE Transactions on Industrial Electronics, 2005, 52(4): 1126-1135.

[40]　Guerrero J M, Matas J, De Vicuna L G, et al. Wireless-control strategy for parallel operation of distributed-generation inverters[J]. IEEE Transactions on Industrial Electronics, 2006, 53(5): 1461-1470.

[41]　Wang Y, Chen Z, Wang X, et al. An estimator-based distributed voltage-predictive control strategy for AC islanded microgrids[J]. IEEE Transactions on Power Electronics, 2015, 30(7): 3934-3951.

[42]　Wang Y, Wang X, Chen Z, et al. Distributed optimal control of reactive power and voltge in islanded microgrids[J]. IEEE Transactions on Industrial Applications, 2017, 5(1): 340-349.

[43]　陆晓楠, 孙凯, 黄立培, 等. 孤岛运行交流微电网中分布式储能系统改进下垂控制方法 [J]. 电力系统自动化, 2013, 37(1): 180-185.

[44]　Nutkani I U, Loh P C, Blaabjerg F. Droop scheme with consideration of operating costs[J]. IEEE Transactions on Power Electronics, 2014, 29(3): 1047-1052.

[45]　Nutkani I U. Autonomous economic operation of grid connected DC microgrid[C]//
　　　IEEE 5th International Symposium on Power Electronics for Distributed Generation
　　　Systems (PEDG). IEEE，Galway，Ireland，2014.

[46]　Nutkani I U，Loh P C，Wang P，et al. Cost-prioritized droop schemes for autonomous
　　　AC microgrids[J]. IEEE Transactions on Power Electronics，2015，30(2)：1109-1119.

[47]　赵睿，章雷其，辛焕海，等. 微网孤岛运行的分散自趋优控制策略 [J]. 电力系统自动
　　　化，2015，39(21)：30-36.

第6章　微电网分布式一致性控制

6.1　概　述

微电网中风、光、柴、储等多类型分布式电源的运行特性不同，不同场景下运行模式多样，如何匹配各单元的控制目标、动作时序以及响应速度等，从而实现分布式电源的最大化利用、保证系统整体运行的统一性，是微电网稳定运行的前提和基础。微电网协同控制是指微电网各可控微源（包括分布式电源、储能、负荷等）之间根据各自的性能特点协调其目标和行为，共同维持微电网系统的稳定、可靠、经济运行。协同控制也涵盖到并网型微电网与配电网之间、微电网与微电网之间以及微电网内分布式电源之间的相互作用：① 微电网与配电网可以根据能量管理策略灵活地改变连接状态，协调两者间能量交换，最大化微电网的价值；② 协同多微电网之间的组网方式和功率分配，提高微电网可靠性；③ 协同微电网内分布式电源间有功无功出力、端口电压幅值和频率至允许的操作范围，避免部分分布式电源过载并提高本地重要负荷的电能质量。其中，微电网内分布式电源间的协同控制是实现多微电网、微电网和配电网协调控制的基础，也是本章介绍的重点，称之为微电网二次控制。

微电网协同控制需要通过不同分布式电源协调各自的目标和行为，涉及不同个体间的信息交互，从而共同实现微电网二次控制。集中式控制将所有分布式电源的实时数据传输到微电网中央控制器（microgrid central controller，MGCC）进行优化计算，控制精度高、速度快，但存在信息通信集中、数据计算量大等问题，影响系统可靠性和即插即用功能。随着多智能体和人工智能技术的迅速发展，分布式控制已成为学术界一个重要的研究热点，逐渐渗透到生物学、物理学、计算机和机器人等众多领域[1-3]。分布式协同控制基于稀疏的通信网络形式，将多智能体中的个体与相邻个体进行信息交互，实现类全局信息共享，最终获得本地控制决策的优化。总的来说，分布式协同通过将全局目标分散到本地控制器中求解，无需 MGCC，提高系统可靠性和扩展性，并降低了复杂度。目前，微电网分布式协同控制主要包括分布式一致性控制和分布式次梯度控制。分布式一致性控制以一致性协同理论为基础，各分布式单元通过与相邻单元进行信息交互并调整状态量，最终所有状态趋于一致，从而实现全局协同控制。分布式次梯度控制[4,5]是在一致性算法的基础上提出的，将系统总目标函数分解为独立子目标函数的凸优化问题，并采用梯度下降法求解以得到分布式协同控制的控制利用率，是一致性算法的应用推广。Xu 等[4]在满足独立微电网功率平衡的前提下，利用分布式次梯度算法优化分布式电源利用率函数，使各分布式电源的输出功率与其功率容量成正比。当分布式次梯度控制的所有子系统优化目标稳态值均为零时，子系统的状态达到一致，分布式次梯度控制将等价于分布式一致性控制，此情况适用于微电网的应用场景，因此目前微电网协同控制的研究成果主要侧重于分布式一致性控制，本章对分布式次梯度控制不作详细介绍，其相关研究内容可参考文献[6-8]。

6.2　分布式一致性理论

　　一致性是指多智能体系统的个体按照特定的通信规则，相互传递信息、相互作用、相互影响，最终系统中所有个体状态趋于一致，通常包括平均一致性、最大一致性、最小一致性及牵制一致性等。一致性问题的开创性研究最早起源于 20 世纪 70 年代管理科学与统计学领域的研究，促使一致性成为学术界的热门话题[9]；1992 年，Benediktsson 和 Swain [10] 首次将统计学中一致性的思想推广应用到传感器网络的信息融合中，揭开了系统与控制理论中一致性问题的研究序幕。Vicsek 等[11]从统计学角度介绍了经典的离散时间模型，研究初始运行方向不同的粒子在经过局部信息交互后，最终实现运行方向一致的问题。此后，Jadbabaie 等[12] 运用代数理论知识，首次给出了当系统的拓扑结构满足一定要求时，所有智能体的运行方向将趋于一致。Ren 和 Beard[13] 指出在动态变化的多智能体系统中，如果有向通信网络中包含生成树，则该系统可以取得一致性。此外，Moreau [14] 基于图论、系统理论等相关知识对有向网络的一致性问题进行收敛性分析。Olfati-Saber 和 Murray [15] 系统地研究了分布式一致性问题的理论框架，从图论理论的角度研究分布式一致性控制算法，引入了节点入度、出度以及平衡图的概念，并明确了多智能体网络能够达到一致的充分必要条件。以一阶一致性为基础，Gao 等[16] 研究了具有时变时滞和无时变时滞多智能体系统的二阶群一致问题。通信延时条件下，采用线性同步耦合的一致协议[17]，在李雅普诺夫-克拉索夫斯基泛函的基础上，可以得到系统在固定拓扑和切换拓扑下二阶线性矩阵不等式的时滞相关充分一致条件。目前在微电网控制中，主要涉及一阶一致性问题，二阶一致性问题及其应用仍在探索之中。

　　通常，用有向图 $G = (V, E, A)$ 表示由 n 个多智能个体组成的通信网络；$V = \{1, \cdots, n\}$ 表示网络节点集合；$E \subset V \times V$ 表示节点的边；$A = [a_{ij}]$ 表示网络连接矩阵，其中若节点 j 向节点 i 传递信息，则 $a_{ij} \neq 0$，反之 $a_{ij} = 0$；$N_i = \{j \in V | (j, i) \in E\}$ 表示节点 i 的邻居节点集合。定义节点 i 的出度和入度为

$$\deg_{\text{in}}(i) = \sum_{j=1}^{n} a_{ji}, \qquad \deg_{\text{out}}(i) = \sum_{j=1}^{n} a_{ij} \tag{6.1}$$

有向图 G 的 degree 矩阵为一对角阵，$\Delta = \text{diag}[\Delta_{ii}]$，其中 $\Delta_{ii} = \deg_{\text{out}}(i)$。则与信息交互结构相关的拉普拉斯矩阵 L 可表示为 $L(G) = L = \Delta - A$。这里介绍 3 种典型的图集作为分布式一致性算法的基础，若图 G 中任意节点的出度等于入度，则称 G 为平衡图，L 满足 $L\mathbf{1} = 0$ 且 $\mathbf{1}^{\mathrm{T}} L = 0$，其中 $\mathbf{1} = [1, 1, \cdots, 1]^{\mathrm{T}}$；若有向图 G 的每条边都是双向的，$(i, j) = (j, i)$ 即节点 i 与节点 j 可以相互通信，则称之为无向图，无向图是平衡图的一种特殊形式；若有向图 G 中任一节点 i 都能够找到一条路径到达其他节点 j，则称之为连通图。

图 6.1 描述了基于图论的微电网分布式一致性结构图，将微电网的通信网络抽象为多智能体系统，各分布式电源抽象为多智能体网络的节点，分布式电源彼此间的相互作用抽象为网络节点间的连接关系。

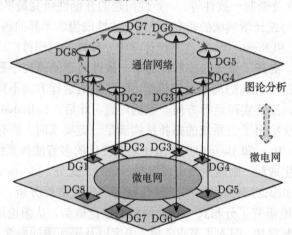

图 6.1　基于图论的微电网分布式一致性结构图

假设 x_i 为节点 i 的状态变量，可以代表实际系统的电压、电流及功率等物理量。微电网分布式协同控制可以由基于图论的一致性算法实现[15]：

$$u_i(t) = \dot{x}_i(t) = \sum_{j \in N_i} a_{ij}[x_j(t) - x_i(t)] \tag{6.2}$$

$$x_i(k+1) = x_i(k) + \varepsilon \sum_{j \in N_i} a_{ij}[x_j(k) - x_i(k)] \tag{6.3}$$

当且仅当网络中所有节点的状态变量相同，即 $x_i = x_j$ 时，称系统达到一致性收敛，所达到的共同值称为全局决策量。根据文献 [15]，当 G 为连通型平衡图时，$\mathcal{X}(x) = \text{Ave}(x) = 1/n\left(\sum_{i=1}^{n} X_i\right)$ 时，则系统达到平均一致性；当 G 包含生成树时，可以从根节点传递参考信号至系统内任一子节点，$\mathcal{X}(x) = x_{\text{ref}}$，则系统达到牵制一致性（pinning consensus），具体控制策略为

$$u_i(t) = \dot{x}_i(t) = \sum_{j \in N_i} a_{ij}[x_j(t) - x_i(t)] - [x_i(t) - x_{\text{ref}}] \tag{6.4}$$

$$x_i(k+1) = x_i(k) + \varepsilon \sum_{j \in N_i} a_{ij}[x_j(k) - x_i(k)] - d_i[x_i(k) - x_{\text{ref}}] \tag{6.5}$$

6.3 微电网平均一致性控制

基于上述分布式一致性理论，结合微电网电源、储能、负荷协同控制机理，本节介绍微电网平均一致性（average consensus algorithm，ACA）控制方法，该方法是微电网分布式协同控制的基本形式，兼顾分散式和集中式的优点，以形成弱通信交互、且无需集中控制器的微电网分布式协同控制为目的。本节以主从控制模式下微电网平均一致性频率控制为例展开叙述，不同控制模式（主动、对等）、不同运行方式（孤网、并网）下其他类型的微电网平均一致性控制，如微电网平均一致性电压控制、对等控制模式的平均一致性控制等，与本节叙述的方法类似，可参考应用。

本节首先介绍微电网平均一致性控制的基本结构，将平均一致性理论应用到双层频率控制结构中；进而，介绍基于平均一致性的分布式信息交互/分享方法及其改进策略，通过局部信息交互获取全局关键信息；在此基础上，介绍面向微电网内多类型可控微源（储能、分布式电源、可控负荷）的分布式协同功率分配及多级优化减载方法；最后，针对基于电力载波（power line carrier，PLC）通信的典型微电网系统，仿真验证了微电网平均一致性控制的有效性和适应性。

6.3.1 微电网平均一致性控制的基本结构

第 5 章介绍了微电网集中式控制和分散式控制，本章介绍的分布式控制旨在无集中控制器的情况下实现微电网中电源、储能、负荷等微源的协同控制。要实现这个目的，需解决以下 3 个问题：① 如何实现不同类型的分布式微源（包含分布式电源、储能和负荷）的本地控制；② 如何实现不同类型的分布式微源间的分布式协同控制；③ 如何适应分布式微源的即插即用。传统控制策略很难解决以上难题，因此引入平均一致性的控制策略来解决微电网分布式频率控制中存在的特殊需求和困难。基于平均一致性的控制策略具有以下优点：① 自治性，适用于处理分布式微源的独立决策问题，适用于解决微电网源荷储的本地控制问题；② 智能性和社会性，适用于处理分布式微源间的通信和协调；③ 主动性和适应性，适用于处理通信拓扑的动态变化和分布式电源即插即用操作。

典型的微电网包括分布式电源（distributed generator，DG），储能系统（energy storage，ES）和可控负荷（controllable load，CL）等微源，如图 6.2 所示，可将其抽

象为一个分布式多智能体系统，进而应用基于平均一致性的分布式协同控制策略。利用多智能体系统的自治性、智能性和社会性、主动性和适应性等，能够提供更多的功能并解决分布式控制中存在的问题。如此，在微电网发生故障或扰动时，一致性控制策略能够快速动作，并实现分布式决策制定，从而获得协同频率恢复。

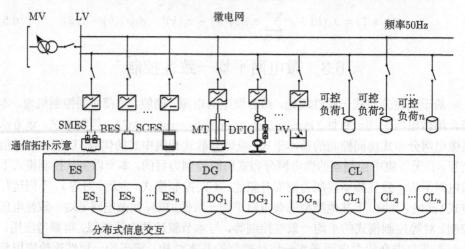

图 6.2　微电网平均一致性控制的基本结构

图 6.2 描述了微电网平均一致性分布式协同控制的基本结构，其通信拓扑由仅邻居间通信的分布式通信结构组成，储能、分布式电源、可控负荷等监测自身的运行状态和控制信息，但每个微源仅能与其邻居微源（即存在通信拓扑连接关系的邻居微源）进行信息交互，因此分布式信息交互技术是实现分布式协同频率控制的关键技术。利用分布式信息交互获得的全局关键信息，如总有功功率缺额、总可用容量以及负荷运行状态等，结合本地信息和全局信息能够全面地制定协同决策，从而在分布式框架下实现全局协同互补控制。

6.3.2　基于平均一致性的分布式信息交互

由 6.3.1 节可知，基于平均一致性的分布式信息交互是实现微电网中各分散的微源间协同控制的关键，其利用本地局部信息，在分布式模式下仅依靠邻居间信息交互实现类全局信息分享。在分布式通信交互条件下，由于多智能体系统中存在通信限制，即每个微源仅能与相邻的微源进行信息交互，在这种情况下很难保证分散微源间的协同。因此，引入平均一致性算法，通过本地信息来获得全局协同控制所需的信息[18−21]。

一般来说，ACA 方法采用离散型的数据交互形式来表述，假设 $x_i \in R$，表示第 i 个微源的状态变量，第 i 个微源的信息交互过程可描述如式（6.6）所示。

$$x_i(k+1) = x_i(k) + \sum_{j \in \boldsymbol{N}_i} w_{ij} x_j(k) \tag{6.6}$$

式中，$i = 1, 2, \cdots, n$，为第 i 个微源的预设标识（identity, ID）指标；$j = 1, 2, \cdots, n$，表示第 j 个微源的指标；k 是离散时间指数；$x_i(k)$ 和 $x_i(k+1)$ 分别表示第 k 和 $(k+1)$ 次迭代中微源 i 交互的信息；x_j 是微源 j 交互的信息；w_{ij} 表示微源 i 和 j 之间的信息交互权值，也是式（6.1）中网络连接系数 a_{ij} 的权重，若微源 i 和 j 之间有通信线路连接，则 $w_{ij} \neq 0$，否则 $w_{ij} = 0$，其取值与微电网拓扑连接关系相关；$\boldsymbol{N}_i = j \in \boldsymbol{V} | (j, i) \in \boldsymbol{E}$ 表示节点 j 的相邻节点集合。微电网的全局信息交互过程可表示如下：

$$\boldsymbol{X}(k+1) = \boldsymbol{W} \boldsymbol{X}(k) \tag{6.7}$$

$$\overline{\Gamma} = \Gamma_{\text{cal}} + \Gamma_{\text{com}} = \Gamma_{\text{cal}} + \frac{n_{\text{bit}} n_e n_{\text{P}}}{V_{\text{com}}} \tag{6.8}$$

式中，$\boldsymbol{X}$ 表示信息交互矩阵；$\boldsymbol{W}$ 是升级矩阵，其根据通信拓扑结构确定；$\overline{\Gamma}$ 是一次迭代过程中的通信延时；Γ_{cal} 表示计算延时；而 Γ_{com} 表示通信延时；n_e 指信息交互的次数；n_{P} 指升级矩阵的元素个数；n_{bit} 表示升级矩阵中元素的字节数；V_{com} 表示数据通信速度，单位为 bit/s。对于一种强连接和平衡的通信拓扑，矩阵 $\boldsymbol{W}$ 需满足以下条件：

$$\begin{cases} \sum_i w_{ij} = 1 \\ \sum_j w_{ij} = 1 \end{cases} \tag{6.9}$$

合理制定升级矩阵是获得稳定收敛的基础，文献 [22,23] 介绍了一种 Metropolis 算法来适应通信拓扑的变化，如式（6.10）所示：

$$w_{ij} = \begin{cases} 1/[\max(n_i + n_j) + 1], & j \in \boldsymbol{N}_i \\ 1 - \sum_{j \in \boldsymbol{N}_i} 1/[\max(n_i + n_j) + 1], & j = i \\ 0, & \text{其他} \end{cases} \tag{6.10}$$

为了进一步提高收敛速度以更好地适应在线实时控制的要求，可以改变升级矩阵的制定形式[24,25]，制定基于改进平均一致性算法（improved average consensus algorithm，IACA）的分布式信息交互方法来提升矩阵的收敛特性。本节以一种典型的 IACA 方案为例，介绍其升级矩阵制定方法如下：

$$w_{ij} = \begin{cases} \lambda/[(n_i + n_j)/2], & j \in \boldsymbol{N}_i \\ 1 - \sum_{j \in \boldsymbol{N}_i} \lambda/[(n_i + n_j)/2], & j = i \\ 0, & \text{其他} \end{cases} \tag{6.11}$$

式中，λ 是常数，$0 < \lambda < 1$，在本书中设置 λ 很接近 1；n_i 和 n_j 分别表示与微源 i 和 j 相邻的其他微源的个数。值得说明的是，λ 的取值也可采用优化算法更精确地计算得出，例如，从 0.0001 开始依次增加 λ 的取值，并记录下对应的收敛迭代次数，进而比较出最优的参数取值。另外，也可以通过智能启发式优化方法来获取 λ 的最优取值，如遗传算法（genetic algorithm，GA）、粒子群优化算法（particle swarm optimization algorithm，PSO）等 [20]。

采用 Lyapunov 稳定方法来证明分布式信息交互方法的稳定性，定义一个正定的 Lyapunov 方程并进行稳定性证明，如式（6.12）所示：

$$\boldsymbol{L} = (\boldsymbol{X}(k))^{\mathrm{T}} \boldsymbol{X}(k), \quad w_{ij} = \frac{\lambda}{(n_i + n_j)/2}, \quad i \neq j$$

$$
\begin{aligned}
\Delta \boldsymbol{L} &= \left[(\boldsymbol{X}(k))^{\mathrm{T}} \left(\boldsymbol{W}^{\mathrm{T}} \boldsymbol{W} - \boldsymbol{I} \right) \boldsymbol{X}(k) \right] \\
&\leqslant -\sum_{i=1}^{n} \sum_{j=1}^{n} \left\{ \left(w_{ij} + w_{ij}^2 \right) [x_j(k) - x_i(k)]^2 \right\} \\
&\quad + \frac{1}{2} \sum_{i=1}^{n} \sum_{j=1}^{n} \left\{ (n_i + n_j - 2) w_{ij}^2 [x_j(k) - x_i(k)]^2 \right\} \\
&\leqslant -\sum_{i=1}^{n} \sum_{j=1}^{n} \left\{ \left[\frac{2 - (n_i + n_j) w_{ij}}{2} \right] w_{ij} [x_j(k) - x_i(k)]^2 \right\} \\
&\leqslant -\sum_{i=1}^{n} \sum_{j=1}^{n} \left\{ \frac{\lambda(1 - \lambda)}{n_i + n_j} [x_j(k) - x_i(k)]^2 \right\} \\
&0 < \lambda < 1 \Rightarrow \Delta \boldsymbol{L} \leqslant 0
\end{aligned}
\tag{6.12}
$$

由上述证明可知，基于 IACA 的信息交互技术能够保证信息通信的稳定性。依据分布式信息交互方法，各微源能在本地调整升级矩阵权重来适应通信线路变化或即插即用。各微源根据其与相邻微源间的耦合关系，更新相应的信息 x_i，直到收敛到平均一致性，如下式所示：

$$
\begin{cases}
\boldsymbol{X} = \sum_i X_i(0)/n \Rightarrow \boldsymbol{X} = n\overline{\boldsymbol{X}} \\
\Gamma = n_c \overline{\Gamma}
\end{cases}
\tag{6.13}
$$

式中，$\overline{\boldsymbol{X}}$ 是基于 IACA 信息交互方法平均一致性收敛点；$\boldsymbol{X}$ 是通过基于 IACA 信息交互方法获得的全局信息；$X_i(0)$ 表示第 i 个微源的初始值；n 为参与信息分享的微源的总个数；n_c 为收敛迭代次数；假设每次迭代的延时相同，总延时 Γ 可由式（6.13）评估得出。

6.3.3 基于平均一致性的分布式协同频率控制

在基于平均一致性的分布式信息交互的基础上，介绍基于平均一致性的分布式协同控制频率方法。一般而言微电网频率控制包括一次频率控制和二次频率控制，一次频率控制由储能系统（ES）动作实现，其目的是通过储存在储能中的能量自发快速释放以维持系统的频率稳定；二次频率控制主要由分布式电源（DG）和可控负荷（CL）动作实现，其目的有两个：① 将系统频率调整到基准值；② 对储能系统进行充电，以提高系统的备用容量，从而更好地应对故障和紧急情况。

根据两层协同频率控制架构，储能微源能够自发地提供一次频率支撑，微源间无须交互通信；在二次频率控制中，分布式电源微源调整 DG 的功率输出，使系统达到新的平衡状态。因此，每个微源评估其对应的分布式微源（包括分布式电源、储能系统和可控负荷），并依据频率调节特性和响应时间对分布式微源进行分类，一般来说，ES 的响应时间在毫秒级，将 ES 划分为第一等级；MT 和 WT 等 DG 的反应时间较慢，将 DG 分为第二等级；CL 的动作时间相对更慢，作为第三等级。详细的分类如表 6.1 所示。

表 6.1 孤立微电网微源等级划分表

频率控制	微源	等级
一次频率控制	ES	1
二次频率控制	DG	2
	CL	3

不同等级的微源根据微电网运行控制需求执行不同的控制策略：① 快速一次频率控制支撑，ES 在一次调频中自发动作，为系统提供快速频率支撑，维持系统稳定；② 分布式功率缺额预测和协同分配策略，DG 在二次频率控制中动作，利用分布式功率缺额预测和协同分配，调整 DG 的功率输出，并使 ES 的功率为零；③ 分布式多级优化减载，在负荷中动作，利用基于参与因子的分布式协同负荷分配策略，实现分布式多级减载，作为备用确保调频的稳定性。

1. 基于 IACA 的分布式协同控制流程

在初始条件下，每个微源仅了解其本地信息，包括功率输出、负荷条件等，且只能与其相邻的微源进行通信，所以微源无法获得全局信息。因此，分布式协同控制策略的主要挑战是通过微源之间的局部通信获取全局信息。基于 IACA 的分布式信息交互方法能够利用本地信息，在局部通信弱条件下发现全局信息，解决上述挑战。全局信息，包括总有功功率缺额、总可用功率以及多级负荷的减数系数等，均能通过基于 IACA 的信息交互方法获得，为分布式协同频率控制及分布式决策制订提供信息。

图 6.3 展示了基于 IACA 的分布式协同频率控制策略的流程图，对应的步骤

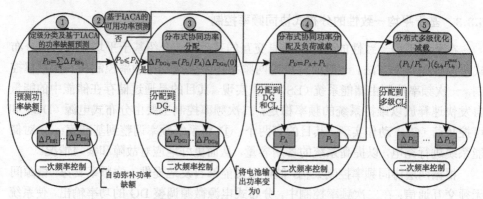

图 6.3　孤立微电网分布式协同频率控制流程图

如下所示:

步骤 1: 每个微源对其对应的分布式微源进行评估,并根据响应时间进行等级划分,如表 6.1 所示。一次频率控制由 ES 自发完成,因此 ES 的总有功功率变化可以作为微电网的总有功功率缺额 P_D(假设 ES 初始状态时功率输出为零),同时 P_D 作为全局信息,利用分布式信息交互方法分享到各个微源,可表示为 $(n \times \overline{P_D})$。

步骤 2: 针对在二次频率控制中动作的 DG,各 DG 评估自身的可用功率容量,进而利用基于 IACA 的分布式信息交互技术获得全局信息总可用功率 P_A,并分享到各个参与的微源。

步骤 3: 对利用 IACA 获得的全局信息,包括总有功功率缺额 P_D 和总可用功率 P_A 进行比较,若 $P_D \leqslant P_A$,有功功率缺额由 DG 按比例协同增发来弥补,比例为 P_D/P_A。

步骤 4: 根据上述讨论,若 $P_D > P_A$,表明 DG 的可用容量不足,需要使用多级减载策略来弥补有功功率缺额,减载的容量可以推导为 $P_L = P_D - P_A$。

步骤 5: 分布式多级优化减载策略用来弥补微电网功率缺额,不同等级负荷的减载容量。

2. 分布式信息交互

当微电网发生扰动时,分布式协同频率控制对应的全局关键信息,包括参加全局信息分享的微源的总个数 n、总有功功率缺额 P_D、总可用功率 P_A 等,需要通过基于 IACA 的分布式信息交互方法分享到各个分布式的微源。基于 IACA 的分布式信息交互方法利用平均值间接获得全局信息,例如,式(6.6)中 x_i 的初值设为第 i 个微源的预设 ID 指标 i,在信息交互的过程中每个微源将向平均值逼近,当系统达到平均一致性时,第 i 个微源将分享到的信息为其平均值 i/n,其通过本地计算 $[i/(i/n)]$ 可获得全局信息 n。同样,若式(6.6)中 $x_i(k)$ 的初值设为 ES 的有功功率变化值,当信息交互结束时,每个微源分享到的信息为 $\overline{P_D}$,其可通过本地

计算 $(\overline{P}_{\mathrm{D}} \times n)$ 获得全局信息 P_{D}。分布式信息交互的过程可描述如下:

$$
\begin{cases}
P_{\mathrm{A}i} = i/n \Rightarrow n = i/(i/n) \\[2mm]
\overline{P}_{\mathrm{D}} = \sum_{i_1} \Delta P_{\mathrm{ES}i_1}(0)/n, \ i_1 = 1, 2, \cdots, n \\[2mm]
\overline{P}_{\mathrm{A}} = \sum_{i_2} \Delta P_{\mathrm{DG}i_2}(0)/n = \sum_{i_2} [P_{\mathrm{DG}i_2}^{\max} - P_{\mathrm{DG}i_2}(0)]/n, \ i_2 = 1, 2, \cdots, n
\end{cases}
\Rightarrow
\begin{cases}
P_{\mathrm{D}} = n\overline{P}_{\mathrm{D}} \\[2mm]
P_{\mathrm{A}} = n\overline{P}_{\mathrm{A}}
\end{cases}
$$

$$(6.14)$$

式中,对于储能、分布式电源、可控负荷三种不同类型的微源,分别用 i_1、i_2、i_3 区别表示,$\Delta P_{\mathrm{ES}i_1}(0)$ 为第 i_1 个 ES 的有功功率变化值,$i_1 = 1, 2, \cdots$;$\Delta P_{\mathrm{DG}i_2}(0)$ 为初始状态时第 i_2 个 DG 的可用容量,$i_2 = 1, 2, \cdots$;$P_{\mathrm{DG}i_2}^{\max}$ 表示第 i_2 个 DG 的最大容量上限;$P_{\mathrm{DG}i_2}(0)$ 表示第 i_2 个 DG 的初始状态。

值得说明的是,为了满足通信拓扑变化(在 PLC 下 DG 的即插即用)的要求,针对 IACA 形成一种微源的 ID 指标动态调整方法。如果增加了一个新微源(投入一台新 DG),相应的新微源需要一个独特的 ID $(n+1)$ 来与现有的微源进行信息交互,仅本地信息需要更新。同时,由于 $(n+1)$ 个微源参与分布式信息交互,第 i 个微源分享到的信息将变为 $i/(n+1)$,如式 (6.14) 所示,全局信息变为 $(n+1)$。对于减少一个微源(DG 切除)的场景,仍在运行的 $(n-1)$ 个微源的 ID 无需更新,当然需要注意的是,当通信拓扑发生长时期变化或永久变化时,为了简化后续 ID 的获取过程,可对 ID 进行一次全面更新。

3. 分布式协同功率分配

微电网采用双层频率控制策略来实现,当系统发生故障或扰动时,首先在一次频率控制中利用 ES 实现快速功率支撑;利用 DG 在二次频率控制中提供长期功率支撑,并使 ES 保持足够的备用,依据基于 IACA 分布式信息交互方法获取的全局关键信息 P_{D} 和 P_{A},对 P_{D} 和 P_{A} 进行比较,并制订不同的协同功率分配策略。

(1)当 $P_{\mathrm{D}} \leqslant P_{\mathrm{A}}$ 时,有功功率缺额由 DG 来弥补,利用分布式协同分配算法将功率参考值发送到 DG,每个 DG 按比例增发,增发比例如式 (6.15) 所示。

$$\Delta P_{\mathrm{DG}i_2} = (P_{\mathrm{D}}/P_{\mathrm{A}})\Delta P_{\mathrm{DG}i_2}(0), \quad i_2 = 1, 2, \cdots, n \tag{6.15}$$

(2)当 $P_{\mathrm{D}} > P_{\mathrm{A}}$ 时,DG 的可用容量不足以弥补总有功功率缺额,需要进行低频减载操作,切负荷的量如式 (6.16) 所示。

$$
\begin{cases}
\Delta P_{\mathrm{DG}i_2} = P_{\mathrm{DG}i_2}^{\max} - P_{\mathrm{DG}i_2}, \quad i_2 = 1, 2, \cdots, n \\[2mm]
P_{\mathrm{L}} = P_{\mathrm{D}} - P_{\mathrm{A}}
\end{cases}
\tag{6.16}
$$

4. 分布式多级优化减载

为了实现分布式多级优化减载，需利用基于 IACA 的分布式信息交互方法获得其他全局信息，如可调负荷的最大可调容量 $P_{\mathrm{L}}^{\max}$，其获取方法如 P_{D} 和 P_{A} 相同。依据全局信息，制定分布式多级优化减载策略，其信息交互过程及切负荷的量如式（6.17）所示。

$$
\begin{cases}
\overline{P}_{\mathrm{L}} = \sum_{i_3} \xi_{\mathrm{L}i_3} P_{\mathrm{L}i_3}^{\max}/n \Rightarrow P_{\mathrm{L}}^{\max} = n\overline{P}_{\mathrm{L}} \\
\Delta P_{\mathrm{L}i_3} = (P_{\mathrm{L}}/P_{\mathrm{L}}^{\max})(\xi_{\mathrm{L}i_3} P_{\mathrm{L}i_3}^{\max}) \qquad i_3 = 1,2,\cdots,n \\
\qquad\quad = [(P_{\mathrm{D}} - P_{\mathrm{A}})/P_{\mathrm{L}}^{\max}](\xi_{\mathrm{L}i_3} P_{\mathrm{L}i_3}^{\max})
\end{cases} \tag{6.17}
$$

式中，i_3 表示第 i_3 个负荷，$i_3 = 1,2,\cdots$；$P_{\mathrm{L}i_3}^{\max}$ 为第 i_3 个负荷的最大可调上限，$\Delta P_{\mathrm{L}i_3}$ 为第 i_3 个负荷的切负荷量；$\xi_{\mathrm{L}i_3}$ 是第 i_3 个负荷的参与因子，参与因子由负荷等级决定，一般而言，根据供电可靠性及中断供电在政治、经济上所造成的损失或影响的程度，将电力负荷划分为三个等级：① 一级负荷，中断供电将造成人身伤亡、重大政治影响、重大经济损失，造成公共场所秩序严重混乱等；② 二级负荷，中断供电将造成较大政治影响、较大经济损失，或公共场所秩序混乱等；③ 三级负荷，除一级、二级以外的其他负荷[26]。多级优化减载策略考虑电力负荷的不同等级，能够利用可调负荷（主要是三级负荷）来获得频率恢复，同时保证不可中断负荷（一级负荷）的持续稳定供电。

6.3.4　算例分析

针对上节介绍的基于 IACA 的分布式信息交互方法，以基于主从控制的微电网为例开展仿真验证，从主微源全局信息获取及分享方法、基于参与因子的功率协同分配方法，以及多级负荷低频减载算法等方面开展算例验证。利用 PSCAD/EMTDC 电磁暂态仿真平台搭建微电网仿真系统，仿真微电网结构如图 6.4 所示。

图 6.4 所示仿真系统为一个 0.38kV 分布式系统，通过 100kV·A 变压器连接到 10kV 配电网，MT 运行在 V/f 控制模式下，而其他 DG 运行在 PQ 控制模式下。系统总容量为 150kW，包括 65kW 的 MT，40kW 的 WT（DFIG），10kW 的 PV，35kW 的 BES，其中，BES1 为 20kW，BES2 为 15kW；一级负荷 10kW，二级负荷 48kW，三级负荷 77kW。为了方便仿真分析，忽略了配电线路的损耗和操作过程中的损耗。PSCAD/EMTDC 和 MATLAB 接口仿真技术：用 PSCAD/EMTDC 和 MATLAB 接口仿真技术来模拟基于多智能体系统的微电网，更具体地说，微电网的模型建立在 PSCAD 平台中，而微源通过 MATLAB 平台编辑实现，利用 PSCAD 中的自定义接口（user-defined interface，UDI）模型将两个平台连接起来。通过接口仿真，MATLAB 中的微源能够搜集 PSCAD 中微电网的运行数据，并在

MATLAB 进行分布式信息交互，当信息分享过程结束后，微源能发送控制指令到 PSCAD，如图 6.5 和图 6.6 所示。

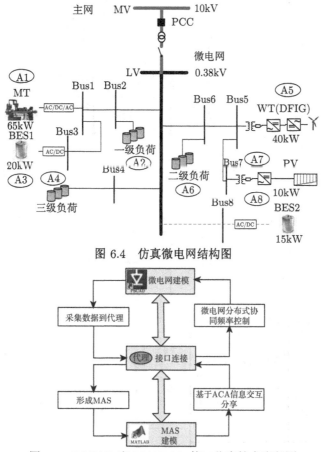

图 6.4 仿真微电网结构图

图 6.5 PSCAD 和 MATLAB 接口仿真技术流程图

这里利用 PSCAD 中的 UDI 接口模型来执行微源和本地控制器之间的信息和数据交互，构建在 MATLAB 中的微源能够搜集到 PSCAD 中的实时运行数据，包括微源的指标、相邻微源的个数、有功、无功、频率等。依据搜集到的信息，MATLAB 中的多智能体系统进行基于 IACA 的分布式信息交互，当信息交互分享完成后，各个微源利用分享到的全局关键信息和本地信息，协同制定控制参考值发送到对应的 PSCAD 本地控制器中，从而实现微电网分布式协同控制。

分布式多智能体通过 MATLAB 中的启发式程序来模拟。利用多智能体的具体特性，相比传统控制，基于多智能体系统的控制策略能提供更多的功能，利于解决分布式协同频率控制过程中的特殊需要和困难。在分布式协同频率控制过程中，微源能提供的功能如下：

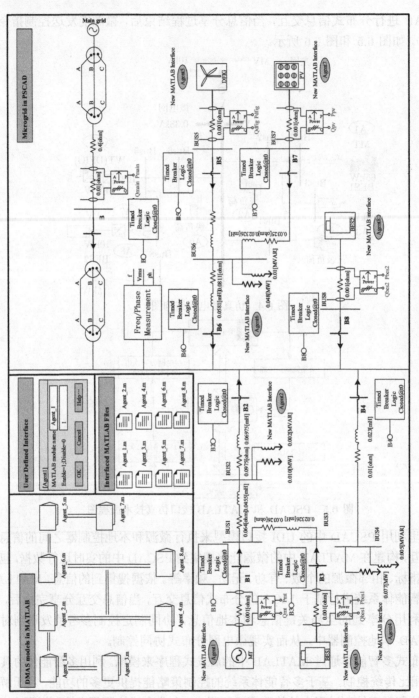

图 6.6　PSCAD 仿真模型图

（1）本地自治控制：利用智能体的自治性实现本地自治控制，如分布式微源评估分级，见表 6.1；评估 DG 的可用容量，如式（6.15）所示。计算可调负荷的容量，如式（6.16）所示。

（2）扰动主动响应：利用智能体的主动性和适应性响应系统扰动，如监测系统频率变化，收集和处理数据用来进行信息交互，如图 6.6 所示；当系统可用容量不足时，选择执行分布式多级优化减载策略；满足即插即用的需要。

（3）智能协同控制：利用智能体的社会性和协同性执行信息交互分享，以获得协同频率恢复，如执行 IACA 的收敛性判定并发送协同控制命令到 PSCAD 中的控制器，如式（6.15）～式（6.17）所示。

图 6.6 描述了用于智能电网分布式信息交互的信息结构，图中的信息由各个分散的微源通过 UDI 模型从 PSCAD 中收集获取。值得说明的是，每个微源将数据存储在本地，并与其邻居微源进行信息交互，如式（6.6）和式（6.7）所示，因此，无需将这些数据存储在中央微源中或虚拟中央微源处。例如微源 3，其邻居是微源 1，在分布式信息交互/共享过程中仅需与微源 1 交换数据，当微源满足收敛判据时，微源通过 UDI 将参考值发送回 PSCAD 控制模型中，实现分布式协同控制。

仿真场景设置：在仿真初始阶段，微电网稳定运行，MT 工作在 V/f 控制模式下，PV 工作在 MPPT 模式下，而 WT 工作在备用功率模式下，BES 工作在 PQ 模式下。系统的总功率输出为 78kW，包括 MT 输出功率 38kW，WT（DFIG）输出功率 30kW，PV 输出功率 10kW；BES 荷电状态为 100%；一级负荷 10kW，二级负荷 28kW，三级负荷 40kW。

仿真场景 A：负荷过载场景。当 $t = 2s$ 时，微电网发生过载，节点 4 处的负荷由 40kW 增加到 52kW，因而电力供需平衡不匹配，导致系统频率下降。

仿真场景 B：过载及 DG 投入场景。当 $t = 2s$ 时，微电网发生过载，节点 4 处的负荷由 40kW 增加到 54kW，同时，BES2 投入以增加系统的备用容量，并标记为微源 8，如图 6.7 所示。

仿真场景 C：过载及 DG 切除场景。在仿真场景 C 中，MT 工作在 V/f 模式，BES1 工作在 PQ 模式下，而 DFIG 和 PV 均工作在 MPPT 模式下。系统运行在另一种状态下，总功率输出为 110kW，包括 MT 输出功率 60kW，DFIG 输出功率 40kW，PV 输出功率 10kW；BES1 荷电状态为 100%；一级负荷 10kW，二级负荷 38kW，三级负荷 62kW。当 $t = 2s$ 时，PV 节点由于故障退出运行，结果导致电力供需平衡不匹配，进而引起系统频率下降。

1. 信息交互方法收敛性验证

图 6.7 展示了仿真场景 A、B 和 C 中的通信拓扑结构和变化情况，微源的 ID 升级变化以及分布式信息交互需要的本地信息等。

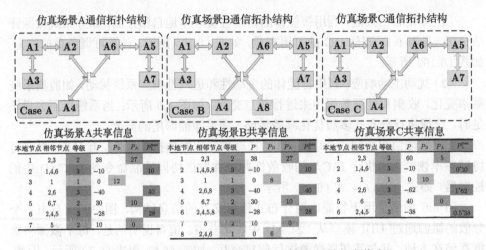

图 6.7　通信拓扑结构和本地运行信息的初始状态信息

需要说明的是，信息交互权值 w 和参与信息交互的总微源个数 n 根据通信拓扑结构变化而变化。依据图 6.6 中所示的拓扑结构，根据式（6.11）确定信息交互权值，进而根据本地信息以实现基于 IACA 的分布式信息交互。利用式（6.14）和式（6.17），$\overline{P}_{\mathrm{D}}$，$\overline{P}_{\mathrm{A}}$ 和 $\overline{P}_{\mathrm{L}}$ 均能收敛到平均值，因此全局关键信息 P_{D}、P_{A} 和 $P_{\mathrm{L}}^{\max}$ 能够分享到分布式的本地代理中，并用于支持本地决策。最终，利用分享到的全局关键信息以及本地运行状态，执行分布式频率控制，从而获得全局频率协同恢复。

在仿真场景 A 中，首先将 Metropolis 方法和改进 IACA 方法进行比较，对应的升级矩阵可根据式（6.10）和式（6.11）进行设置，从算法收敛性和收敛精度等方面比较两者的算法的差异，分布式信息交互过程比较如图 6.8 所示。图中各曲线为A1~A7 的迭代次数与功率的关系。由图 6.8 可知，与 Metropolis 方法相比，基于IACA 的分布式信息交互方法能适应拓扑结构的变化，包括通信线路变化或即插即用等，同时其收敛特性更好，在同样的收敛精度下迭代次数更少。

2. 通信延时影响分析

延时是影响微电网的实时在线频率控制的重要因素之一。一般而言，延时包括通信延时和计算延时。在本章中，由于微源在 MATLAB 中的计算速度非常快，因此忽略计算延时。设置 $n_{\mathrm{e}} = 4$，$n_{\mathrm{P}} = 8$，$n_{\mathrm{bit}} = 16$，根据式（6.8）和式（6.13）可估算出不同网速（单位：Mb/s）下的通信延时。以仿真场景 A 为例，分别计算Metropolis 和 IACA 算法的通信延时，并进行比较分析，结果如表 6.2 所示。

通过观察表 6.2 可知，IACA 方法的通信延时普遍比 Metropolis 方法的通信延时小，由此可知 IACA 方法能有效改进一致性算法的收敛性，提高收敛速度并减小通信延时，更利于实时在线控制。

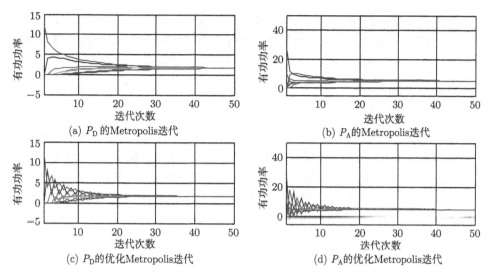

(a) P_D 的Metropolis迭代

(b) P_A 的Metropolis迭代

(c) P_D 的优化Metropolis迭代

(d) P_A 的优化Metropolis迭代

图 6.8 分布式信息交互算法比较

表 6.2 不同通信网速下通信延时比较

通信速率 /(Mb/s)	通信延时/s					
	Metropolis			优化的Metropolis		
	P_D	P_A	仿真场景 A	P_D	P_A	仿真场景 A
2	0.0098	0.0068	0.0166	0.0061	0.0049	0.0110
4	0.0049	0.0034	0.0083	0.0031	0.0024	0.0055
8	0.0024	0.0017	0.0041	0.0015	0.0012	0.0027
20	0.0010	0.0007	0.0017	0.0006	0.0005	0.0011

为了测试通信延时和通信网速对频率控制特性的影响，仍以算例 A 为例，比较不同网速下频率控制特性曲线的差异，如图 6.9 所示。

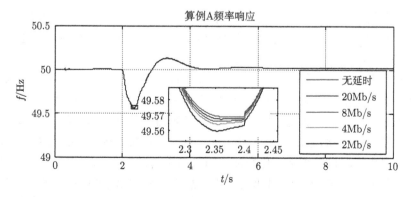

图 6.9 不同网速下频率控制特性比较

在图 6.9 的局部图中，从上到下依次是无延时、20Mb/s、8Mb/s、4Mb/s、2Mb/s。由图中控制曲线可知，通信延时对频率控制的影响较小。即使当通信网速为 2Mb/s 时，通信延时对频率控制的影响也足够小，能够满足在线控制的要求。综合考虑成本和速度的要求，在本书中选取使用的网速为 8Mb/s。

3. 过载及 DG 投入场景

依据基于 IACA 的分布式信息交互方法，全局信息 P_D 和 P_A 可被分享到各个分布式的本地微源，如图 6.3 所示。根据流程图步骤 2 和步骤 3，对两个全局信息进行比较。当 $P_D < P_A$，无需执行低频减载，本地微源根据全局信息和本地信息制定控制决策指令，从而获得全局协同频率控制。仿真场景 B 中分布式信息交互过程描述如图 6.10 所示。

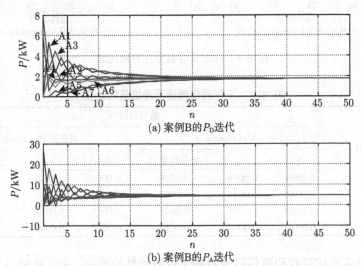

(a) 案例B的 P_D 迭代

(b) 案例B的 P_A 迭代

图 6.10　仿真场景 B 类全局关键信息分享过程

对仿真场景 B 中的类全局信息分享的通信延时进行评估分析，利用式（6.8）和式（6.13）估算图 6.10 中信息分享的通信延时，分别为 0.0018s 和 0.0014s，其对在线频率控制的影响较小，可以忽略。

针对仿真场景 B，分别仿真三种不同类型的策略，包括无附加控制、常规切负荷控制（load shedding，LS），以及一致性协同频率控制策略，分析和比较三种控制策略，以证明一致性控制策略的优势。值得说明的是，由于通信条件约束，仅邻居间通信，常规 LS 策略通过切除故障点邻近的负荷来维持系统稳定。微电网各个微源的功率输出情况以及频率变化特性如图 6.11 所示。

通过图 6.11 中的功率输出曲线可知，在二次频率控制过程中，利用 DG 增发为微电网提供长期频率支撑，同时使在一次频率控制中动作的 ES 的功率输出重新变为零，保证微电网的备用功率储备。MT 和 WT 的输出功率变化与由式（6.15）计算得出的协同频率控制指令保持一致。

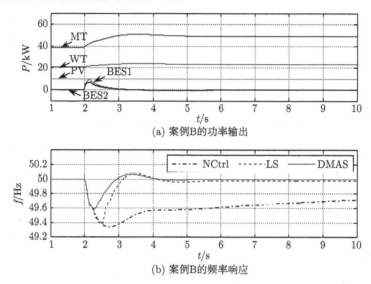

(a) 案例B的功率输出

(b) 案例B的频率响应

图 6.11　仿真场景 B 协同频率控制曲线

通过图 6.11 中的功率输出曲线还可知，图中虚线（LS）采用常规切负荷控制策略，当系统频率低于 49.5Hz 时进行切负荷操作，系统频率在 2.8s 时开始恢复，3.5s 时恢复到正常频率；而图中实线（DMAS）采用本章介绍的平均一致性分布式协同频率控制策略，微电网的功率缺额由协同频率控制策略来弥补，由于储能系统（BES）的快速功率支撑和分布式电源（MT、WT、PV）的功率增发，系统频率在 2.4s 时开始恢复，3.2s 时恢复到正常频率，与常规切负荷策略相比，系统频率恢复更快，同时避免了切负荷操作。

4. 过载及 DG 切除场景

在仿真场景 C 中，根据图 6.3 中的步骤 2 和步骤 4，利用基于 IACA 的分布式信息交互方法获得全局关键信息 P_D 和 P_A，并进行比较，$P_D > P_A$（10kW>5kW），可调容量不足以弥补功率缺额，需执行切负荷操作，按照图 6.3 中步骤 4 和步骤 5 进行决策和控制。首先，利用基于 IACA 的分布式信息交互方法获取另一个全局关键信息 P_L^{max}，类似其他全局信息，如 $n \times \bar{P}_L$。其次，结合分享到的全局关键信息，依据式（6.17）计算切负荷的量。最后，各本地微源执行分布式协同切负荷策略，辅助微电网频率恢复。仿真场景 C 中的分布式信息交互分享及迭代过程如图 6.12 所示。

图 6.12 中各曲线为 A1~A7 的迭代次数与功率的关系。对仿真场景 C 中的类全

局信息分享的通信延时进行评估分析, 估算图 6.12 中类全局信息分享过程的通信延时, 分别为 0.0014s、0.0012s 和 0.0013s, 其对在线频率控制的影响较小, 可以忽略。

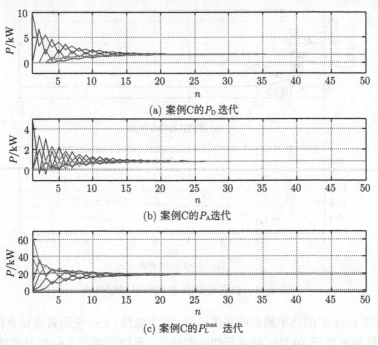

图 6.12　仿真场景 C 类全局关键信息分享过程

在仿真场景 C 中, 式 (6.17) 中的一级负荷、二级负荷和三级负荷的参与因子 (ξ_{Li_3}, $i_3 = 1, 2, 3$) 分别设置为 0.0, 0.5 和 1.0。基于式 (6.11), 各级负荷的切负荷量分别为 $\Delta P_{L1} = 0\text{kW}$, $\Delta P_{L2} = 1\text{kW}$, $\Delta P_{L3} = 4\text{kW}$, 与常规切负荷策略相比, 所切负荷总量小 (在仅相邻通信条件下, 常规切负荷策略切除故障点附近的负荷, 即故障点附近的节点 6 处切除负荷 10 kW)。图 6.13 (b) 展示了各级负荷的负荷变动情况, 负荷变动情况与各负荷制订的切负荷量指令一致。

总体来讲, 本节介绍的基于 IACA 的分布式信息交互方法是协同控制的数据基础, 是利用其获取的全局关键信息实现储能和分布式电源的分布式协同增发, 恢复系统频率; 在微电网可调容量不足时, 将可控负荷纳入到微源中进行源储荷协同, 执行分布式多级切负荷策略, 利用多级优化减载确保微电网频率稳定。仿真结果表明:

(1) 基于 IACA 的分布式信息交互方法能提高一致性算法的收敛性, 减小迭代次数, 降低通信延时, 从而更好地满足在线频率控制的要求; 另外, 基于 IACA 的分布式信息交互方法能够适应通信拓扑变化, 满足通信线路开关断和即插即用的要求。

（2）同时，利用多智能体系统的特性，本地微源能在分布式控制模式下，结合全局关键信息和本地运行信息制订分布式决策，从而保证微电网中各分布式微源的协同互补控制，提升孤立微电网的频率稳定性。

（3）分布式多级优化减载策略，能在微电网可调容量不足时确保孤立微电网的频率稳定性，并实现多级负荷间的优化配置。

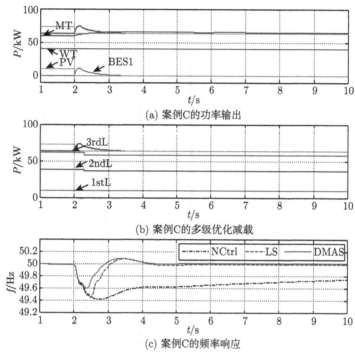

图 6.13 仿真场景 C 协同频率控制曲线

6.4 微电网牵制一致性控制

上一小节介绍的微电网平均一致性控制存在以下三方面不足：① 分布式信息交互/分享过程较为复杂，系统规模变大后收敛会更难；② 一致性收敛点即是平均值，是固定数值，无法进行改变或控制；③ 参与二次控制的微源均需设有二次控制器。牵制一致性控制策略是解决含非线性动态多智能体系统协同控制问题的有效方法之一，已在等离子体不稳定系统、多模激光系统、反应扩散系统等领域获得应用[27-33]。鉴于此，本节介绍基于牵制控制（pinning control，PC）的微电网牵制一致性控制，将牵制一致性理论应用到微电网控制中，选择性地对部分微源施加牵制控制，利用耦合关联完成微源间的分布式信息交互及协同控制，可减少二次协同控制器的安装个数，简化信息交互过程，且能对一致性收敛点进行预设和修正。本节从牵制微源选择、牵制一致性收敛点设置、通信耦合关联、牵制一致性同步搜寻、通信拓扑变化（通信线路开关段/分布式微源即插即用）适应性等方面进行介绍。

　　微电网牵制一致性控制示意如图 6.14 所示，基于上一节介绍的平均一致性控制，本节以主从模式为例，分别介绍固定通信拓扑和不确定通信拓扑条件下有功和无功功率牵制一致性控制方法，包括收敛点预设方法、有功参考值控制、无功参考值控制等。

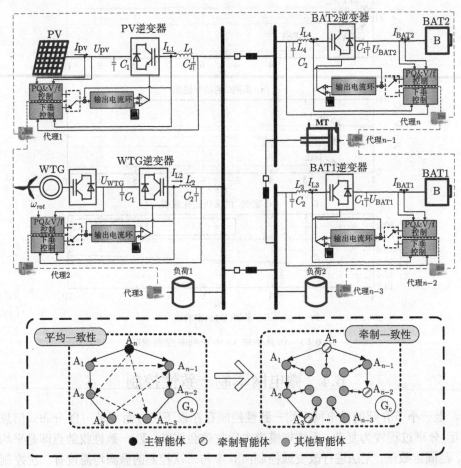

图 6.14　基于牵制一致性的分布式协同控制

6.4.1　固定通信拓扑结构

　　本节依据固定通信拓扑结构下的牵制一致性算法，介绍基于牵制的控制策略，以实现分布式的协同频率和电压控制。依据牵制控制策略，DG 根据其与牵制微源间的通信耦合搜寻同步。当牵制一致性达到预设平均一致性收敛点时，分布式电源微源调整对应 DG 的功率输出,使微电网达到新的平衡状态,实现微电网二次控制。另外,一致性协同控制策略是完全分散的控制模式,每个 DG 仅需其自身的运行信息和其邻居的信息,进行分布式决策和控制,因而省却了集中控制器和复杂的通信网络结构。

此外,$x_i \in \mathbf{R}$,表示第 i 个微源的状态变量(如有功功率),第 i 个微源的基于牵制的协同有功和无功控制过程可表述如式(6.18)所示。

$$
\begin{cases}
\Delta \dot{P}_{\mathrm{ref}i} = \sum_{j \in N_i} w_{ij}(\Delta P_{\mathrm{ref}j} - \Delta P_{\mathrm{ref}i}) - d_i(\Delta P_{\mathrm{ref}i} - \Delta P_{\mathrm{c}}) \\
\Delta \dot{Q}_{\mathrm{ref}i} = \sum_{j \in N_i} w_{ij}(\Delta Q_{\mathrm{ref}j} - \Delta Q_{\mathrm{ref}i}) - d_i(\Delta Q_{\mathrm{ref}i} - \Delta Q_{\mathrm{c}}) \\
P_{\mathrm{DG}i}^{\min} \leqslant (\Delta P_{\mathrm{ref}i} + P_{\mathrm{DG}i}) \leqslant P_{\mathrm{DG}i}^{\max} \\
Q_{\mathrm{DG}i}^{\min} \leqslant (\Delta Q_{\mathrm{ref}i} + Q_{\mathrm{DG}i}) \leqslant Q_{\mathrm{DG}i}^{\max}
\end{cases} \tag{6.18}
$$

式中,$i = 1, 2, \cdots, n$;$j = 1, 2, \cdots, n$;$\Delta P_{\mathrm{ref}i}$ 为第 i 个微源的有功功率增量;$\Delta P_{\mathrm{ref}j}$ 为第 j 个微源的有功功率增量;w_{ij} 表示微源 i 和微源 j 间的通信耦合权重,若微源 i 和微源 j 之间存在通信连接,则 $w_{ij} \neq 0$,否则 $w_{ij} = 0$;N_i 表示节点 i 的邻居节点集合;d_i 为牵制控制增益,一般而言 $d_i \geqslant 0$,若 $d_i = 0$,表示未对微源 i 实施牵制。

值得注意的是,ΔP_{c} 和 ΔQ_{c} 分别表示基于牵制的频率和电压控制的预设一致性收敛点,牵制控制的目的是确保所有微源利用通信耦合关系逐步达到预设的一致性收敛点。因此,预设一致性收敛点的设置是基于牵制的分布式协同控制的关键,值得深入研究。在本节中,其设置方法如下:

(1)若 n_X 个微源被施加牵制,预设一致性收敛点的值可根据下式计算得出:

$$
\begin{cases}
\Delta P_{\mathrm{c}} = P_{\mathrm{V/f}}/(n_T - n_X) \\
\Delta Q_{\mathrm{c}} = Q_{\mathrm{V/f}}/(n_T - n_X)
\end{cases} \tag{6.19}
$$

式中,$P_{\mathrm{V/f}}$ 和 $Q_{\mathrm{V/f}}$ 表示并离网控制过程中有功和无功功率总调整量;n_T 为参与控制的所有微源的总个数;n_X 为牵制微源的个数。

(2)在基于牵制的控制实施过程中,需考虑到 DG 的容量约束。假设 Y 个 DG 达到容量上限,对应的 DG 将对其预设一致性收敛点进行调整:

$$
\begin{cases}
\Delta P_{\mathrm{c}}^{\mathrm{new}} = \left(P_{\mathrm{V/f}} - \sum_{i=Y} \Delta P_{\mathrm{M}i}\right) \bigg/ (n_T - n_X - n_Y), \quad \Delta P_{\mathrm{M}i} < \Delta P_{\mathrm{c}} \\
\Delta Q_{\mathrm{c}}^{\mathrm{new}} = \left(Q_{\mathrm{V/f}} - \sum_{i=Y} \Delta Q_{\mathrm{M}i}\right) \bigg/ (n_T - n_X - n_Y), \quad \Delta Q_{\mathrm{M}i} < \Delta Q_{\mathrm{c}}
\end{cases} \tag{6.20}
$$

式中，P_c^new 和 Q_c^new 分别表示考虑容量约束调整后的有功和无功牵制值；$\Delta P_{\text{M}i}$ 和 $\Delta Q_{\text{M}i}$ 表示第 i 个 DG 的有功功率和无功功率调整的最大值。

通过设置容量判定系数（capacity-determining coefficient，CDC）来考虑 DG 的容量约束，其设置如下：

$$
\begin{aligned}
\lambda_{\text{P}i} &= \begin{cases} 1, & P_{\text{DG}i}^\text{min} \leqslant (\Delta P_{\text{ref}i} + P_{\text{DG}i}) \leqslant P_{\text{DG}i}^\text{max} \\ 0, & \text{其他} \end{cases} \\
\lambda_{\text{Q}i} &= \begin{cases} 1, & Q_{\text{DG}i}^\text{min} \leqslant (\Delta Q_{\text{ref}i} + Q_{\text{DG}i}) \leqslant Q_{\text{DG}i}^\text{max} \\ 0, & \text{其他} \end{cases}
\end{aligned}
\tag{6.21}
$$

式中，$P_{\text{DG}i}^\text{max}$，$P_{\text{DG}i}^\text{min}$ 分别表示第 i 个 DG 的有功功率的上限和下限；$Q_{\text{DG}i}^\text{max}$，$Q_{\text{DG}i}^\text{min}$ 分别表示第 i 个 DG 的无功功率的上限和下限。

为了便于分析，定义功率偏差如下：

$$
e_i = \begin{bmatrix} e_{\text{p},i} \\ e_{\text{q},i} \end{bmatrix} = \begin{bmatrix} \Delta P_{\text{ref}i} - \Delta P_\text{c} \\ \Delta Q_{\text{ref}i} - \Delta Q_\text{c} \end{bmatrix}
\tag{6.22}
$$

接着，式（6.18）描述的微源 i 的基于牵制的频率和电压控制可用功率偏差 e_i 的形式重新改写为

$$
\dot{e}_i = \sum_{j \in \boldsymbol{N}_i} w_{ij}(e_j - e_i) - d_i e_i
\tag{6.23}
$$

整个微电网的基于牵制的协同控制可用矩阵的形式表述如式（6.24）所示：

$$
\dot{\boldsymbol{E}} = \begin{bmatrix} \dot{\boldsymbol{E}}_P \\ \dot{\boldsymbol{E}}_Q \end{bmatrix} = \begin{bmatrix} \boldsymbol{W}\boldsymbol{E}_P - (\boldsymbol{D} \otimes \boldsymbol{I}_\text{m})\boldsymbol{E}_P \\ \boldsymbol{W}\boldsymbol{E}_Q - (\boldsymbol{D} \otimes \boldsymbol{I}_\text{m})\boldsymbol{E}_Q \end{bmatrix} = \boldsymbol{W}_P \begin{bmatrix} \boldsymbol{E}_P \\ \boldsymbol{E}_Q \end{bmatrix} = \boldsymbol{W}_P \boldsymbol{E}
\tag{6.24}
$$

式中，$\boldsymbol{E}_P = [e_{p1}\ e_{p2}\ \cdots\ e_{pn}]$，表示有功功率偏差矩阵；$\boldsymbol{E}_Q = [e_{q1}\ e_{q2}\ \cdots\ e_{qn}]$，表示无功功率偏差矩阵；$\boldsymbol{D} = [d_1\ d_2\ \cdots\ d_n]$，为牵制控制矩阵；$\boldsymbol{I}_\text{m}$ 表示单位矩阵；$\boldsymbol{W}_P$ 为牵制控制的升级矩阵；$\boldsymbol{W}$ 表示通信耦合矩阵，即升级矩阵，w_{ij} 表示矩阵 $\boldsymbol{W}$ 的第 (i,j) 个元素，其可定义如下：

$$
w_{ij} = \begin{cases} \lambda/[(n_i + n_j)/2], & j \in \boldsymbol{N}_i \\ 1 - \displaystyle\sum_{j \in \boldsymbol{N}_i} \lambda/[(n_i + n_j)/2], & j = i \\ 0, & \text{其他} \end{cases}
\tag{6.25}
$$

式中，λ 为常数；一般地，$0 < \lambda < 1$，在本书中 λ 取紧靠 1 的数值；n_i，n_j 分别表示微源 i 和微源 j 相邻微源的个数。

稳定性证明：构造 Lyapunov 方程如下：

$$由\ \boldsymbol{L} = \frac{1}{2}\sum_{i=1}^{n} e_i^{\mathrm{T}} e_i 可得 \quad \dot{\boldsymbol{L}} = \sum_{i=1}^{n} e_i^{\mathrm{T}} \dot{e}_i$$

$$= \sum_{i=1}^{n} e_i^{\mathrm{T}} \left[\sum_{j \in \boldsymbol{N_i}} w_{ij}(e_j - e_i) - d_i e_i \right]$$

$$\leqslant \sum_{i=1}^{n} e_i^{\mathrm{T}} \sum_{j \in \boldsymbol{N_i}} w_{ij}(e_j - e_i) - \sum_{i=1}^{n} d_i \left\| e_i \right\|^2$$

$$\leqslant \sum_{i=1}^{n} \left\| e_i^{\mathrm{T}} \right\| \sum_{j \in \boldsymbol{N_i}} w_{ij}(\left\| e_j \right\| + \left\| e_i \right\|) - \sum_{i=1}^{n} d_i \left\| e_i \right\|^2$$

$$= \left| \boldsymbol{E} \right|^{\mathrm{T}} (\boldsymbol{W} - \boldsymbol{D} \otimes \boldsymbol{I}_{\mathrm{m}}) \left| \boldsymbol{E} \right| \tag{6.26}$$

对于式（6.24）和式（6.25）中定义的矩阵 $\boldsymbol{W}$，当 $\boldsymbol{W} - \boldsymbol{D} \otimes \boldsymbol{I}_{\mathrm{m}} < 0$ 且 $\left| \boldsymbol{E} \right| \neq 0$ 时，可推导出 $\dot{\boldsymbol{L}} < 0$，由此可知，当满足上述条件时，可保证固定拓扑下牵制一致性的稳定性。

6.4.2 不确定通信拓扑结构

为了适应微电网通信线路开关段以及 DG 即插即用等不确定变化，引入不确定通信拓扑下基于牵制的一致性。首先，在不确定通信拓扑结构下，预设一致性收敛点 ΔP_{c} 和 ΔQ_{c} 需重新定义如下：

$$\begin{cases} \Delta P_{\mathrm{c}} = P_{\mathrm{V/f}}/(N_{\Delta t} - X_{\Delta t}) \\ \Delta Q_{\mathrm{c}} = Q_{\mathrm{V/f}}/(N_{\Delta t} - X_{\Delta t}) \end{cases} \tag{6.27}$$

式中，$N_{\Delta t}$ 为参与控制的微源的总个数；$X_{\Delta t}$ 表示牵制微源的个数。$N_{\Delta t}$ 和 $X_{\Delta t}$ 均为时变的，根据通信拓扑结构变化而变化。例如，$N_{\Delta t}$ 在"即插"操作时需变为 $(N_{\Delta t} + 1)$，另外，$X_{\Delta t}$ 在部分关键通信线路发生变化时需进行调整。需要说明的是，DG 的容量约束可参考式（6.20）和式（6.21）。

其次，定义一个时变矩阵 $\boldsymbol{\Theta}_{\varphi_k}$（$\varphi_k$ 为非空集）和时间开关序列 S，从而更好地描述不确定通信拓扑结构及其时变特性。开关序列 $\boldsymbol{S} = (t_0, \varphi_0)(t_1, \varphi_1) \cdots (t_k, \varphi_k) \cdots$，$k = 0, 1, 2, \cdots$，见图 6.15，$(t_k, \varphi_k)$ 表示第 k 个开关时段；$t_k \in \boldsymbol{R}^+$ 在 t_k 时刻触发生效；φ_k 表示 t_k 时刻的通信拓扑结构。

因此，不确定通信拓扑下，第 i 个微源的基于牵制的频率和电压控制可表述如下：

$$\begin{cases} \boldsymbol{\Theta}_{\varphi_k}(\boldsymbol{S})\delta\Delta P_{\mathrm{ref}i} = \sum_{j\in \boldsymbol{N}_i(t)} w_{ij\Delta t}[\boldsymbol{\Theta}_{\varphi_k}(\boldsymbol{S})(\Delta P_{\mathrm{ref}j} - \Delta P_{\mathrm{ref}i})] \\ \qquad\qquad\qquad - d_{i,\Delta t}[\boldsymbol{\Theta}_{\varphi_k}(\boldsymbol{S})\Delta P_{\mathrm{ref}i} - \Delta P_{\mathrm{c}}] \\ \boldsymbol{\Theta}_{\varphi_k}(\boldsymbol{S})\delta\Delta Q_{\mathrm{ref}i} = \sum_{j\in \boldsymbol{N}_i(t)} w_{ij\Delta t}[\boldsymbol{\Theta}_{\varphi_k}(\boldsymbol{S})(\Delta Q_{\mathrm{ref}j} - \Delta Q_{\mathrm{ref}i})] \\ \qquad\qquad\qquad - d_{i\Delta t}[\boldsymbol{\Theta}_{\varphi_k}(\boldsymbol{S})\Delta Q_{\mathrm{ref}i} - \Delta Q_{\mathrm{c}}] \end{cases} \quad t_k \leqslant t < t_{k+1} \quad (6.28)$$

式中，$\boldsymbol{N}_i(t)$ 表示微源 i 的时变的邻居合集；Δt 表示 t 时段的微源变化情况。

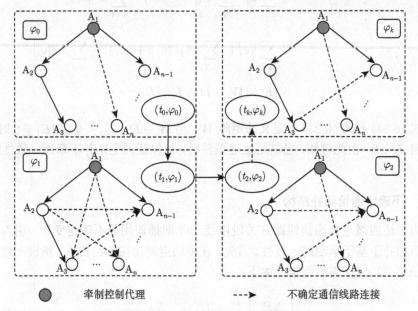

图 6.15   不确定性通信拓扑结构下牵制一致性

利用式（6.22）定义的功率偏差形式 e_i 重新描述牵制控制，式（6.28）可改写为

$$\boldsymbol{\Theta}_{\varphi}(\boldsymbol{S})\delta e_i = \sum_{j\in \boldsymbol{N}_i(t)} w_{ij\Delta t}\left[\boldsymbol{\Theta}_{\varphi}(\boldsymbol{S})(e_j - e_i)\right] - d_{i\Delta t}\boldsymbol{\Theta}_{\varphi}(\boldsymbol{S})e_j \quad (6.29)$$

最后，在不确定通信拓扑下，整个孤立微电网的牵制控制可用矩阵形式描述如下：

$$\boldsymbol{\Theta}_{\varPhi}\delta\boldsymbol{E} = \boldsymbol{\Theta}_{\varPhi}\begin{bmatrix} \delta\boldsymbol{E}_P \\ \delta\boldsymbol{E}_Q \end{bmatrix} = \boldsymbol{\Theta}_{\varPhi}\begin{bmatrix} \boldsymbol{W}_{\Delta t}\delta\boldsymbol{E}_P - (\boldsymbol{D}_{\Delta t}\otimes \boldsymbol{I}_{\mathrm{m}})\delta\boldsymbol{E}_P \\ \boldsymbol{W}_{\Delta t}\delta\boldsymbol{E}_Q - (\boldsymbol{D}_{\Delta t}\otimes \boldsymbol{I}_{\mathrm{m}})\delta\boldsymbol{E}_Q \end{bmatrix}$$

$$= \boldsymbol{W}_{P\Delta t}\boldsymbol{\Theta}_{\varPhi}\begin{bmatrix} \delta\boldsymbol{E}_P \\ \delta\boldsymbol{E}_Q \end{bmatrix} = \boldsymbol{W}_{P\Delta t}\boldsymbol{\Theta}_{\varPhi}\delta\boldsymbol{E}, \quad t_k \leqslant t < t_{k+1} \quad (6.30)$$

式中，$\boldsymbol{\Theta}_\Phi, \boldsymbol{W}_{\Delta t}, \boldsymbol{W}_{P\Delta t}, \boldsymbol{D}_{\Delta t}$ 均为时变参量，在通信拓扑结构发生变化时，如 DG 即插即用或通信线路变化等，需自动调整；$\boldsymbol{W}_{\Delta t}$ 根据式（6.25）计算得出，其能自动适应通信拓扑变化；$\boldsymbol{W}_{P\Delta t}$ 可表示如下：

$$
\begin{aligned}
&\boldsymbol{W}_{P\Delta t}\\
&=\begin{bmatrix}
1-\displaystyle\sum_{j\in\boldsymbol{N_1}(t)}w_{1j\Delta(t)}-d_{1\Delta(t)} & \cdots & w_{1i} & & \cdots & w_{1n}\\
\vdots & \ddots & \vdots & & \ddots & \vdots\\
w_{i1} & \cdots & 1-\displaystyle\sum_{j\in\boldsymbol{N_i}(t)}w_{ij\Delta(t)}-d_{i\Delta(t)} & & & w_{in}\\
\vdots & \ddots & \vdots & & \ddots & \vdots\\
w_{n1} & \cdots & w_{ni} & & \cdots & 1\ \displaystyle\sum_{j\in\boldsymbol{N_n}(t)}w_{nj\Delta t}\ d_{n\Delta t}
\end{bmatrix}
\end{aligned}
$$
(6.31)

稳定性证明：在不确定固定拓扑下构造 Lyapunov 方程如下：

$$
\boldsymbol{L}=\delta e^{\mathrm{T}}\boldsymbol{\Theta}_\varphi^{\mathrm{T}}\boldsymbol{\Theta}_\varphi\delta e,\quad \boldsymbol{F}_\varphi=[\dot{\boldsymbol{\Theta}}_\varphi+\boldsymbol{\Theta}_\varphi(\boldsymbol{W}_{\Delta t}-\boldsymbol{D}_{\Delta t}\otimes\boldsymbol{I}_\mathrm{m})]\boldsymbol{\Theta}_\varphi^{-1}
$$

可得
$$
\begin{aligned}
\dot{\boldsymbol{L}}&=2\delta e^{\mathrm{T}}\boldsymbol{\Theta}_\varphi^{\mathrm{T}}[\dot{\boldsymbol{\Theta}}_\varphi+\boldsymbol{\Theta}_\varphi(\boldsymbol{W}_{\Delta t}-\boldsymbol{D}_{\Delta t}\otimes\boldsymbol{I}_\mathrm{m})]\boldsymbol{\Theta}_\varphi^{-1}\boldsymbol{\Theta}_\varphi\delta e\\
&=2\delta e^{\mathrm{T}}\boldsymbol{\Theta}_\varphi^{\mathrm{T}}\boldsymbol{F}_\varphi\boldsymbol{\Theta}_\varphi\delta e\\
&\leqslant 2\lambda_\varphi^{\max}\delta e^{\mathrm{T}}\boldsymbol{\Theta}_\varphi^{\mathrm{T}}\boldsymbol{\Theta}_\varphi\delta e
\end{aligned}
$$
(6.32)

式中，$\lambda_\varphi^{\max}$ 为对称矩阵 $1/2(\boldsymbol{F}_\varphi+\boldsymbol{F}_\varphi^{\mathrm{T}})$ 的最大特征根；$\lambda^{\max}=\max\lambda_\varphi^{\max}$。当 $1/2(\boldsymbol{F}_\varphi+\boldsymbol{F}_\varphi^{\mathrm{T}})<0$ 且 $\lambda_{\max}<0$ 时，$\dot{\boldsymbol{L}}<0$。综上可知，在不确定通信拓扑下，当满足上述条件时，能够渐近地达到预设一致性收敛点，保证牵制一致性的稳定性。

通过上述证明可知，在固定通信拓扑和不确定通信拓扑下，各微源均渐近地趋向预设一致性收敛点，并在分布式模式下达到牵制一致性。分布式协同控制策略利用牵制一致性理论和其牵制同步过程实施，牵制一致性的稳定性能够保证微电网在满足全局一致性的前提下实现多种 DG 的分布式协同控制，在分布式控制架构下实现资源的协同控制。

6.4.3　分布式协同控制流程

基于牵制的分布式协同控制策略，是在微电网双层频率控制架构下实施。在分布式的方式下，通过选择性地牵制部分 DG 仅需对一小部分被牵制的 DG 进行控制，而多智能体系统中的其他 DG 依据通信耦合搜寻同步，最终达到牵制一致性。分布式控制策略无需 MGCC，也无需复杂的通信拓扑结构。另外，利用在不确定性通信拓扑下的牵制的一致性理论，以适应通信线路开关断和即插即用操作等通信拓扑变化。将基于牵制的分布式协同控制策略应用于孤立微电网，其控制流程图如图 6.16 所示。

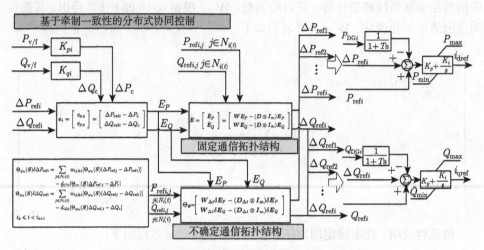

图 6.16   基于牵制的微电网分布式协同控制流程图

（1）基于 V/f 控制模式的 ES 是维持孤立微电网功率平衡的核心，当系统遭遇故障时，ES 一次控制自发动作，同时 ES 的总的功率变化 P_{ref} 和 Q_{ref} 可以作为总的有功和无功功率缺额；值得注意的是，在主从控制模式下 ES 作为主控单元发挥重要作用，其同时为基于牵制的二次控制提供有功和无功功率值 $P_{V/f}$ 和 $Q_{V/f}$，因此需在 ES 和其他 DG 之间构建强通信连接结构，至少有一条通信线路连接 ES 和其他某个 DG，以确保 $P_{V/f}$ 和 $Q_{V/f}$ 能够传递到对应的相邻的 DG 中，为预设一致性收敛点的计算提供实时数据。

（2）基于牵制一致性的分布式协同控制策略，牵制微源的预设一致性收敛点 ΔP_c 和 ΔQ_c 由式（6.19）、式（6.20）和式（6.27）确定，增设容量判定系数来考虑 DG 的容量限制，如式（6.21）所示。

（3）对于 DG 的在二次频率控制中的动作，微电网中的 DG 依据和牵制微源间的通信耦合关系搜寻同步，在固定通信拓扑和不确定性拓扑下，其同步过程分别如式（6.24）和式（6.30）所示。

（4）根据上述讨论，在二次控制的过程中，当基于牵制的控制策略达到预设一致性收敛点时，微电网的功率缺额能被 DG 弥补。

6.4.4   算例分析

为了验证微电网牵制一致性控制策略的有效性，构建基于 PSCAD/EMTDC 的仿真系统，仿真系统的结构如图 6.17 所示。采用 PSCAD/EMTDC 和 MATLAB

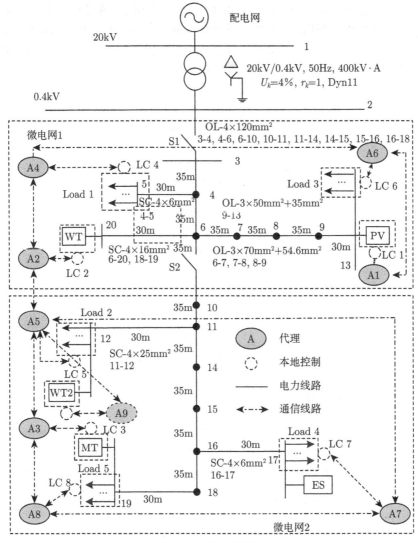

图 6.17 微电网结构图

接口仿真技术,模拟基于多智能体系统的微电网系统,并对控制策略进行仿真分析和验证。

1. 仿真场景 A: 固定通信拓扑

仿真场景 A 中,仿真微电网的通信拓扑结构见图 6.18,需注意的是,每个微源仅能与其相邻的微源进行通信。初始时,微电网运行在并网方式下,所有的 DER工作在 PQ 控制模式。需要说明的是,WT(DFIGs)运行在备用功率模式下,能如

MT 单元一样增发出力[32,33]。当 $t = 3s$ 时，微电网切换到孤岛自治运行方式，ES 从 PQ 转换到 V/f 控制模式，来维持孤立微电网的功率平衡。当 $t = 6s$ 时，孤立微电网遭受过载扰动，结果功率平衡被打破，系统频率和电压开始波动。基于牵制一致性的分布式协同控制策略动作，仿真结果如图 6.19 所示。

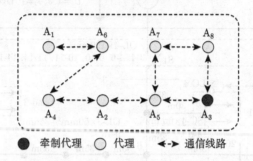

图 6.18   仿真场景 A 中通信拓扑结构图

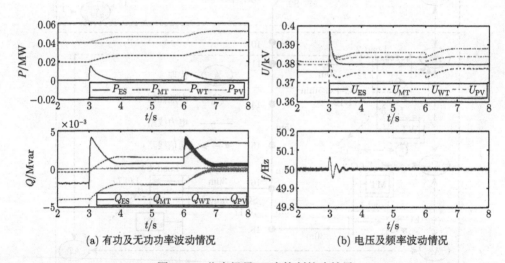

(a) 有功及无功功率波动情况   (b) 电压及频率波动情况

图 6.19   仿真场景 A 中控制策略效果

（1）并离网切换操作：首先，基于牵制一致性的分布式协同控制策略在 $t = 3s$ 微电网并离网切换时动作。其次，通过设置预设一致性收敛点，如式（6.19）所示，以及牵制控制矩阵 $\boldsymbol{D} = [0,0,1,0,0,0,0,0]$，MT 和 WT 分别增加有功和无功功率，利用其与牵制微源之间的通信耦合搜寻同步，同步过程如式（6.24）所示。最后，当系统达到预设一致性收敛点时，同步搜寻过程结束，此时 ES 的有功和无功功率输出恢复到零，如图 6.19 所示，使系统能够获得更多的备用功率，从而更好地应对孤立微电网可能发生的不确定扰动或故障。

（2）过载操作：为了进一步突出牵制一致性控制策略在固定通信拓扑下的

有效性，在过载扰动场景下对控制策略进行仿真验证，仿真结果见图 6.19。观察图 6.19，从 6s 到 8s，MT 和 WT 的有功和无功功率输出逐步地收敛到预设一致性收敛点，当同步过程结束后，微电网的功率缺额由 ES 承担转变为由 DG 承担。利用分布式协同控制策略，微电网能够在并离网切换过程和过载操作下保持稳定运行。

2. 仿真场景 B：不确定通信拓扑

在仿真场景 B 中，重点分析不确定通信拓扑下微电网的分布式协同控制，针对通信线路开关断、通信微源即插即用等不确定通信变化，仿真分析并证明牵制一致性控制策略的有效性和适应性。

（1）通信线路开关断·当 $t = 6s$ 时，微源 7（A_7）和微源 5（A_5）之间的通信连接关断，如图 6.20（a）所示；同时，孤立微电网发生过载扰动。为了应对微电网过载扰动，分布式协同控制策略触发动作以维持孤立微电网的稳定性。在本仿真场景中，由于通信线路开关断变化，A_7 和 A_5 之间的通信耦合也需根据式（6.31）进行升级，以适应通信拓扑结构变化。对比图 6.21（a）和图 6.19 可知，由于通信线路关断引起的通信耦合变化，导致 WT 和 MT 的同步过程与场景 A 中不同，WT 和 MT 在 $t = 6.8s$ 时达到一致性，而场景 A 中在 $t = 6.7s$ 时达到一致性。图 6.21 中的电压

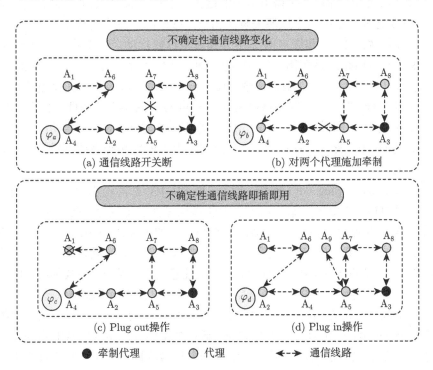

图 6.20　仿真场景 B 中通信拓扑结构图

和频率反应曲线表明微电网的电压和频率可以调节维持在正常值范围内。

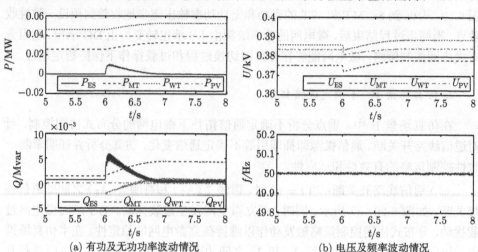

(a) 有功及无功功率波动情况　　　　　　　(b) 电压及频率波动情况

图 6.21　通信线路开关断时功率输出、电压和频率变化

（2）对两个微源施加牵制：如图 6.20（b）所示，微电网 1 和微电网 2 之间的通信连接线关断，导致两个微电网中的微源无法相互通信。因此，需分别牵制微电网 1 和微电网 2 中的两个微源来解决相应的微电网中发生的扰动和事故。假设在 $t = 6s$ 时，微电网 1 和微电网 2 中分别发生过载扰动，过载量分别为 6kW 和 8kW。根据通信拓扑结果变化，牵制矩阵也随之变化为 $D = [0, 1, 1, 0, 0, 0, 0, 0, 0]$，即表示 A_2（WT）和 A_3（MT）被选作牵制微源分别来牵制微电网 1 和微电网 2 中的微源。依据式（6.27），可计算出微电网 1 和微电网 2 的预设一致性收敛点，进而，微电网 1 中的 WT 和微电网 2 中的 MT 均增发功率输出，使 ES 的功率输出变化为零，如式（6.30）所示，另外，在整个控制过程中电压和频率能够维持稳定，如图 6.22 所示。

（3）DG 退出（plug out）操作：当 $t = 6s$ 时，PV 故障退出运行，结果微电网功率平衡被打破，通信拓扑结果也由于 DG 退出操作发生变化，见图 6.20（c）。首先，数值 $N_{\Delta t}$ 变更为 $(N_{\Delta t} - 1)$，以适应通信拓扑的 DG 退出操作，因此，预设一致性收敛点 ΔP_c 和 ΔQ_c 也将随之变化，如式（6.27）所示。其次，通信拓扑耦合矩阵 $W_{P\Delta t}$ 也依据式（6.31）进行更新。需要注意的是，仅 A_6 和其邻居之间的通信耦合系数需要更新。由图 6.23 可知，在 $t = 6s$ 时 PV 的功率输出跌落至零，WT 达到容量上限 0.06MW，依据式（6.21）其容量判定系统变为零，预设一致性收敛点也需根据式（6.20）和式（6.21）进行调整。通过观察图 6.23 可知，WT 增加功率输出至容量上限后已无法增发，而 MT 继续增发以搜求同步，在此同步过程中，ES 的功率输出逐步下降，当达到预设一致性收敛点时，ES 的功率输出恢复为零。

图 6.23 中的电压和频率变化表明牵制一致性分布式协同控制策略不会引起电压和频率不稳定问题，能够很好地维持微电网的电压和频率。

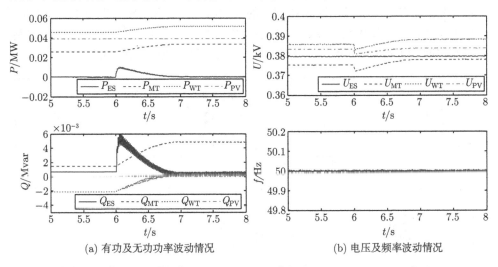

(a) 有功及无功功率波动情况 　　　　　　　　 (b) 电压及频率波动情况

图 6.22　对两个微源施加牵制控制时功率输出、电压和频率变化曲线

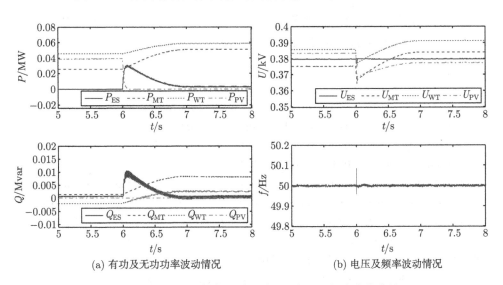

(a) 有功及无功功率波动情况 　　　　　　　　 (b) 电压及频率波动情况

图 6.23　DG 退出操作下功率输出、电压和频率变化曲线

（4）DG 投入（plug in）操作：在 $t = 4.5\text{s}$ 时，一台新的 WT 和其对应的微源，标记为微源 9（A_9），投入微电网中，如图 6.20（d）所示。新的系统在 $t = 6\text{s}$ 时发生过载扰动，仿真结果如图 6.24 所示。

为了适应通信拓扑结果的变化，预设一致性收敛点根据式（6.27）进行调整，同

时通信耦合矩阵 $\boldsymbol{W}_{P\Delta t}$ 进行更新升级。进而，在分布式模式下，基于预设一致性收敛点，WT，MT 和新投入的 WT2 通过变化后的通信耦合关键搜寻同步。当预设一致性收敛点达到时，微电网也达到新的稳定状态，功率缺额不再由 ES 来承担，而是由 WT，MT 和 WT2 来承担，在 DG 投入操作过程中，通过分布式协同控制策略的帮助，电压和频率能够在扰动后恢复到正常值，如图 6.24 所示。

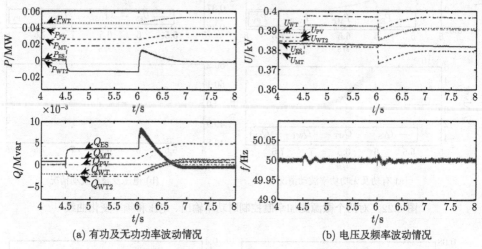

(a) 有功及无功功率波动情况   (b) 电压及频率波动情况

图 6.24 DG 投入操作下功率输出、电压和频率变化

参 考 文 献

[1] Ogren P，Fiorelli E，Leonard N E. Cooperative control of mobile sensor networks：Adaptive gradient climbing in a distributed environment[J]. IEEE Transactions on Automatic Control，2004，49(8)：1292-1302.

[2] Hu W，Wen G，Rahmani A，et al. Distributed consensus tracking of unknown non-linear chaotic delayed fractional-order multi-agent systems with external disturbances based on ABC algorithm[J]. Communications in Nonlinear Science and Numerical Simulation，2019，71：101-117.

[3] 佘莹莹. 多智能体系统一致性若干问题的研究 [D]. 武汉：华中科技大学，2010.

[4] Xu Y L，Zhang W，Liu W X，et al. Distributed subgradient-based coordination of multiple renewable generators in a microgrid[J]. IEEE Transactions on Power Systems，2014，29(1)：23-33.

[5] Yi P，Hong Y G，Liu F. Distributed gradient algorithm for constrained optimization with application to load sharing in power systems[J]. Systems & Control Letters，2015，83(6)：45-52.

[6] Nedic A，Ozdaglar A. Distributed subgradient methods for multi-agent optimiza-

tion[J]. IEEE Transactions on Automatic Control, 2009, 54(1): 48-61.

[7] Maknouninejad A, Qu Z H. Realizing unified microgrid voltage profile and loss minimization: A cooperative distributed optimization and control approach[J]. IEEE Transactions on Smart Grid, 2014, 5(4): 1621-1630.

[8] Yang H M, Yi D X, Zhao J H, et al. Distributed optimal dispatch of virtual power plant via limited communication[J]. IEEE Transactions on Power Systems, 2013, 28(3): 3511-3512.

[9] Degroot M H. Reaching a consensus[J]. Journal of the American Statistical Association, 1974, 69(345): 118-121.

[10] Benediktsson J A, Swain P H. Consensus theoretic classification methods[J]. IEEE Transactions on Systems, Man & Cybernetics, 1992, 22(4): 688-704.

[11] Vicsek T, Czirok A, Ben-Jacob E. Novel type of phase transition in a system of self-driven particles[J]. Physics Review Letters, 1995, 75(6): 1226-1229.

[12] Jadbabaie A, Lin J, Morse A S. Coordination of groups of mobile autonomous agents using nearest neighbor rules[J]. IEEE Transactions on Automatic Control, 2003, 48(6): 988-1001.

[13] Ren W, Beard R W. Consensus seeking in multi-agent systems under dynamically changing interaction topologies[J]. IEEE Transactions on Automatic Control, 2005, 50(5): 655-661.

[14] Moreau L. Stability of multiagent systems with time-dependent communication links [J]. IEEE Transactions on Automatic Control, 2005, 50(2): 169-182.

[15] Olfati-Saber R, Murray R M. Consensus problems in networks of agents with switching topology and time-delays[J]. IEEE Transactions on Automatic Control, 2004, 49(9): 1520-1533.

[16] Gao Y L, Yu J Y, Shao J L, et al. Second-order froup consensus in multi-agent systems with time-delays based on second-order neighbours' information[C]// IEEE Xplore, 2015, 14: 7493-0827.

[17] Li X J, Liu C L, Liu F. Coupled-group consensus seeking for second-order multiagent systems with communication delay[C]// IEEE International Conference on Information & Automation. IEEE, 2015, 1: 2541-2546.

[18] Olfati-Saber R. Flocking for multi-agent dynamic systems: Algorithms and theory [J]. IEEE Transactions on Automatic Control, 2006, 51(3): 401-420.

[19] Olfati-Saber R, Fax J A, Murray R M. Consensus and cooperation in networked multi-agent systems[J]. Proceedings of the IEEE, 2007, 95(1): 215-233.

[20] Xu Y L, Liu W X, Gong J. Stable multi-agent-based load shedding algorithm for power systems[J]. IEEE Transactions on Power Systems, 2011, 26(4): 2006-2014.

[21] Khoo S, Xie L, Man Z. Robust finite-time consensus trackingalgorithm for multirobot systems [J]. IEEE/ASME Trans. Mechatronics, 2009, 14: 219-228.

[22] Xiao L, Boyd S, Kim S J. Distributed average consensus with least-mean-square deviation[J]. Journal of Parallel & Distributed Computing, 2007, 67(1): 33-46.

[23] Xu Y L, Liu W X. Novel multiagent based load restoration algorithm for microgrids[J]. IEEE Transactions on Smart Grid, 2011, 2(1): 152-161.

[24] Liu W, Gu W, Sheng W X, et al. Decentralized multi-agent system based cooperative frequency control for autonomous microgrid with communication constraints[J]. IEEE Transactions on Sustainable Energy, 2014, 5(2): 446-456.

[25] Gu W, Liu W, Zhu J P, et al. Adaptive decentralized under-frequency load shedding for islanded smart distribution networks[J]. IEEE Transactions on Sustainable Energy, 2014, 5(3): 886-895.

[26] Gu W, Liu W, Shen C, et al. Multi-stage underfrequency load shedding for islanded microgrid with equivalent inertia constant analysis[J]. International Journal of Electrical Power & Energy Systems, 2013, 46: 36-39.

[27] Su H S, Rong Z H, Chen M Z Q, et al. Decentralized adaptive pinning control for cluster synchronization of complex dynamical networks[J]. IEEE Transactions on Cybernetics, 2013, 43(1): 394-399.

[28] Das A, Lewis F L. Distributed adaptive control for synchronization of unknown nonlinear networked systems[J]. Automatica, 2010, 46: 2014-2021.

[29] Li X, Wang X F, Chen G R. Pinning a complex dynamical network to its equilibrium[J]. IEEE Transactions on Circuits and Systems I: Regular Papers, 2004, 5(1): 2074-2087.

[30] Zhou J, Lu J A, Lu J H. Adaptive synchronization of an uncertain complex dynamical network[J]. IEEE Transaction on Automatic Control, 2006, 51(4): 652-656.

[31] Wen G H, Li Z K, Duan Z S, et al. Distributed consensus control for linear multi-agent systems with discontinuous observations[J]. International Journal of Control, 2013, 86(1): 95-106.

[32] Chen F, Chen Z Q, Xiang L Y, et al. Reaching a consensus via pinning control[J]. Auto-matica, 2009, 45(5): 1215-1220.

[33] Liu W, Gu W, Sheng W X, et al. Pinning based distributed cooperative control for autonomous microgrids under uncertainty communication topologies [J]. IEEE Transactions on Power Systems, 2016, 32(2): 1320-1329.

第7章 微电网分布式协同控制策略优化

7.1 概 述

微电网包含多个分布式电源，与多变量控制系统一致，其控制策略对系统动态性能将产生重要影响，是研究微电网分布式控制的重要内容之一，微电网分布式控制策略优化是根据控制需求对分布式控制结构和分布式控制器参数两部分进行优化设计。分布式控制结构优化是对分布式通信网络进行设计，对应于具体的分布式电源信息交互模式，这是实现分布式控制系统的基础；而分布式控制器参数优化是对分布式控制器的控制系数进行调试，使之满足一定的性能需求，两者结合最终实现分布式控制策略优化。图 7.1 给出微电网分布式控制策略优化设计的结构图。

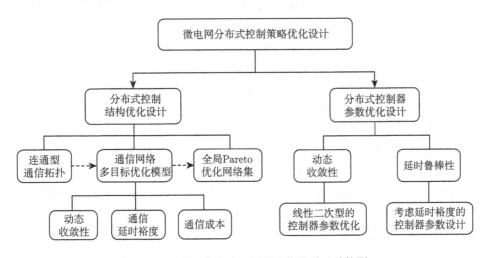

图 7.1 微电网分布式控制策略优化设计结构图

本章以实现分布式电源无功功率合理分配和系统电压恢复的微电网分布式二次电压控制为例，介绍了分布式控制结构优化方法，包括：① 根据通信拓扑可达性矩阵（reachability matrix，RCM）获取连通型通信拓扑结构，将其作为实现分布式一致性控制目标的充分条件；② 分析分布式通信结构的动态收敛性、通信延时裕度及通信成本与网络代数连通度的关系，建立分布式协同电压控制结构的多目标优化模型，并采用 Pareto 优化算法求取全局 Pareto 优化网络集；③ 按照实际的分布式通信需求在获得的全局 Pareto 优化网络集中选取当前的最优通信拓扑结构。

对于分布式控制器参数的优化，首先考虑控制系统动态性能，使系统被控量快速、平稳地收敛至目标值；此外，考虑到微电网分布式通信网络中不可避免地存在数据传输延时，其对控制性能可能产生不利影响，有必要将系统保持稳定时所能承受的最大延时时间（延时裕度）作为另一控制器参数设计指标，提高分布式协同控制的鲁棒性能。此过程主要包括两个部分：① 根据静态输出反馈（static ouput feedback，SOF）将微电网分布式协同电压控制器转化为分散式控制器，进而基于线性二次调节（linear quadratic regulator，LQR）以控制系统二次型动态性能函数为目标进行控制器参数优化；② 基于状态矩阵临界特征根跟踪法（critical eigenvalue tracking，CET）分析控制器参数对系统延时裕度的影响，当不同的控制器参数对应类似的系统动态性能时，优先选择对应于较大延时裕度的分布式控制器参数。

7.2　微电网分布式协同电压控制

第 6 章介绍了微电网分布式一致性协同控制原理，相比于频率这一全局变量，由于输出阻抗不同，各分布式电源的端电压为局部变量 [1,2]，需要引入基于信息交互的二次控制实现无功功率均分和电压恢复。本章以基于比例积分一致性（PI consensus）的分布式电压协同控制为例，介绍微电网分布式控制策略的优化流程，图 7.2 给出了电压协同控制系统的控制框架。

如图 7.2 所示，微电网系统控制框架由一次控制层和分布式二次控制层组成。其中，一次控制层为基于虚拟阻抗的本地下垂控制，二次控制层通过分布式通信网络进行本地与相邻分布式电源的信息交互从而实现协同电压控制 [3,4]。一次控制的主要功能是维持系统的频率、电压稳定以及实现无通信链路的功率均分，由下垂控制、电压外环和电流内环组成。此外，通常在一次控制中引入虚拟电感以保证逆变器的输出阻抗呈感性进而提高 P/f 和 Q/V 下垂控制的动态性能 [3,5]。根据电气可靠性技术解决方案联盟（CERTS）的定义，调节逆变器输出电压 U_i 和角频率 ω_i 的下垂功能函数可以表示为 [6]

$$\begin{cases} \omega_i = \omega_{ni} - m_{P_i}P_i \\ k_{Ui}\dot{U}_i = U_{ni} - U_i - n_{Q_i}Q_i \end{cases} \tag{7.1}$$

式中，ω_{ni}、U_{ni} 分别代表输出电压频率和幅值的额定值；k_{Ui} 表示电压控制系数；m_{P_i}、n_{Q_i} 分别为下垂控制的频率和电压下垂系数；P_i、Q_i 为分布式电源输出有功功率和无功功率。

在电压下垂式（7.1）的作用下，负载偏差以及各逆变器的输出阻抗不一致导致分布式电源输出电压偏离额定值以及无功功率不合理分配，需要引入二次电压控制，但同时实现逆变器端电压调节和无功功率精确均分存在矛盾，本章将两个控制目标进行折中考虑, 即实现系统平均电压恢复和无功功率均分 [7-11]。

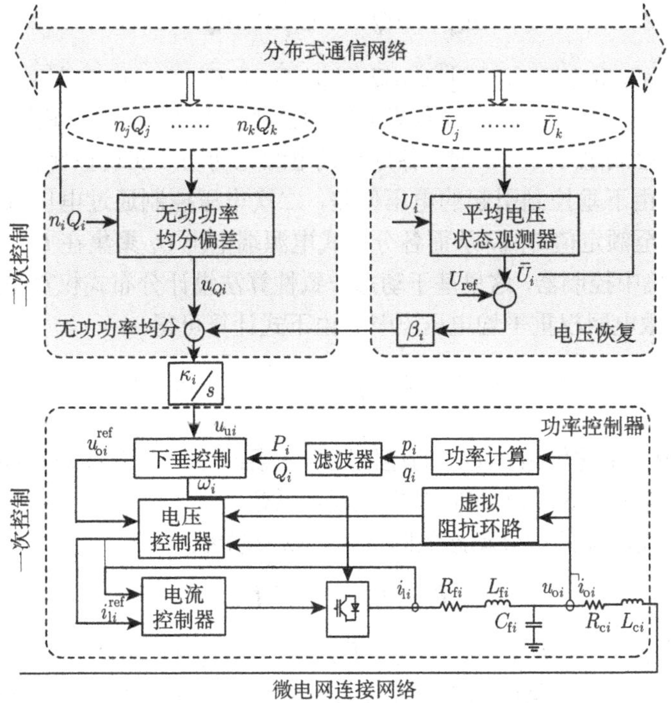

图 7.2 微电网分布式协同电压控制框架

通常选取逆变器电压下垂系数与分布式电源的无功功率容量成反比 [12]:

$$n_1 Q_{\max 1} = n_2 Q_{\max 2} = \cdots = n_n Q_{\max n} \tag{7.2}$$

式中, $Q_{\max i}$ 代表各分布式电源的无功功率容量, $i = 1, \cdots, n$。而无功功率均分是指输出无功功率按各无功功率容量进行分配, $Q_1/Q_{\max 1} = Q_2/Q_{\max 2} = \cdots = Q_n/Q_{\max n}$, 则可得电压下垂系数与输出无功功率满足以下关系: $n_1 Q_1 = n_2 Q_2 = \cdots = n_n Q_n$。

因此, 可基于本地与相邻节点之间的无功功率信息, 应用一致性算法实现无功功率比例协同分配, 其分布式无功均分偏差可表示为下式:

$$u_{Qi} = n_i \dot{Q}_i = C_Q \sum_{j \in N_i} a_{ij}^Q (n_j Q_j - n_i Q_i) \tag{7.3}$$

式中, u_{Qi} 表示第 i 个 DG 的无功均分偏差; a_{ij}^Q 为无功功率通信拓扑 G^Q 的邻接矩阵元素; C_Q 为无功功率耦合系数 [13]。

　　因此，本地–相邻分布式电源无功功率偏差的矩阵形式可写为

$$\boldsymbol{u_Q} = \boldsymbol{n\dot{Q}} = -C_Q \boldsymbol{L}^Q \boldsymbol{nQ} \tag{7.4}$$

式中，$\boldsymbol{u_Q} = [u_{Q1}, u_{Q2}, \cdots, u_{Qn}]^T$；$\boldsymbol{n\dot{Q}} = [n_1\dot{Q}_1, n_2\dot{Q}_2, \cdots, n_n\dot{Q}_n]^T$；$\boldsymbol{nQ} = [n_1Q_1, n_2Q_2, \cdots, n_nQ_n]^T$；$\boldsymbol{L}^Q = \mathcal{L}(G^Q)$ 代表 G^Q 的拉普拉斯矩阵。在一致性算法作用下，当且仅当反馈控制量 $u_{Qi} = 0$ 时，各分布式电源无功功率实现按比例均分。

　　为了补偿由下垂控制引起的电压偏差，二次电压控制通过电压调节环路恢复系统平均电压至额定值 U_{ref}，从而各分布式电源端电压 U_i 聚集在 U_{ref} 的允许范围内。由于缺乏集中控制器，这里基于动态一致性算法设计分布式权重平均电压观测器，从而获得微电网权重平均电压 [7,14]，由下式计算可得

$$\overline{U}_i = U_i(t) + C_E \int \sum_{j \in N_i} a_{ij}^U (\overline{U}_j - \overline{U}_i)\mathrm{d}t \tag{7.5}$$

式中，a_{ij}^U 代表电压通信拓扑 G^U 的连接矩阵元素；$\overline{U}_i$、$\overline{U}_j$ 为第 i 个 DG 和第 j 个 DG 的权重平均电压观测值；C_E 为电压耦合系数。

　　如上电压观测器的微分动态矩阵形式可以表示为：

$$\dot{\overline{U}} = \dot{U} - C_E \boldsymbol{L}^U \overline{U} \tag{7.6}$$

式中，$\dot{U} = [\dot{U}_1, \dot{U}_2, \cdots, \dot{U}_n]^T$；$\overline{U} = [\overline{U}_1, \overline{U}_2, \cdots, \overline{U}_n]^T$；$\boldsymbol{L}^U = \mathcal{L}(G^U)$ 代表 G^U 的拉普拉斯矩阵在连通型通信网络下，各分布式电源的平均电压观测器输出值将渐进收敛于系统全局权重平均电压值 [8]，即

$$\lim_{t \to +\infty} \overline{U}_i(t) = \sum_{i=1}^{n} \mu_i U_i(t) \tag{7.7}$$

式中，$\boldsymbol{\mu} = [\mu_1, \cdots, \mu_n]^T$ 表示 $\boldsymbol{L}^U$ 的关于特征值 0 的标称化正左特征向量。状态观测器中，可以根据实际负载的敏感性程度设置所对应电压节点的权重系数 μ_i，从而满足不同的电压调节目标。

　　因此，基于下垂特性的消除本地–相邻分布式电源无功功率偏差以及端电压偏差的分布式协同电压控制可描述为

$$\begin{cases} k_{Ui}\dot{U}_i = U_{ni} - U_i - n_iQ_i + u_i \\ u_i = \kappa_i \int [u_{Qi} + \beta_i(U_{\text{ref}} - \overline{U}_i)]\mathrm{d}t \end{cases} \tag{7.8}$$

式中，u_i 表示二次电压调节项；κ_i 代表控制器积分项系数；β_i 为无功功率均分和电压恢复控制目标的权重系数，与具体的微电网特性有关；U_{ref} 是系统额定电压参考值。采用如上分布式协同电压控制器并选取合适的权重系数 β_i，当微电网达到稳态时，$u_{Qi} = 0$ 且 $\overline{U}_i = U_{\text{ref}}$，从而实现系统无功功率均分和权重平均电压恢复至额定值的控制目标。

7.3 微电网分布式控制结构优化

7.3.1 分布式通信拓扑优化

在上节中通信网络结构 L^Q 与 L^U 对应于不同的信息交互模式,它们是分布式协同控制策略设计的基础,对系统控制性能产生重要影响。而随着如 WiMax、Wi-Fi 以及 LTE/4G 等无线通信技术的发展,通信网络可以在系统操作运行时灵活调节,因而有必要建立一套分布式通信拓扑的优化设计策略以提高微电网协同电压控制的动态性能。为了有利于过程分析,这里对网络拓扑提出两个假设:① 分布式电源中无功功率和电压信号由同一数据包进行传输,则 $L^Q = L^U = L$;② 通信网络的联络线信号传输是双向的,即为无向通信拓扑结构,因此电压观测器的权重向量为 $\boldsymbol{\mu} = [1/n, 1/n, \cdots, 1/n]^{\mathrm{T}}$,进而实现微电网平均电压收敛至额定值。

1. 网络连通性

网络连通性是分布式通信拓扑达到一致性收敛的充分条件 [15],本节通过网络可达矩阵 [16] 判断系统中任意两个节点之间是否存在至少一条可以实现数据传输的通信链路,可达矩阵可以通过网络 $G = (\mathcal{V}, \mathcal{E}, \mathcal{A})$ 的邻接矩阵计算得到:

$$RCM = \mathcal{A} + \mathcal{A}^2 + \cdots + \mathcal{A}^n \tag{7.9}$$

式中,"+"代表矩阵的布尔和操作;$RCM = [r_{ij}]$,$r_{ij} = 1$,表示节点 j 可直接或间接地通过网络传输信号到节点 i,否则 $r_{ij} = 0$。根据文献 [16],可达矩阵的非对角元素代表系统中不同节点间能否实现信号传输,当且仅当所有非对角元素 $r_{ij} = 1$,$i \neq j$ 时,此通信结构可作为设计分布式协同控制策略的连通型通信网络。

2. 网络收敛性能

对于连通型网络 G,建立拉普拉斯状态不一致函数:

$$\boldsymbol{\Phi}_G(\boldsymbol{x}) = \frac{1}{2} \sum_{i,j} a_{ij}(x_j - x_i)^2 = \boldsymbol{x}^{\mathrm{T}} \boldsymbol{L} \boldsymbol{x} \tag{7.10}$$

根据文献 [16, 17],网络状态不一致的相对收敛性具有如下特性:

$$\min_{\substack{\boldsymbol{x} \neq 0 \\ \mathbf{1}^{\mathrm{T}} \boldsymbol{x} = 0}} \frac{\boldsymbol{x}^{\mathrm{T}} \boldsymbol{L} \boldsymbol{x}}{\|\boldsymbol{x}\|^2} = \lambda_2(\boldsymbol{L}) \tag{7.11}$$

由于 G 为无向图,$\mathrm{rank}(\boldsymbol{L}) = n-1$;根据 Gerschgorin 原理,$\boldsymbol{L}$ 的 n 个特征根可以表示为 $0 = \lambda_1(\boldsymbol{L}) < \lambda_2(\boldsymbol{L}) \leqslant \cdots \leqslant \lambda_n(\boldsymbol{L}) \leqslant 2\Delta$,$\Delta$ 代表系统中节点的最大出度,即 $\Delta = \max_i \deg_{\mathrm{out}}(v_i)$,$v_i$ 表示分布式电源的出度。由式(7.11)可知,各节点状

态不一致的收敛速度与拉普拉斯矩阵的第二小特征值 $\lambda_2(L)$ 有关，称之为代数连通度[18]。在一致性算法作用下，各节点动态状态可分解为 $x = \alpha 1 + \eta$，其中 $\alpha =$ $\mathrm{Ave}(x)$ 对应于系统的不变性，节点状态最终收敛于系统平均值；η 为状态不一致向量，满足 $1^{\mathrm{T}}\eta = 0$；$1 = [1, 1, \cdots, 1]^{\mathrm{T}}$。考虑李雅普诺夫（Lyapunov）函数 $V(\eta)$ $= \|\eta\|^2/2$，可得下式：

$$\dot{V}(\eta) = -\eta^{\mathrm{T}}L\eta \leqslant -\lambda_2(L)\|\eta\|^2 = -2\lambda_2 V(\eta) \tag{7.12}$$

由上式可知，$\dot{V} \leqslant 0$ 且状态不一致向量 η 以 $\lambda_2(L)$ 的衰减速度收敛于零，因此在一致性算法下系统的收敛性能与网络代数连通度直接相关。

3. 网络延时裕度

控制系统的延时包括控制延时和通信延时两部分，由于目前控制器处理性能的提高，这里忽略了控制延时的影响。随着 WiMax、Wi-Fi 以及 LTE/4G 等通信技术的发展，基于稀疏通信网络的信息交互不可避免地存在延时、丢包、数据中断等问题。网络延时通常由物理延时和逻辑延时组成[19]，前者包含网络负载和通信介质，如光纤、双绞线及无线网络；后者涉及内部通信机制，包含数据包组织形式、信号调制/解调方式以及通信协议等。

大部分分布式电源通过电力电子装置并网运行，由于等效转动惯性小，控制过程中的扰动对系统响应具有重要影响[19,20]，因此有必要将通信延时裕度作为分布式通信拓扑优化的考虑因素之一。含有通信延时的一致性算法可表示为：

$$u_i(t) = \dot{x}_i(t) = \sum_{j \in N_i} a_{ij}[x_j(t-\tau) - x_i(t-\tau)] \tag{7.13}$$

对式 (7.13) 的矩阵形式进行拉普拉斯变化，进一步可得

$$X(s) = (sI + \mathrm{e}^{-\tau s}L)^{-1}x(0)$$

式中，$X(s)$ 表示节点状态 $x(t)$ 的拉普拉斯变化形式；I 为单位矩阵。

定理 7.1[15]　对于通信链路存在延时 τ 的无向连通型拓扑 G，当且仅当 $\tau \in$ $(0, \tau_{\mathrm{ref}})$，$\tau_{\mathrm{ref}} = \pi/(2\lambda_{\max}(L))$ 时，各节点状态能够在分布式一致性算法作用下渐进收敛于系统平均值，其中 τ_{ref} 称为通信网络的延时裕度。

综上所述，保证分布式控制策略稳定性的信息交互最大延时与通信网络拉普拉斯矩阵的最大特征根成反比。通常，具有较大代数连通度的通信网络对应于较小的系统延时裕度，例如全通型网络；而具有较小代数连通度的通信网络对应于较大的延时裕度，例如环形网络。网络收敛性与延时裕度间存在矛盾性，在分布式控制结构设计中需要综合考虑。

4. 多目标通信网络优化模型

分布式控制结构优化设计的目标为寻求最优通信拓扑以满足：在无信息交互延时系统快速收敛，含有延时网络延时裕度尽可能大；此外考虑通信网络构建的经济性和复杂性，链路越少越好，因此本书介绍如下多目标通信网络优化模型：

$$
\max \left\{ F_1 = \lambda_2(\boldsymbol{L}), F_2 = \pi/(2\lambda_{\max}(\boldsymbol{L})), F_3 = 1 \bigg/ \sum_{i=1}^{n}\sum_{j=1}^{n} \mathrm{sgn}(a_{ij}) \right\}
$$
$$
\text{s.t.} \quad \boldsymbol{L} = \mathcal{L}(G) \\
\qquad G \in \boldsymbol{G}_f
$$
(7.14)

式中，F_1，F_2，F_3 分别为对应于网络收敛性能、网络延时裕度以及网络经济性的目标函数。$\mathrm{sgn}(\cdot) = \|\cdot\|$，代表符号函数；$\boldsymbol{G}_f$ 为满足连通性和异构性的通信网络可行域，连通性是指网络中任一节点至少存在一条路径到达其他节点，异构性是指可行域中不存在出度完全一致的两个网络。

本书所介绍的分布式协同控制通信网络的优化设计包括两部分：离线获取多目标网络优化模型的 Pareto 前沿网络和在线选择最优通信拓扑，图 7.3 展示离线和在线网络结构优化的相关策略的流程，分步设计的原因在于：① 避免选择最优通信拓扑时反复求取 Pareto 前沿点；② 能够根据系统控制需求实时更新通信网络目标，选择最优通信拓扑。

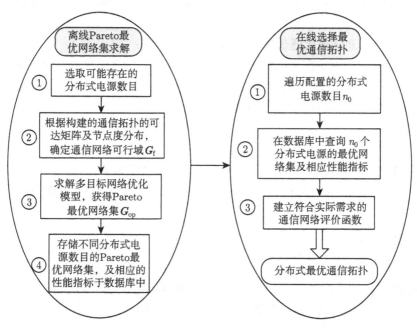

图 7.3 微电网分布式通信网络优化设计流程图

离线获取多目标优化模型的 Pareto 优化网络集的总体流程如下：

（1）根据微电网的实际需求，选取可能存在的分布式电源数目 n，$n \leqslant n_m$。

（2）根据微电网规模确定通信网络可行域 G_f。n 个分布式电源可以建立的通信网络数目为 $N_G = 2^{(n-1)n/2}$，从中选择同时具有连通性和异构性的网络为可行网络。首先基于 Warshall 算法 [21,22] 计算 N_G 个可选网络的可达矩阵，通过矩阵非对角元素判断是否具有连通性。然后，对通信网络进行异构性判断，与之对应的同构性是指多个通信网络由于节点出度的分布相同导致的网络代数连通度、延时裕度及链路数目等特征值也相同，因此在连通型通信拓扑排除多余的具有同构性的网络，最终组成分布式通信拓扑可行域 G_f。

（3）求解多目标网络优化模型，获得 Pareto 最优网络集 G_{op}。由上文分析可知，式（7.14）中网络收敛性能、网络延时裕度和链路数目之间存在矛盾性，使某一性能指标优化时势必牺牲至少一个其他的性能指标 [23]。针对此多目标优化问题，本章采用非主导排序算法 [24,25] 求得 Pareto 前沿，有效避免了传统单目标加权算法求取多目标优化问题时选取的权重系数对结果的影响。由于步骤（2）确定的通信拓扑可行域 G_f 是有限个通信拓扑，因此非主导排序算法并不会使求解过程陷入局部最优情况。所求得的 Pareto 前沿并不是单个通信网络，而是多个拓扑结构，这类结构中三个目标函数不都被其他结构的拓扑占优。

（4）将对应于不同分布式电源数目的 Pareto 最优网络集，以及各个前沿网络拓扑相应的三个性能指标存储在分布式通信拓扑调度数据库中，用于在线最优拓扑结构的选择。

在线选择分布式最优通信拓扑包括以下具体步骤：

（1）遍历微电网中配置的分布式电源数目 n_0，在已离线建立的通信拓扑调度数据库中查询 n_0 个分布式电源对应的 Pareto 前沿网络，以及各网络结构的代数连通度、延时裕度、链路数目三个指标。

（2）根据系统的实际需求建立具体的通信网络评价策略，即在不同子目标函数中分配不同权重。

（3）根据不同的网络评价函数，从 Pareto 最优网络集 G_{op} 中选取最优通信拓扑。不同的系统控制需求对应于不同的网络评价策略，进而获得最终的分布式通信拓扑结构。

7.3.2　算例分析

为了验证所介绍的分布式控制结构优化策略的有效性，基于 MATLAB/Simulink 搭建图 7.4 所示的微电网系统，其中 5 个相同容量的逆变型分布式电源和 2 个负载连接于一公共母线，系统参数和控制参数如表 7.1 所示。

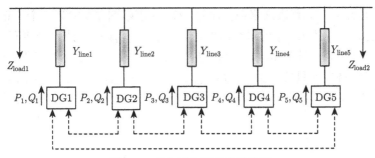

图 7.4　微电网算例系统结构图

表 7.1　微电网系统参数和控制参数

参数		数值	参数		数值
母线侧电压		750V		Y_{line1}	0.5−j1.5s
微电网电压		380V/50Hz		Y_{line2}	1.7123−j3.7671s
分布式电源容量 DG1-5		20kW, 10kvar	线路导纳	Y_{line3}	2.7682−j5.1903s
下垂系数	$m_{1\sim5}$	1×10^{-5}rad/(W·s)		Y_{line4}	1.3333−j2.6667s
	$n_{1\sim5}$	7.5×10^{-4}V/var		Y_{line5}	2.5773−j6.7010s
功率控制参数	ω_{c}	40Hz	负载	Z_{load1}	8.712+j2.904Ω
	k_{Ui}	1		Z_{load2}	14.52+j14.52 Ω
偏差系数 β_i		1.8	耦合增益	C_Q	1
				C_E	5

考虑上述 5 节点微电网系统，$n_m = 5$，基于 Warshall 算法计算拓扑的可达矩阵式，得到满足连通性和异构性的包含 19 个通信网络拓扑的可行域 G_f。将拓扑集 G_f 代入多目标网络优化模型式（7.14）中，通过非支配搜索算法得到离散 Pareto 前沿优化集 G_{op} 如图 7.5 所示，而 G_{op} 对应的 $F_1 \sim F_3$ 优化目标值见图 7.6。这类 Pareto 优化拓扑集结构各异，可分为星形拓扑、环形拓扑、全通拓扑、五面体结构以及不规则结构，每种拓扑的收敛性能、延时裕度和网络经济性不被其他拓扑支配。其中，星形拓扑 G_1 的通信链路最少，但由于有通信集中点，则网络可靠性最差；全通拓扑 G_3 对应最优的收敛性能，但延时鲁棒性最差且通信链路最多；而环形拓扑 G_2 的延时鲁棒性最优，收敛性能和通信链路在所有通信网络中居中。这里需要注意的是，Pareto 前沿优化点以及相应的性能指标在离线过程中计算完成，并将结果存储于网络调度系统的数据库中。为了获得最优通信拓扑，需根据不同的控制需求设计具体网络评价策略 J_i，对应不同的性能侧重点：

$$\max J_i = \begin{cases} 0, & \Delta_{\min}(G_{\text{op}\_i}) = 1 \\ \beta_1\left(\dfrac{F_{1\_i}-F_{1,\min}}{F_{1,\max}-F_{1,\min}}\right) + \beta_2\left(\dfrac{F_{2\_i}-F_{2,\min}}{F_{2,\max}-F_{2,\min}}\right) + \beta_3\left(\dfrac{F_{3\_i}-F_{3,\min}}{F_{3,\max}-F_{3,\min}}\right) \end{cases}$$

$$(7.15)$$

式中，$i = 1, 2, \cdots, 7$，代表网络拓扑序号；$G_{\mathrm{op\_}i}$ 表示图 7.5 中第 i 个 Pareto 优化拓扑；$\Delta_{\min}(G_{\mathrm{op\_}i})$ 为 $G_{\mathrm{op\_}i}$ 的最小出度，当 $\Delta_{\min}(G_{\mathrm{op\_}i}) = 1$，表示至少有 1 个点只存在 1 条通信链路，对单点故障敏感；F_{1_i}、F_{2_i} 以及 F_{3_i} 表示网络收敛性、延时裕度和网络经济性的目标函数值；$F_{1,\min}(F_{1,\max})$、$F_{2,\min}(F_{2,\max})$、$F_{3,\min}(F_{3,\max})$ 表示 F_{1_i}、F_{2_i}、F_{3_i} 的最小值（最大值）；β_1、β_2、β_3 为对应 3 个性能指标的权重系数。

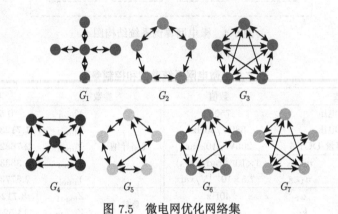

图 7.5　微电网优化网络集

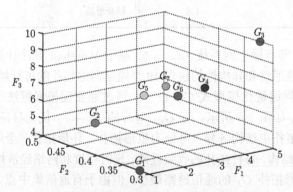

图 7.6　微电网优化网络对应的性能指标

如果对网络收敛性、延时裕度、网络经济性分配相同的权重系数，即 $\beta_1 = \beta_2 = \beta_3 = 1/3$，则此算例 Pareto 优化网络集的评估函数值为 $J_{G_1} = 0, J_{G_2} = 0.5874, J_{G_3} = 0.3333, J_{G_4} = 0.2222, J_{G_5} = 0.3323, J_{G_6} = 0.2202, J_{G_7} = 0.2652$。因此，综合考虑收敛性、延时裕度、网络链路数，这里选择环形拓扑 G_2 为最优通信网络。

为了验证优化拓扑设计策略的有效性，将一普通网络的分布式协同电压控制性能与最优网络拓扑 G_2 的性能进行比较，普通网络的拓扑结构如图 7.7 所示。这两种拓扑具有相同的通信链路数目，为保证统一性，控制器参数取为 $\kappa_1 = \kappa_2 =$

$\kappa_3 = \kappa_4 = \kappa_5 = 4$。微电网初始运行于下垂控制，$t = 0.3\mathrm{s}$ 时分布式二次电压控制启动，图 7.8 为普通拓扑和优化拓扑在无通信延时情况下输出无功功率和平均电压估计值的效果图，初始阶段由于下垂特性输出电压偏离额定值，无功功率不能均分；二次电压控制启动后，平均电压估计值收敛至额定值，无功功率实现均分，普通网络调节时间大于 3s，而最优网络的调节时间约为 1.3s，收敛性能明显优于前者。

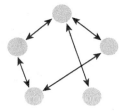

图 7.7 普通网络 G_8

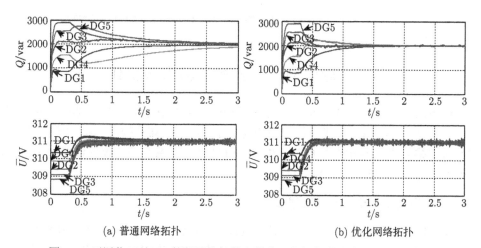

(a) 普通网络拓扑   (b) 优化网络拓扑

图 7.8 无通信延时下，普通网络拓扑和优化网络拓扑的微电网控制效果图

为了验证优化通信网络的鲁棒性，图 7.9 为上述操作过程中通信延时 $\tau = 175\mathrm{ms}$ 时普通网络和优化网络的无功功率和平均电压估计值效果图。可以看出，在 $\tau = 175\mathrm{ms}$ 时普通网络对应的无功功率和电压估计曲线经历持续振荡，而优化网络在此通信延时下响应曲线经历衰减振荡，则在优化拓扑作用下微电网系统的延时裕度大于 175ms。上述结果说明所选的最优网络拓扑 G_2 较普通拓扑收敛性能、延时鲁棒性能有较大的改进，与理论分析一致。以上通信网络的优化设计是基于 3 个性能指标综合考虑的，当目标函数改变时，最优拓扑也将改变。若选择经济性最优时，G_1 为最优拓扑；若选择收敛性能最优时，G_3 为最优拓扑。在此过程中，当离线计算出 Pareto 优化点后，可根据实际需求设计网络评估函数并在线选择最优网络拓扑。

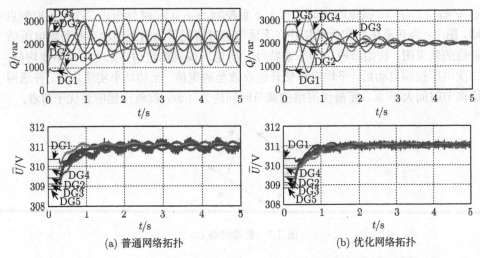

(a) 普通网络拓扑   (b) 优化网络拓扑

图 7.9 通信延时 $\tau = 175\text{ms}$ 时普通网络拓扑和优化网络拓扑的微电网控制效果图

7.4 微电网分布式控制器参数优化

微电网分布式控制策略优化设计包括通信拓扑优化设计和控制器参数优化设计。在确定了微电网分布式通信拓扑的前提下,进行分布式控制器参数优化设计。本节首先推导微电网小信号模型,基于小信号模型从系统动态收敛性能和延时鲁棒性两个方面介绍控制器参数设计的步骤。

7.4.1 微电网闭环小信号动态建模

微电网小信号模型为微电网在稳态运行点处线性化而得到的控制系统模型,是微电网稳定性分析、控制器设计、系统运行等特征研究中不可或缺的重要环节。本节将其作为分布式控制器参数优化设计的有效工具。微电网系统包括分布式电源、连接网络以及负荷三部分,如图 7.10 所示,分别对其进行小信号建模。

各逆变器的控制策略基于以 ω_i 为旋转角频率的自身 $dq0$ 参考坐标系执行,为了统一参考坐标通常将某一分布式电源的参考坐标设定为公共参考坐标系 $DQ0$,旋转角频率为 ω_{com},系统中其他变量进行坐标转换[1,26]:

$$\boldsymbol{f}_{DQ} = \boldsymbol{T}_i \boldsymbol{f}_{dq} \tag{7.16a}$$

$$\boldsymbol{T}_i = \begin{bmatrix} \cos \delta_i & -\sin \delta_i \\ \sin \delta_i & \cos \delta_i \end{bmatrix} \tag{7.16b}$$

式中,$\boldsymbol{f}_{DQ} = [f_D \ f_Q]^{\text{T}}$,下标 DQ 以及 dq 表示列向量;第 i 个 DG 的参考坐标系

与公共参考坐标系间的旋转相角差可描述为

$$\dot{\delta}_i = \omega_i - \omega_{\text{com}} \tag{7.17}$$

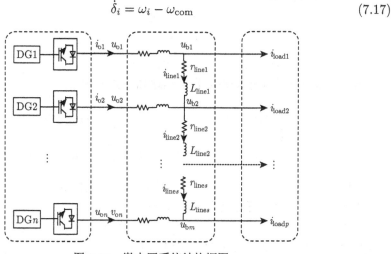

图 7.10 微电网系统结构框图

在逆变器一次控制层中，考虑到电压电流控制环的动态特性远高于下垂控制环，在分布式电源建模时可以忽略高阶动态部分，将电源当作可控电压源（controllable voltage source，CVS）[1,7,27]。为了提高微电网 P/f 和 Q/V 下垂控制的动态性能，可以在一次控制中引入虚拟阻抗环路从而使逆变器输出阻抗呈感性，虚拟阻抗的电压降可由计算得到 [5,28]：

$$\begin{cases} u_{vdi} = i_{odi}R_{vi} - i_{oqi}\omega_i L_{vi} \\ u_{vqi} = i_{oqi}R_{vi} + i_{odi}\omega_i L_{vi} \end{cases} \tag{7.18}$$

式中，u_{vdi}、u_{vqi} 分别表示分布式电源的虚拟电压降在 dq 轴分量；i_{odi}、i_{oqi} 分别代表输出电流在 dq 轴分量；R_{vi}、L_{vi} 分别为虚拟电阻和虚拟电感。

基于本地有功功率和无功功率分别调节逆变器角频率 ω_i 和输出电压参考值 $U_{r,\text{mag}i}$ 的下垂特性函数可写成如下形式：

$$\begin{cases} \omega_i = \omega_{ni} - m_{P_i}P_i \\ k_{Ui}\dot{U}_{r,\text{mag}i} = U_{ni} - U_{r,\text{mag}i} - n_{Q_i}Q_i \end{cases} \tag{7.19}$$

式中，ω_{ni}、U_{ni} 分别代表逆变器角频率和输出电压的额定值；k_{Ui} 表示电压控制系数；m_{P_i}、n_{Q_i} 分别为频率和电压下垂系数；P_i、Q_i 为分布式电源输出有功和无功功率的平均值，可由瞬时有功和无功功率通过一阶低通滤波器计算得到，工作原理如下所示：

$$\begin{cases} \dot{P}_i = -\omega_{ci}P_i + \omega_{ci}(u_{odi}i_{odi} + u_{oqi}i_{oqi}) \\ \dot{Q}_i = -\omega_{ci}Q_i + \omega_{ci}(u_{oqi}i_{odi} - u_{odi}i_{oqi}) \end{cases} \tag{7.20}$$

式中，ω_{ci} 为滤波器剪切频率；u_{odi}、u_{oqi} 表示分布式电源输出电压的 dq 轴分量，可以由下式计算得到：

$$\begin{cases} u_{odi} = u_{rdi} - u_{vdi} \\ u_{oqi} = u_{rqi} - u_{vqi} \end{cases} \tag{7.21}$$

式中，u_{rdi}、u_{rqi} 分别为 $U_{r,\text{mag}i}$ 的 dq 轴分量。

各逆变器输出电流的动态方程可描述如下式所示：

$$\begin{cases} \dot{i}_{odi} = -\dfrac{R_{ci}}{L_{ci}}i_{odi} + \omega_i i_{oqi} + \dfrac{1}{L_{ci}}(u_{odi} - u_{bdi}) \\ \dot{i}_{oqi} = -\dfrac{R_{ci}}{L_{ci}}i_{oqi} - \omega_i i_{odi} + \dfrac{1}{L_{ci}}(u_{oqi} - u_{bqi}) \end{cases} \tag{7.22}$$

式中，R_{ci}、L_{ci} 表示第 i 个分布式电源连接阻抗的电阻和电感；u_{bdi}、u_{bqi} 表示分布式电源对应的母线电压节点的 dq 轴分量。

对式（7.17）、式（7.20）～式（7.22）进行线性化，并利用坐标变换方程，则单逆变器的小信号状态控制模型可表示成如下形式：

$$\begin{cases} \Delta\dot{\boldsymbol{x}}_{\text{inv}i} = \boldsymbol{A}_{\text{inv}i}\Delta\boldsymbol{x}_{\text{inv}i} + \boldsymbol{B}_{\text{inv}i}\Delta\boldsymbol{V}_{bDQi} + \boldsymbol{B}_{iwc}\Delta\omega_{\text{com}} + \boldsymbol{B}_{ui}\Delta\boldsymbol{u}_i \\ \Delta\boldsymbol{i}_{oDQi} = \boldsymbol{C}_{\text{inv}ci}\Delta\boldsymbol{x}_{\text{inv}i} \end{cases} \tag{7.23}$$

式中，$\Delta\boldsymbol{x}_{\text{inv}i}=[\Delta\delta_i\ \Delta P_i\ \Delta Q_i\ \Delta u_{odi}\ \Delta i_{odi}\ \Delta i_{oqi}]^{\text{T}}$；$\Delta\boldsymbol{i}_{oDQi}$ 代表在公共参考坐标系 DQ 下的逆变器输出电流；系数矩阵 $\boldsymbol{A}_{\text{inv}i}$，$\boldsymbol{B}_{\text{inv}i}$，$\boldsymbol{B}_{iwc}$，$\boldsymbol{B}_{ui}$ 以及 $\boldsymbol{C}_{\text{inv}ci}$ 分别为状态矩阵、电压扰动矩阵、频率扰动矩阵、输入矩阵及输出矩阵。

假设 DG1 的本地参考坐标系为微电网公共参考坐标系，则 n 个分布式电源的小信号模型可写成：

$$\begin{cases} \Delta\dot{\overline{\boldsymbol{x}}}_{\text{inv}} = \overline{\boldsymbol{A}}_{\text{inv}}\Delta\overline{\boldsymbol{x}}_{\text{inv}} + \overline{\boldsymbol{B}}_{\text{inv}}\Delta\boldsymbol{U}_{bDQ} + \overline{\boldsymbol{B}}_u\Delta\boldsymbol{u} \\ \Delta\boldsymbol{i}_{oDQ} = \overline{\boldsymbol{C}}_{\text{inv}c}\Delta\overline{\boldsymbol{x}}_{\text{inv}} \end{cases} \tag{7.24}$$

式中，状态变量 $\Delta\overline{\boldsymbol{x}}_{\text{inv}} = [\Delta x_{\text{inv}1}, \Delta x_{\text{inv}2}, \cdots, \Delta x_{\text{inv}n}]^{\text{T}}$；扰动变量 $\Delta\boldsymbol{U}_{bDQ} = [\Delta u_{bDQ1}, \Delta u_{bDQ2}, \cdots, \Delta u_{bDQm}]^{\text{T}}$；输入变量 $\Delta\boldsymbol{u} = [\Delta u_1, \Delta u_2, \cdots, \Delta u_n]^{\text{T}}$；输出变量 $\Delta\boldsymbol{i}_{oDQ} = [\Delta i_{oDQ1}, \Delta i_{oDQ2}, \cdots, \Delta i_{oDQn}]^{\text{T}}$。

在图 7.10 的分布式电源连接网络中，$DQ0$ 参考坐标系下连接线路和负载的动态特性可描述成如下矩阵形式：

$$\Delta\dot{\boldsymbol{i}}_{\text{line}DQ} = \boldsymbol{A}_{\text{line}}\Delta\boldsymbol{i}_{\text{line}DQ} + \boldsymbol{B}_{\text{line}1}\Delta\boldsymbol{U}_{bDQ} + \boldsymbol{B}_{\text{line}2}\Delta\omega_{\text{com}} \tag{7.25}$$

$$\Delta\dot{\boldsymbol{i}}_{\text{load}DQ} = \boldsymbol{A}_{\text{load}}\Delta\boldsymbol{i}_{\text{load}DQ} + \boldsymbol{B}_{\text{load}1}\Delta\boldsymbol{U}_{bDQ} + \boldsymbol{B}_{\text{load}2}\Delta\omega_{\text{com}} \tag{7.26}$$

式中，线路电流变量 $\Delta\boldsymbol{i}_{\text{line}DQ} = [\Delta i_{\text{line}DQ1}, \Delta i_{\text{line}DQ2}, \cdots, \Delta i_{\text{line}DQs}]^{\text{T}}$，$\boldsymbol{i}_{\text{line}DQi} = [i_{\text{line}Di}, i_{\text{line}Qi}]^{\text{T}}$ 代表第 i 条节点连接支路的线路电流；负载电流变量 $\Delta\boldsymbol{i}_{\text{load}DQ} =$

$[\Delta i_{\mathrm{load}DQ1} \; \Delta i_{\mathrm{load}DQ2} \; \cdots \; \Delta i_{\mathrm{load}DQp}]^{\mathrm{T}}$, $i_{\mathrm{load}DQi} = [i_{\mathrm{load}Di} \; i_{\mathrm{load}Qi}]^{\mathrm{T}}$ 代表第 i 个负载电流；A_{line}, $B_{\mathrm{line}1}$, $B_{\mathrm{line}2}$, A_{load}, $B_{\mathrm{load}1}$, $B_{\mathrm{load}2}$ 分别表示线路及负载的系数矩阵。

由式（7.24）~式（7.26）可知，母线电压 $\Delta U_{\mathrm{b}DQ}$ 为综合微电网模型的逆变器部分，连接线路部分和负载部分的中间变量。基于基尔霍夫电流定律，连接于分布式电源 j，网络连接线路 i，线路 j 以及负载 j 之间的节点电压 j 的动态方程可表示如下：

$$
\begin{cases}
u_{\mathrm{b}Dj} = R_{\mathrm{load}j}(i_{\mathrm{o}Dj} + i_{\mathrm{line}Di,j}) + L_{\mathrm{load}j}[(\dot{i}_{\mathrm{o}Dj} + \dot{i}_{\mathrm{line}Di,j}) - \omega_{\mathrm{com}}(i_{\mathrm{o}Qj} + i_{\mathrm{line}Qi,j})] \\
u_{\mathrm{b}Qj} = R_{\mathrm{load}j}(i_{\mathrm{o}Qj} + i_{\mathrm{line}Qi,j}) + L_{\mathrm{load}j}[(\dot{i}_{\mathrm{o}Qj} + \dot{i}_{\mathrm{line}Qi,j}) + \omega_{\mathrm{com}}(i_{\mathrm{o}Dj} + i_{\mathrm{line}Di,j})]
\end{cases}
$$
$$(7.27)$$

式中，$i_{\mathrm{line}Di,j} = i_{\mathrm{line}Di} - i_{\mathrm{line}Dj}$；$i_{\mathrm{line}Qi,j} = i_{\mathrm{line}Qi} - i_{\mathrm{line}Qj}$；$R_{\mathrm{load}j}$ 和 $L_{\mathrm{load}j}$ 表示负载 j 的电阻值和电感值。

对上式进行线性化，并将线性化结果代入线路小信号方程及负载小信号方程，可进一步得到如下所示的连接网络小信号状态空间模型：

$$
\begin{cases}
\Delta \dot{i}_{\mathrm{net}DQ} = A_{\mathrm{net}}\Delta i_{\mathrm{net}DQ} + B_{\mathrm{net}1}\Delta i_{\mathrm{o}DQ} + B_{\mathrm{net}2}\Delta \dot{i}_{\mathrm{o}DQ} \\
\Delta u_{\mathrm{b}DQ} = C_{\mathrm{net}}\Delta i_{\mathrm{net}DQ} + C_{\mathrm{net}1}\Delta i_{\mathrm{o}DQ} + C_{\mathrm{net}2}\Delta \dot{i}_{\mathrm{o}DQ}
\end{cases}
\tag{7.28}
$$

式中，$\Delta i_{\mathrm{net}DQ} = [\Delta i_{\mathrm{line}DQ}, \Delta i_{\mathrm{load}DQ}]^{\mathrm{T}}$；$A_{\mathrm{net}}$, $B_{\mathrm{net}1}$, $B_{\mathrm{net}2}$, C_{net}, $C_{\mathrm{net}1}$ 以及 $C_{\mathrm{net}2}$ 代表微电网连接网络结构的系数矩阵。

为实现分布式电源输出电压恢复，引入平均电压状态观测器式（7.5），小信号模型如下所示：

$$
\Delta \dot{\overline{U}}_i = -k_{Ui}^{-1}\Delta u_{\mathrm{o}di} - k_{Ui}^{-1}n_{Qi}\Delta Q_i + C_E\sum_{j\in N_i}a_{ij}(\Delta\overline{U}_j - \Delta\overline{U}_i) + k_{Ui}^{-1}\Delta u_i
\tag{7.29}
$$

为了便于设计分布式协同电压控制器，引入如下虚拟状态变量：

$$
\frac{\mathrm{d}\varphi_i}{\mathrm{d}t} = C_Q\sum_{j\in N_i}a_{ij}(n_jQ_j - n_iQ_i) + \beta_i(U_{\mathrm{ref}} - \overline{U}_i)
\tag{7.30}
$$

线性化式（7.30），可以推导出小信号模型如下：

$$
\Delta\dot{\varphi}_i = C_Q\sum_{j\in N_i}a_{ij}(n_j\Delta Q_j - n_i\Delta Q_i) - \beta_i\Delta\overline{U}_i
\tag{7.31}
$$

连接逆变器小信号模型、网络连接小信号模型、节点电压动态方程、平均状态观测器模型以及虚拟状态变量，则微电网的小信号状态空间模型可表述如下：

$$
\begin{cases}
\Delta\dot{x} = A\Delta x + B\Delta u \\
\Delta y = C\Delta x
\end{cases}
\tag{7.32}
$$

式中，系统状态变量 $\Delta \boldsymbol{x} = [\Delta x_{\mathrm{inv}}\ \Delta i_{\mathrm{line}DQ}\ \Delta i_{\mathrm{load}DQ}\ \overline{U}_1\ \overline{U}_2\ \cdots\ \overline{U}_n\ \Delta\varphi_1\ \cdots\ \Delta\varphi_n]^{\mathrm{T}}$；
输入变量 $\Delta \boldsymbol{u} = [\Delta u_1\ \Delta u_2\ \cdots\ \Delta u_n]^{\mathrm{T}}$；$\Delta \boldsymbol{y} = [\Delta y_{\mathrm{inv}1}\ \Delta y_{\mathrm{inv}2}\ \cdots\ \Delta y_{\mathrm{inv}n}]$，$\Delta \boldsymbol{y}_{\mathrm{inv}i} =$
$\left[\Delta\varphi_i\ \displaystyle\int \Delta\varphi_i\right]^{\mathrm{T}}$ 为虚拟输出向量，可以由分布式电源输出电压和无功功率计算得
到。为了方便公式表述，在下文的小信号状态空间模型中省略符号 "Δ"。

7.4.2　考虑动态收敛性能的控制器参数优化

　　将控制系统具体性能指标的实现转化为给定目标函数的优化问题，是设计反
馈控制器参数的有效方式。本节针对微电网系统模型式（7.32），基于线性二次型调
节器 LQR 设计反馈控制量 $\boldsymbol{u}$ 从而满足控制系统动态性能优化的目标，二次型优
化目标函数可表述如下 [20]：

$$\min\ I = \frac{1}{2}\int_0^{\infty} (\boldsymbol{x}^{\mathrm{T}}\boldsymbol{Q}\boldsymbol{x} + \boldsymbol{u}^{\mathrm{T}}\boldsymbol{R}\boldsymbol{u})\mathrm{d}t \tag{7.33}$$

上述二次型优化目标函数的控制目标，一方面在尽可能短的调节时间内使各状态
变量快速、平稳地达到平衡状态，另一方面调节过程中使控制量幅度尽可能小，通
常两者在一定程度上存在矛盾性；$\boldsymbol{Q}$、$\boldsymbol{R}$ 分别表示对应于状态变量和输出变量的
对称非负定加权矩阵，可以通过调整权重侧重于不同的控制方面。

　　线性二次型优化的原理是通过设计线性反馈控制率 $\boldsymbol{u} = -\boldsymbol{K}\boldsymbol{y}$ [30,31]，使控制系
统的动态性能二次型目标函数最小化，从而将控制器参数设计问题转化为目标函
数优化问题的求解过程。相比于集中式控制结构，微电网分布式协同控制中各分布
式电源仅与相邻单元进行信息交互，对线性反馈控制率 $\boldsymbol{u}$ 提出了结构限制。根据
文献 [29]，本节首先基于虚拟辅助变量，将微电网小信号模型分解为对应于各分布
式电源的单输入单输出（single input single output，SISO）形式，将分布式控制器
参数设计问题转化为分散控制器参数设计问题，进而根据系统优化目标函数对
反馈控制器参数的变化率进行参数设计，图 7.11 展示了分布式协同控制器参数设
计的流程图，具体步骤如下文描述。

　　基于虚拟辅助变量，将微电网小信号模型转化为对应于各分布式电源的单输
入单输出结构形式：

$$\begin{cases} \dot{\boldsymbol{x}} = \boldsymbol{A}\boldsymbol{x} + \displaystyle\sum_{i=1}^{n} \boldsymbol{B}_{si}\boldsymbol{u}_i, & \boldsymbol{x}(0) = x_0, \\ \boldsymbol{y}_i = \boldsymbol{C}_{si}\boldsymbol{x}, & i = 1,\cdots,n \end{cases} \tag{7.34}$$

式中，$\boldsymbol{B}_{si}$、$\boldsymbol{C}_{si}$、$\boldsymbol{y}_i$ 对应于微电网状态矩阵 $\boldsymbol{B}$、输出矩阵 $\boldsymbol{C}$ 和输出变量 $\boldsymbol{y}$ 的 DGi
部分；x_0 为系统初始状态变量。因此，控制系统优化目标可以分解为 n 个子系统
的优化目标，通过设计各子系统式的反馈控制策略从而实现整体控制性能的优化。

子系统控制中，控制率 u_i 可以基于本地输出 y_i 的反馈形式获取，$u_i = \kappa_i \varphi_i = \kappa_i y_i$，描述如下：

$$\boldsymbol{u} = -\boldsymbol{K}_y \boldsymbol{y}, \quad \boldsymbol{K}_y = \mathrm{diag}\{\kappa_i\} \tag{7.35}$$

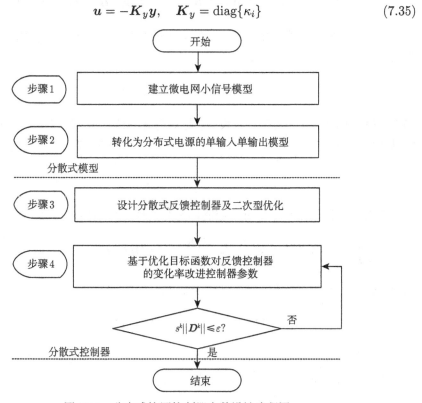

图 7.11　分布式协同控制器参数设计流程图

将反馈控制率式（7.35）代入微电网开环模型，则闭环控制系统

$$\dot{\boldsymbol{x}} = (\boldsymbol{A} - \boldsymbol{B}\boldsymbol{K}_y\boldsymbol{C})\boldsymbol{x} \tag{7.36}$$

二次型优化目标函数可描述成与系统初始状态 x_0 相关形式：

$$\boldsymbol{I} = \boldsymbol{x}_0^{\mathrm{T}} \left[\frac{1}{2} \int_0^\infty \boldsymbol{\Phi}(t)^{\mathrm{T}} (\boldsymbol{Q} + \boldsymbol{C}^{\mathrm{T}} \boldsymbol{K}_y^{\mathrm{T}} \boldsymbol{R} \boldsymbol{K}_y \boldsymbol{C}) \boldsymbol{\Phi}(t) \mathrm{d}t \right] \boldsymbol{x}_0 \tag{7.37}$$

式中，$\boldsymbol{\Phi}(t) = \exp([\boldsymbol{A} - \boldsymbol{B}\boldsymbol{K}_y\boldsymbol{C}]t)$，代表系统转移矩阵。对于对称型矩阵 $\boldsymbol{Q}$ 满足以下特性：$\boldsymbol{x}^{\mathrm{T}}\boldsymbol{Q}\boldsymbol{x} = \mathrm{trace}(\boldsymbol{Q}\boldsymbol{x}\boldsymbol{x}^{\mathrm{T}})$，则上式可以进一步转化为

$$\boldsymbol{I} = \frac{1}{2} \mathrm{trace}(\boldsymbol{P}\boldsymbol{x}_0\boldsymbol{x}_0^{\mathrm{T}}) \tag{7.38}$$

系数矩阵：

$$\boldsymbol{P} = \int_0^\infty \boldsymbol{\Phi}(t)^{\mathrm{T}} (\boldsymbol{Q} + \boldsymbol{C}^{\mathrm{T}} \boldsymbol{K}_y^{\mathrm{T}} \boldsymbol{R} \boldsymbol{K}_y \boldsymbol{C}) \boldsymbol{\Phi}(t) \mathrm{d}t \tag{7.39}$$

进一步，P 是以下 Lyapunov 方程的解：

$$(A + BK_yC)^T P + P(A + BK_yC) + C^T K_y^T RK_yC + Q = 0 \tag{7.40}$$

为了在分散控制器优化设计中消除以上优化目标函数与系统初始状态 x_0 的相关性，引入目标函数平均值如下所示：

$$\tilde{I} = E[\mathrm{trace}(Px_0 x_0^T)] \tag{7.41}$$

式中，$E[\cdot]$ 表示函数期望值。假设 x_0 是均匀分布式在 n 维单位球上的随机变量，可以得出 $E[x_0 x_0^T] = I/n$，进而 $\tilde{I} = (\mathrm{trace}P)/n$。则式（7.41）可以进一步等价为如下表述的 x_0 无关形式：

$$\bar{I} = \mathrm{trace}P \tag{7.42}$$

二次型优化目标函数相对于控制器参数的梯度可以描述成以下形式[29]：

$$\frac{\mathrm{d}\bar{I}}{\mathrm{d}K_y} = \lim_{\varepsilon \to 0} \frac{\bar{I}(K_y + \varepsilon K_y) - \bar{I}(K_y)}{\varepsilon} = 2(RK_yC - B^T P)LC^T \tag{7.43}$$

式中，矩阵 L 是以下方程的正定对称矩阵解：

$$(A - BK_yC)L + L(A - BK_yC)^T + I = 0 \tag{7.44}$$

当且仅当闭环控制系统稳定时，L 存在正定对称解。控制系统设计中，令 $\mathrm{d}\bar{I}/K_y = 0$，则二次型目标函数 $\bar{I}$ 达到最优值，控制器参数 K_y 表述如下：

$$K_y = R^{-1}B^T PLC^T(CLC^T)^{-1} \tag{7.45}$$

定理 7.2[29] 控制系统中，使系统性能指标达到最优化需要同时满足式（7.40）的 P 矩阵，式（7.44）的 L 矩阵有对称正定解，从而获得最优化控制器参数。

由上述定理可知，分布式反馈控制器参数设计需要同时满足式（7.40）、式（7.43）、式（7.45）三个等式条件，导致了极大的计算复杂性。本节基于二次型优化目标函数的梯度，介绍了一种微电网分布式控制器参数迭代优化算法，保证每次迭代计算后，改进的反馈控制器对应的优化目标值比改进前的目标值更优。

首先，选取能够使微电网控制系统闭环稳定的分布式反馈控制器初值 K_y^0，迭代次数设为 $k = 1$，以下为控制器参数迭代优化算法具体步骤。

步骤 1 根据式（7.40）、式（7.44）确定系数矩阵 P^k 和 L^k，反馈控制器参数矩阵为 $K_y = K_y^{k-1}$。

步骤 2 将 P^k，L^k，K_y 代入式（7.43），确定优化目标函数的梯度 $\mathrm{d}\bar{I}/\mathrm{d}K_y$。令 $D^k = \mathrm{diag}\{D_i^k\}$，其中 D_i^k 表示 $\mathrm{d}\bar{I}/\mathrm{d}K_y$ 的对角元素。

步骤 3 确定步长 s^k, 使其满足 $\overline{I}(\boldsymbol{K}_y^{k-1} - s^k\boldsymbol{D}^k) < \overline{I}(\boldsymbol{K}_y^{k-1})$, 进而令 $\boldsymbol{K}_y^k = \boldsymbol{K}_y^{k-1} - s^k\boldsymbol{D}^k$。$s^k$ 表示一维优化搜寻步长, 可由静态优化算法计算[32]。

步骤 4 选取一优化算法阈值 ε, 若 $s^k\|\boldsymbol{D}^k\| \leqslant \varepsilon$, 表示在此反馈控制器参数下优化目标的变化率在允许范围内, 迭代停止; 否则令 $k = k+1$, 返回步骤一重新迭代计算。

最终计算得到微电网分布式次优反馈控制器。此迭代优化算法首先选择一稳定的反馈控制器初值 $\boldsymbol{K}_y^0$, 其稳定性可以通过将 $\boldsymbol{K}_y^0$ 代入微电网开环模型式 (7.32), 从而得到的闭环控制系统的特征根进行判断。

根据文献 [29], 控制器参数迭代优化算法具有以下特性:

(1) 稳定的反馈控制器 $\boldsymbol{K}_y^k = \boldsymbol{K}_y^{k-1} - s^k\boldsymbol{D}^k$, 表示系统在此控制器下的闭环系统能够稳定。当初始反馈控制器 $\boldsymbol{K}_y^0$ 是稳定控制器时, 迭代优化算法作用下系统稳定性可以得到保证。

(2) 假设存在一正定矩阵 $\boldsymbol{L}^k$, 则存在迭代步长 s^k 满足以下关系:

$$\overline{I}(\boldsymbol{K}_y^{k-1} - s^k\boldsymbol{D}^k) < \overline{I}(\boldsymbol{K}_y^{k-1}) \tag{7.46}$$

则取 $\boldsymbol{K}_y^k = \boldsymbol{K}_y^{k-1} - s^k\boldsymbol{D}^k$。在每一步迭代过程结束后, 改进的控制器 $\boldsymbol{K}_y^k$ 对应的系统性能目标函数将优于改进前 $\boldsymbol{K}_y^{k-1}$ 对应的性能目标函数, 从而最终实现分布式控制器参数优化。

7.4.3　考虑通信延时鲁棒性的控制器参数优化

微电网分布式控制策略是基于稀疏型分布式网络通信而实现的, 不可避免地存在传输延时、丢包、数据中断等问题, 本节在基于动态性能的控制器参数优化的基础上, 主要阐述考虑通信延时鲁棒性的分布式电压控制器参数优化方法, 这主要有两个方面的作用:

(1) 微电网分布式协同控制中, 不同的控制器参数对应不同的系统延时裕度, 延时裕度指的是保持系统稳定性时所能承受的最大延时。在满足控制系统动态性能的前提下, 将延时裕度作为控制器参数设计的另一指标, 即当多组控制器参数所对应的动态性能类似时, 优先选择延时裕度大的控制器参数, 从而提高微电网控制系统的鲁棒性。

(2) 考虑到实际数据传输中延时的时变性, 可以根据控制器参数与延时裕度之间的关系在线调整控制器参数。假设分布式电源发送无功功率、电压等过程变量的时标为 T_1, 经过分布式通信链路传送, 相邻分布式电源接收此类变量的时标为 T_2, 则数据传输的延时可以由两时标之差计算得到, $\tau = T_2 - T_1$。为了保证在延时情况下的系统稳定性, 根据当前信号的延时 τ 以及延时鲁棒性, 在线实时调整分布式控制器参数。

在微电网实际运行中，通信延时与具体的通信场景相关，包括传输介质、通信协议、网络负载以及网络带宽等。文献 [33] 以 Wi-Fi 为通信网络的微电网系统中，数据包的采样周期为 1~5ms，传输时间约为 1ms。在文献 [34] 的微电网实验平台中，各分布式单元采用 PMU 测量数据以实现信号同步，考虑 PMU 量测以及信号采样的平均通信延为 82~85ms。因此，实际的通信延时与微电网系统的实现形式密切相关。

图 7.12 给出考虑通信延时的微电网分布式控制结构图，假设网络中任一数据传输链路中存在延时 τ_{ij}，则分布式电源平均电压状态观测器可以描述为

$$\dot{\overline{U}}_i(t) = u_{oi}(t) + C_E \sum_{j \in N_i} a_{ij}[\overline{u}_{oj}(t - \tau_{ij}) - \overline{u}_{oi}(t - \tau_{ij})] \tag{7.47}$$

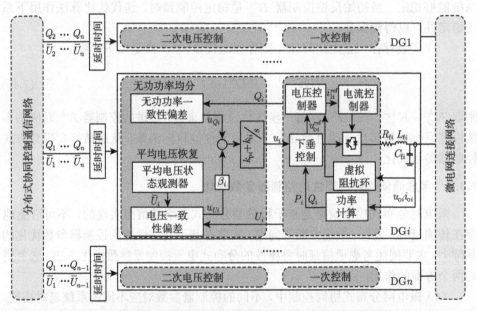

图 7.12　考虑分布式通信网络延时的微电网分布式控制结构

同理，考虑延时影响的分布式虚拟变量可表示为

$$\varphi_i(t) = C_Q \sum_{j \in N_i} a_{ij}[n_j Q_j(t - \tau_{ij}) - n_i Q_i(t - \tau_{ij})] + \beta_i[U_{\text{ref}} - \overline{U}_i(t)] \tag{7.48}$$

基于静态输出反馈，考虑通信网络延时的电压反馈控制量可以表示如下：

$$\Delta u_i = k_{\text{pi}} \Delta \varphi_i(t) + k_{\text{ii}} \int \Delta \varphi_i(t) = \boldsymbol{K}_i \Delta y_{\text{invi}} \tag{7.49}$$

式中，$\boldsymbol{K}_i = [k_{\text{pi}}\ k_{\text{ii}}]^{\text{T}}$，为分布式协同电压控制器；$k_{\text{pi}}$、$k_{\text{ii}}$ 分别代表控制器的比例项和积分项系数。

根据分布式电源开环小信号模型，式（7.49）的电压反馈控制量，则含通信延时的分布式电源闭环小信号模型可以描述为

$$
\begin{cases}
\dot{\boldsymbol{x}}_{\mathrm{inv}} = \boldsymbol{A}_{\mathrm{inv}}\boldsymbol{x}_{\mathrm{inv}} + \displaystyle\sum_{i=1}^{n}\sum_{j\in N_i}\overline{\boldsymbol{A}}_{\mathrm{d}ij}\boldsymbol{x}_{\mathrm{inv}}(t-\tau_{ij}) + \boldsymbol{B}_{\mathrm{inv}}\boldsymbol{U}_{b\mathrm{DQ}} \\
\boldsymbol{i}_{o\mathrm{DQ}} = \boldsymbol{C}_{\mathrm{invc}}\boldsymbol{x}_{\mathrm{inv}}
\end{cases}
\tag{7.50}
$$

式中，$\boldsymbol{x}_{\mathrm{inv}} = \left[x_{\mathrm{inv}1}\ x_{\mathrm{inv}2}\ \cdots\ x_{\mathrm{inv}n}\ \overline{V}_1\ \overline{V}_2\ \cdots\ \overline{V}_n\ \int\varphi_1\mathrm{d}t\ \cdots\ \int\varphi_n\mathrm{d}t\right]^{\mathrm{T}}$；$\boldsymbol{A}_{\mathrm{inv}}, \overline{\boldsymbol{A}}_{\mathrm{d}ij}$ 分别为对应于逆变器常规状态和延时状态的状态矩阵。

进一步，根据式（7.25）和式（7.26）网络连接小信号模型以及式（7.28）的节点电压动态方程，则考虑多通道延时的微电网闭环控制系统小信号状态空间模型可表述为

$$
\dot{\boldsymbol{x}} = \boldsymbol{A}\boldsymbol{x} + \sum_{i=1}^{n}\sum_{j\in N_j}\boldsymbol{A}_{\mathrm{d}ij}\boldsymbol{x}(t-\tau_{ij})
\tag{7.51}
$$

式中，$\boldsymbol{x} = [\Delta x_{\mathrm{inv}}, \Delta i_{\mathrm{line}DQ}, \Delta i_{\mathrm{load}DQ}]^{\mathrm{T}}$；$\boldsymbol{A}, \boldsymbol{A}_{\mathrm{d}ij}$ 分别为对应于微电网系统常规状态和延时状态的状态矩阵。

目前，对延时控制系统的稳定性分析方法主要可分为频率直接法和时域间接法。其中，频率直接法是基于 Lyapunov 稳定性及线性矩阵不等式（linear matrix inequalities，LMI）理论计算系统延时裕度，具有较大的保守性[35]；时域间接法是通过延时系统特征方程的纯虚特征根分析控制系统稳定性，常见的方法有 Schur-Cohn[36,37]，指数项消除法[38]，Rekasius 替换法[39,40]。本章基于临界特征根跟踪法[41] 判断控制系统临界稳定性，从而计算系统本地及全局的延时裕度。

微电网延时控制系统式（7.51）的特征方程可写成如下形式：

$$
CE_{\tau}(s, \tau_1, \tau_2, \cdots, \tau_m) = \det\left(s\boldsymbol{I} - \boldsymbol{A} - \sum_{i=1}^{m}\boldsymbol{A}_{\mathrm{d}i}\mathrm{e}^{-\tau_i s}\right) = 0
\tag{7.52}
$$

式中，$m = \sum a_{ij}$，表示分布式通信网络中通信链路的总数目；$\boldsymbol{A}_{\mathrm{d}i}$ 对应于不同通信链路的延时状态矩阵。当且仅当式（7.52）的所有特征根在复平面左半平面时，称此延时系统为稳定系统。针对超越项的存在而导致特征方法存在无数特征根的现象，可以将控制系统稳定性分析问题转化为求取随着延时的增加，由控制系统的稳定性切换而产生的临界特征根问题。

如图 7.13 所示，假定一延时向量为 $\boldsymbol{\tau} = (\tau_1, \tau_2, \cdots, \tau_m)$ 对应于延时空间的某一方向 $\vec{k} = (k_1, k_2, \cdots, k_m)$，其中 $k_i = \tau_i/\|\boldsymbol{\tau}\|$。因此，该方向上所有的延时向量都可以由下式进行描述：

$$
\boldsymbol{\tau}^k = \vec{\boldsymbol{k}}\tilde{\boldsymbol{\tau}} = (k_1, k_2, \cdots, k_m)\tilde{\tau}
\tag{7.53}
$$

式中，$\tilde{\tau}$ 等于 $\vec{k}$ 方向延时时间的范数 $\|\tau^k\|$。根据文献 [41]，假设控制系统为无延时稳定系统，从零开始逐渐增加延时时间 $\tilde{\tau}$，并观测相应的延时系统特征根轨迹直至产生纯虚特征根，将该延时时间称为方向 $\vec{k}$ 的本地延时裕度，即 $\tilde{\tau} = \tau_{\mathrm{d}}^k$。在这一方向上，当且仅当 $\tilde{\tau} < \tau_{\mathrm{d}}^k$ 时控制系统稳定，当 $\tilde{\tau} > \tau_{\mathrm{d}}^k$ 时控制系统不稳定。进而，将延时空间各方向上最小的本地延时裕度称为控制系统的全局延时裕度，如下式表述为

$$\tau_{\max} = \min_{\vec{k}}(\tau_{\mathrm{d}}^k) \tag{7.54}$$

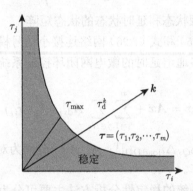

图 7.13　系统延时裕度求解说明框图

根据以上所述，可以根据控制系统产生的临界特征根的特性求取对应的延时裕度。假设由于 $\vec{k}$ 方向上的延时 τ 产生一组临界特征根 $\pm\mathrm{i}\omega$，则可以得到：

$$\mathrm{i}\omega = \mathrm{eig}\left(\boldsymbol{A} + \sum_{i=1}^{m}\boldsymbol{A}_{\mathrm{d}i}\mathrm{e}^{-\mathrm{i}k_i\omega\tilde{\tau}}\right) = \mathrm{eig}[\Delta(\omega,\tilde{\tau})] \tag{7.55}$$

定义变量 $\xi = \tilde{\tau}\omega$，则 $\Delta(\omega,\tilde{\tau})$ 可以表述为

$$\Delta(\omega,\tilde{\tau}) = \Delta(\xi,\boldsymbol{k}) = \boldsymbol{A} + \sum_{i=1}^{m}\boldsymbol{A}_{\mathrm{d}i}\mathrm{e}^{-\mathrm{i}k_i\xi} \tag{7.56}$$

由于超越项 $\mathrm{e}^{-\mathrm{i}\xi}$ 随着 ξ 以 2π 为变化周期进行变化，则 $\Delta(\omega,\tilde{\tau})$ 和 $\mathrm{eig}[(\omega,\tilde{\tau})]$ 也随着 ξ 以 $\varGamma \cdot 2\pi$ 为变化周期。ξ 在区间 $[0, \varGamma \cdot 2\pi]$ 进行变化，获取转化矩阵 $\Delta(\omega,\tilde{\tau})$ 的所有特征根。当某一 ξ_{c} 产生临界特征根 $\pm\mathrm{i}\omega_{\mathrm{c}}$ 时，可以计算相应的临界延时为 $\tilde{\tau}_{\mathrm{c}} = \tilde{\xi}_{\mathrm{c}}/\mathrm{abs}(\omega_{\mathrm{c}})$，通常此过程会产生多个不同的临界延时 $\tilde{\tau}_{\mathrm{c}1}, \tilde{\tau}_{\mathrm{c}2}, \cdots, \tilde{\tau}_{\mathrm{c}L}$，将其中的最小值称为方向 $\vec{k}$ 上的本地延时裕度，即 $\tau_{\mathrm{d}}^k = \min\{\tilde{\tau}_{\mathrm{c}1}, \tilde{\tau}_{\mathrm{c}2}, \cdots, \tilde{\tau}_{\mathrm{c}L}\}$。因此，临界多延时可以由下式描述：

$$(\tau_{\mathrm{c}1}, \tau_{\mathrm{c}2}, \cdots, \tau_{\mathrm{c}m}) = (k_1, k_2, \cdots, k_m)\tilde{\tau}_{\mathrm{d}}^k \tag{7.57}$$

上文中周期参数 $\varGamma$ 可以由以下方法确定。对于某一方向 $\vec{k} = (k_1, k_2, \cdots, k_m)$, 有理数 k_i 可以表示为 $k_i = m_i/d_i$, 式中 $m_i, d_i \in \boldsymbol{Z}^+$ 表示两质数。令 d 为 $(d_1, d_2, \cdots, d_m)$ 的最小公倍数, 则可以得到如下公式:

$$\boldsymbol{\tau}^k = (k_1, k_2, \cdots, k_m)\tilde{\tau} = (m_1/d_1, m_2/d_2, \cdots, m_m/d_m)\tilde{\tau} = (m_1', m_2', \cdots, m_m')\tilde{\tau}' \tag{7.58}$$

式中, $\tilde{\tau}' = \tilde{\tau}/d$; $m_i' = m_i d/d_i \in \boldsymbol{Z}^+$。令 $\xi' = \xi/d$, 则

$$\Delta(\xi, \vec{k}) = \boldsymbol{A} + \sum_{i=1}^{m} \boldsymbol{A}_{di} \mathrm{e}^{-\mathrm{i}m_i'\xi'} = \Delta(\xi', \vec{k}) \tag{7.59}$$

由于 $\Delta(\xi', \vec{k})$ 随着变量 ξ' 以 2π 为变化周期进行变化, 则 $\Delta(\zeta, \vec{k})$ 的变化周期为 $d \cdot 2\pi$, 因此周期变化参数为 $\varGamma = d$。

综上所述, 本章所介绍的临界特征根延时裕度求取方法是基于系统超越项的周期性变化特性计算某一方向的本地延时裕度, 进而得到多延时区域 $T = \{\boldsymbol{\tau} | \tau_i \geqslant 0, i = 1, 2, \cdots, m\}$ 的全局延时裕度。为了描述多延时区域中任一延时方向, 建立一平面 $P = \left\{ \boldsymbol{\tau} \Big| \sum_{i=1}^{m} \boldsymbol{\tau}_i = 1, \boldsymbol{\tau} \in T \right\}$, 则求取控制系统全局延时裕度的方法包括以下步骤:

---

(1) 令 $\tau_i = 0$, 并设置各延时的增长补偿为 $\Delta\tau_i, i = 1, 2, \cdots, m$。

(2) For $\tau_1 = 0$: $\Delta\tau_1$: 1

    for $\tau_2 = 0$: $\Delta\tau_2$: 1 ······

            for $\tau_m = 0$: $\Delta\tau_m$: 1

    当 $(\tau_1, \tau_2, \cdots, \tau_m) \in P$

    $\vec{k} = (\tau_1, \tau_2, \cdots, \tau_m)/\|\boldsymbol{\tau}^k\|$, 计算 $\vec{k} = (\tau_1, \tau_2, \cdots, \tau_m)$ 方向的本地延时裕度 τ_{d}^k, 则求得相应的临界多延时为 $(\tau_{c1}, \tau_{c2}, \cdots, \tau_{cm}) = \vec{k} \cdot \tilde{\tau}_{\mathrm{d}}^k$。

因此, 在可行的分布式协同控制器参数下, 通过以上方法求取微电网分布式协同电压控制系统的延时裕度, 进而分析控制器参数与系统延时裕度的对应关系, 将通信延时鲁棒性作为除了动态性能外的控制器参数设计的指标。

7.4.4 算例分析

1. 考虑动态收敛性的分布式协同电压控制器参数

以 7.3.2 节仿真算例为对象验证基于动态性能的电压控制器参数优化方法。方法的核心为通过最小化各分布式电源的二次性能指标式 (7.33) 推导出控制器优化参数, 其中 $\boldsymbol{Q}$、$\boldsymbol{R}$ 代表对应于状态偏移量 $\boldsymbol{x}$ 和控制器信号 $\boldsymbol{u}$ 的惩罚权重。一般来

说，Q 较大则通过设计控制器调节性能指标 I 使得 x 快速收敛至系统平衡点；R 较大将会对控制信号 u 的大小产生一定限制作用，避免由于控制幅度过大产生系统响应超调，而系统响应较慢。由此，状态权矩阵 Q 和控制权矩阵 R 是相互关联的，有着此消彼长的关系，应根据具体需求折中选择取值。

本例中将全连通型网络作为分布式电源通信网络，微电网初始运行于下垂控制，$t = 0.3\mathrm{s}$ 时分布式二次电压控制启动。由于分布式电压 PI 控制器比例系数较小，为了计算方便，本节只考虑积分型电压控制器。初始控制器参数选为 $\kappa_1 = \kappa_2 = \kappa_3 = \kappa_4 = \kappa_5 = 4$，以此为分布式反馈控制器初值 K_y^0，基于控制器迭代优化算法推导出各分布式电源优化控制器为 $\kappa_1 = 9.33$，$\kappa_2 = 6.67$，$\kappa_3 = 6.67$，$\kappa_4 = 6.67$，$\kappa_5 = 7.50$。图 7.14 描述了控制器参数优化前后的微电网输出无功功率、平均电压估计值、二次电压控制量的响应曲线。由图可知，在初始控制器下微电网调节时间为 $0.5\mathrm{s}$，而控制器参数经过优化后系统在 $0.2\mathrm{s}$ 内实现无功功率均分和平均电压恢复的控制目标，较改进前的控制器收敛性能得到明显改善。此外，改进前各分布式电源采用相同的控制器参数导致各自不同的调节时间，其中 DG1 的响应过程最慢，这是由各逆变器输出阻抗不一致引起的。当采用了基于全局性能标准的控制器参数优化策略时，相比于 DG2~DG5，DG1 获得较大的控制器增益，从而进一步提高了微电网分布式电压控制的协同性，验证了本节介绍的基于动态性能的控制器参数优化设计方法的有效性。

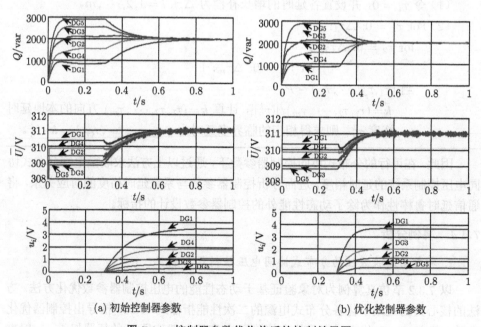

(a) 初始控制器参数　　　　　　　　　　(b) 优化控制器参数

图 7.14　控制器参数优化前后的控制效果图

2. 考虑通信延时鲁棒性的分布式协同电压控制器参数

为了分析通信延时对分布式二次电压控制的影响, 基于 MATLAB/Simulink 构建如图 7.15 所示的多母线微电网系统, 模型参数和控制器参数如表 7.2 所示。通过求取不同控制器参数下的系统延时裕度, 分析两者间的对应关系, 从而实现考虑通信鲁棒性的分布式协同电压控制器参数设计。

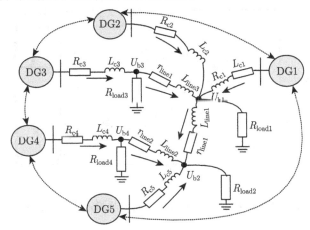

图 7.15 微电网模型结构框图

表 7.2 微电网模型参数和控制参数

参数		数值	参数		数值
MG 电压		380V/50Hz	偏差系数	β_i	1.8
下垂系数	$m_{P1} \sim m_{P5}$	1×10^{-5}rad/(W·s)	连接阻抗	R_{c1}/X_{c1}	0.2Ω/0.3Ω
	$n_{Q1} \sim n_{Q5}$	7.5×10^{-4}V/var		R_{c2}/X_{c2}	0.1Ω/0.22Ω
功率控制参数	ω_c	40Hz		R_{c3}/X_{c3}	0.05Ω/0.1Ω
	k_{Ui}	1		R_{c4}/X_{c4}	0.08Ω/0.16Ω
耦合增益	C_Q	1		R_{c5}/X_{c5}	0.05Ω/0.13Ω
	C_E	10	负载	R_{load1}/X_{load1}	6.292Ω/4.356Ω
	C_U	1		R_{load2}/X_{load2}	9.438Ω/6.534Ω
线路阻抗	r_{line1}/X_{line1}	0.03Ω/0.1Ω		R_{load3}/X_{load3}	58.08Ω/29.04Ω
	r_{line2}/X_{line2}	0.1Ω/0.16Ω		R_{load4}/X_{load4}	58.08Ω/29.04Ω
	r_{line3}/X_{line3}	0.03Ω/0.1Ω			

1) 考虑单通信延时的控制器参数设计

这里假设各分布式链路的通信延时是相同的, 计算不同控制器参数下微电网系统的延时裕度从而获得控制器和延时鲁棒性的对应关系。以控制器参数 $k_p = 0.2$, $k_i = 6$ 为例, 与稳定切换相关的 $\Delta(\xi)$ 随着 $\xi \in [0, 2\pi]$ 变化的特征根轨迹曲线如图 7.16 所示。其中 5 对共轭特征根存在于虚轴上各自对应的临界延时为

τ_{c1}，τ_{c2}，τ_{c3}，τ_{c4}，τ_{c5}，则可以获得延时裕度为 $\tau_d = \min\{\tau_{c1}, \tau_{c2}, \tau_{c3}, \tau_{c4}, \tau_{c5}\}$，在此算例中 $\tau_d = 0.1520\mathrm{s}$。基于上述方法，可以计算不同的控制器参数 k_p，k_i 对应的延时裕度，结果见表 7.3 和图 7.17。可以看出，当 k_i (或 k_p) 固定时，另一参数对延时裕度 τ_d 的影响呈现两种趋势：k_i 固定时，当 $k_p \in [0, 0.2]$ 时 τ_d 随着 k_p 的增加而增加，当 $k_p \geqslant 0.4$ 时 τ_d 随着 k_p 的增加而减小；k_p 固定时，当 $k_i \in [1, 6]$ 时

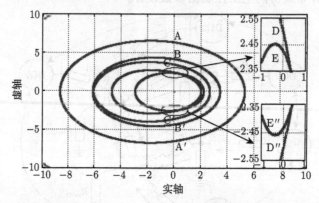

图 7.16　控制器参数 $k_p = 0.2$，$k_i = 6$ 下与临界稳定性相关的 $\Delta(\xi)$ 根轨迹

表 7.3　不同控制器参数与单延时裕度的对应关系

k_p	τ_d/s					
	$k_i = 1$	$k_i = 2$	$k_i = 4$	$k_i = 6$	$k_i = 10$	$k_i = 15$
0	0.0782	0.0793	0.0822	0.0840	0.0731	0.0627
0.05	0.0840	0.0882	0.0943	0.0965	0.0842	0.0753
0.1	0.0932	0.0960	0.1020	0.1040	0.1012	0.0867
0.2	0.0972	0.1006	0.1262	0.1520	0.1160	0.0962
0.4	0.0908	0.0968	0.0976	0.1011	0.0992	0.0935
0.6	0.0850	0.0864	0.0872	0.0882	0.0852	0.0850

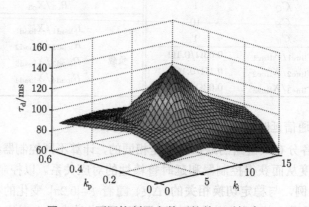

图 7.17　不同控制器参数下的单延时裕度

τ_d 随着 k_i 的增加而增加,当 $k_i \geqslant 6$ 时 τ_d 随着 k_i 的增加而减小。综上所述,分布式电压控制器设计中适中的 k_p 和 k_i 带来较优的延时鲁棒性,这一发现可以作为除动态性能外,控制器参数调试的参考指标。也就是说,当不同控制器参数获得类似的动态收敛性时,优先选择对应于较大延时裕度的控制器参数。

2)考虑多通信延时的控制器参数设计

与上述单通信延时相对应,此过程分析多通信延时情况下控制器参数与延时裕度的关系。5 个分布式电源可以看做 2 组子微电网:DG1,DG2,DG3 为一组,DG4,DG5 为一组,连接于各自的电压母线和负载。假设 τ_1、τ_2 为两不相关的延时参数,分别对应于组内通信延时与组间通信延时,因此微电网的延时稳定域表示为由两延时裕度组成的二维空间,可以通过确定各个方向的本地延时裕度 τ_d^k 求取。表 7.4 描述了个同控制器参数下的典型延时裕度,其中延时裕度的幅值和相角分别为 $\tau_d = \sqrt{\tau_{d1}^2 + \tau_{d2}^2}$,$\theta = \arctan(\tau_2/\tau_1)$。从表 7.4 中可以看出,$k_p$(或 k_i)固定时,τ_d 首先随着另一参数的增加而增加,当到达一阈值时,τ_d 随着参数的增加而减小,与单通信延时的分析结果一致;此外只考虑 τ_2 的延时裕度相比只考虑 τ_1 的延时裕度要大。在控制器参数 $k_p = 0.2$,$k_i = 6$ 下,当 $\tau_1 = \tau_2(\theta = 45°)$ 时延时裕度为 $\tau_d = 0.2280s$,则 $\tau_{d1} = \tau_{d2} = \tau_d \sin 45° = 0.1612s$,与表 7.3 中相同控制器参数下单通信延时裕度的结果大体一致。

表 7.4 不同控制器参数与多延时裕度的对应关系

$\theta/(°)$	τ_d/s					
	$k_i(k_p = 0.2)$			$k_p(k_i = 6)$		
	4	6	10	0.1	0.2	0.4
0	0.2534	0.3114	0.2362	0.2148	0.3114	0.2095
10	0.2198	0.2712	0.2055	0.1865	0.2712	0.1802
20	0.2053	0.2503	0.1901	0.1692	0.2503	0.1611
30	0.1943	0.2395	0.1794	0.1589	0.2395	0.1539
40	0.1853	0.2292	0.1681	0.1534	0.2292	0.1490
45	0.1832	0.2280	0.1670	0.1522	0.2280	0.1488
50	0.1844	0.2356	0.1679	0.1537	0.2356	0.1496
60	0.2002	0.2534	0.1821	0.1698	0.2534	0.1623
70	0.2259	0.2883	0.2035	0.1934	0.2883	0.1896
80	0.2614	0.3365	0.2323	0.2386	0.3365	0.2268
90	0.3237	0.4122	0.2943	0.2972	0.4122	0.2752

本节采用两组分布式控制器参数 $k_p = 0$,$k_i = 6$ 和 $k_p = 0.2$,$k_i = 6$ 验证上述延时裕度计算方法的有效性,为了方便表示,侧重研究单通信延时下的微电网控制效果。初始时微电网运行于下垂控制下,$t = 0.3s$ 时分布式二次电压控制启动,$t = 2.5s$ 时负载 $S = 10kW + 5kvar$ 连接于母线 1。图 7.18 和图 7.19 分别显示

了在控制器参数 $k_p = 0$, $k_i = 6$ 和 $k_p = 0.2$, $k_i = 6$ 下，不同通信延时对应的输出无功功率和电压响应曲线。首先由图 7.18(a) 和图 7.19(a) 可知，在无通信延时时实现了二次电压控制目标，两组控制器控制性能类似。在控制器参数 $k_p = 0$, $k_i = 6$ 下，$\tau = 80$ms 时系统响应衰减振荡，$\tau = 95$ms 时输出曲线发散振荡，延时裕度介于 [80ms, 95ms]，与表 7.3 的理论结果 $\tau = 84$ms 类似。而在控制器参数 $k_p = 0.2$, $k_i = 6$ 下，由图 7.19 可知通信延时 $\tau = 125$ms、$\tau = 160$ms 分别对应系统稳定、不稳定的控制效果，与 $\tau_d = 152$ms 的理论延时裕度一致。由此，本书所介绍的延时裕度计算方法得到验证，可作为分布式控制器参数选择的性能指标，即当两组控制器参数的无延时动态性能类似时，优先选择对应延时裕度较大的控制器参数。

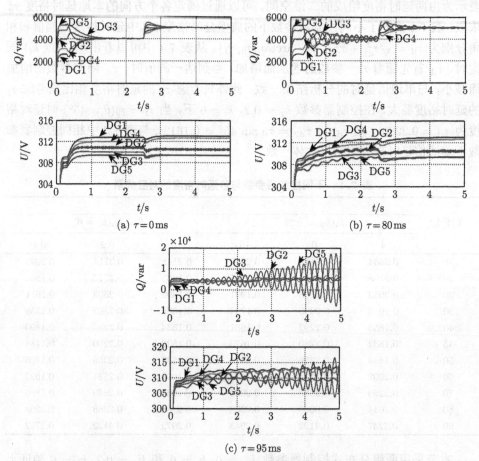

图 7.18　控制器参数 $k_p = 0$, $k_i = 6$ 下不同通信延时的控制效果图

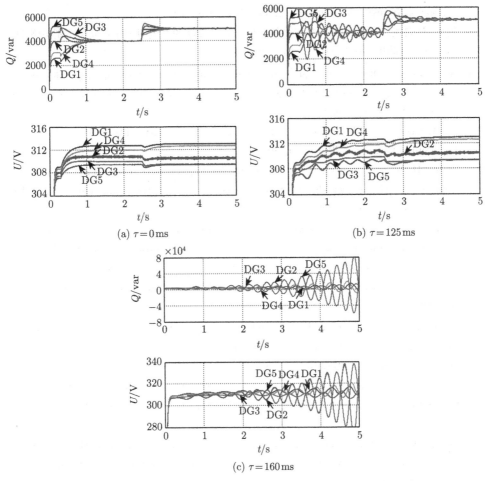

图 7.19　控制器参数 $k_{\mathrm{p}} = 0.2, k_{\mathrm{i}} = 6$ 下不同通信延时的控制效果图

参 考 文 献

[1] Bidram A, Davoudi A, Lewis F L, et al. Distributed cooperative secondary control of microgrids using feedback linearization[J]. IEEE Transactions on Power Systems, 2013, 28(3): 3462-3470.

[2] Simpson-Porco J, Shafiee Q, Dorfler F, et al. Secondary frequency and voltage control of islanded microgrids via distributed averaging[J]. IEEE Transactions on Industrial Electronics, 2015, 62(11): 1.

[3] Guerrero J M, Vasquez J C, Matas J, et al. Hierarchical Control of droop-controlled AC and DC Microgrids—A general approach toward standardization[J]. IEEE Trans-

actions on Industrial Electronics, 2011, 58(1): 158-172.

[4] 周烨, 汪可友, 李国杰, 等. 基于多智能体一致性算法的微电网分布式分层控制策略 [J]. 电力系统自动化, 2017, 41(11): 142-149.

[5] He J, Li Y. Analysis, design, and implementation of virtual impedance for power electronics interfaced distributed generation[J]. IEEE Transactions on Industry Applications, 2011, 47(6): 2525-2538.

[6] Yu X, Cecati C, Dillon T, et al. The new frontier of smart grids[J]. IEEE Industrial Electronics Magazine, 2011, 5(3): 49-63.

[7] Zhang H, Kim S, Sun Q, et al. Distributed adaptive virtual impedance control for accurate reactive power sharing based on consensus control in microgrids[J]. IEEE Transactions on Smart Grid, 2017, 8(4): 1749-1761.

[8] Lai J, Zhou H, Lu X, et al. Droop-based distributed cooperative control for microgrids with time-varying delays[J]. IEEE Transactions on Smart Grid, 2016, 7(4): 1775-1789.

[9] Shafiee Q, Guerrero J M, Vasquez J C. Distributed secondary control for islanded microgrids—A novel approach[J]. IEEE Transactions on Power Electronics, 2014, 29(2): 1018-1031.

[10] Lu X, Yu X, Lai J, et al. Distributed secondary voltage and frequency control for islanded microgrids with uncertain communication links[J]. IEEE Transactions on Industrial Informatics, 2017, 13(2): 448-460.

[11] Bollen M, Zhong J, Lin Y. Performance indices and objectives for microgrids[C]// International Conference & Exhibition on Electricity Distribution, Prague, 2009: 1-10.

[12] Zhong Q C. Robust droop controller for accurate proportional load sharing among inverters operated in parallel[J]. IEEE Transactions on Industrial Electronics, 2013, 60(4): 1281-1290.

[13] Zhang H G, Lewis F L, Das A. Optimal design for synchronization of cooperative systems: State feedback, observer and output feedback[J]. IEEE Transactions on Automatic Control, 2011, 56(8): 1948-1952.

[14] Spanos D P, Saber R O, Murray R M. Dynamic consensus for mobile network[C]// International Conference of the Federation Automatic Control, Prague, 2005: 1-6.

[15] Saber R O, Murray R M. Consensus problems in networks of agents with switching topology and time-delays[J]. IEEE Transactions on Automatic Control, 2004, 49(9): 1520-1533.

[16] Godsil C, Royle G. Algebraic Graph Theory[M]. New York: Graduate Texts in Mathematics, 2001.

[17] Horn R A, Johnson C R. Matrix Analysis[M]. Cambridge: Cambridge Univ. Press, 1987.

[18] Fielder M. Algebraic connectivity of graphs[J]. Czechoslovak Mathematical Journal, 1973, 23(98): 298-305.

[19] Lou G N, Gu W, Wang J H, et al. A unified control scheme based on a disturbance observer for seamless transition operation of inverter-interfaced distributed generation[J]. IEEE Transactions on Smart Grid, 2018, 9(5): 5444-5454.

[20] Liu S, Wang X, Liu P X. Impact of communication delays on secondary frequency control in an islanded microgrid[J]. IEEE Transactions on Industrial Electronics, 2015, 62(4): 2021-2031.

[21] Hougardy S. The Floyd–Warshall algorithm on graphs with negative cycles[J]. Information Processing Letters, 2010, 110(8-9): 279-281.

[22] 叶红. 可达矩阵的 Warshall 算法实现 [J]. 安徽大学学报 (自然科学版), 2011, 35(4): 31-35.

[23] Talbi E G. Metaheuristics: From Design to Implementation[M]. New Jersey: John Wiley &Sons, 2009.

[24] Srinivas N, Deb K. Muiltiobjective optimization using nondominated sorting in genetic algorithms[J]. MIT Evolutionary Computation, 1994, 2(3): 221-248.

[25] 吕振宇, 苏晨, 吴在军, 等. 孤岛型微电网分布式二次调节策略及通信拓扑优化 [J]. 电工技术学报, 2017, 32(6): 209-219.

[26] Pogaku N, Prodanovic M, Green T C. Modeling, analysis and testing of autonomous operation of an inverter-based microgrid[J]. IEEE Transactions on Power Electronics, 2007, 22(2): 613-625.

[27] Wang Y, Chen Z, Wang X, et al. An estimator-based distributed voltage-predictive control strategy for AC islanded microgrids[J]. IEEE Transactions on Power Electronics, 2015, 30(7): 3934-3951.

[28] Lou G N, Gu W, Xu Y L, et al. Stability robustness for secondary voltage control in autonomous microgrids with consideration of communiation delays[J]. IEEE Transactions on Power Systems, 2018, 33(4): 4164-4178.

[29] Lunze J. Feedback Control of Large-Scale Systems[M]. New Jersey: Prentice Hall PTR, 1992.

[30] Zhang H, Lewis F L, Das A. Optimal design for synchronization of cooperative systems: State feedback, observer and output feedback[J]. IEEE Transactions on Automatic Control, 2011, 56(8): 1948-1952.

[31] Levine W S, Athans M. On the determination of the optimal constant output feedback gains for linear multivariable systems[J]. IEEE Transactions on Automatic Control, 1970, 15(1): 44-48.

[32] Bertsekas D P. 凸优化理论 [M]. 赵千川, 王梦, 译. 北京: 清华大学出版社, 2015.

[33] Coelho E A, Wu D, Guerrero J M, et al. Small-signal analysis of the microgrid secondary control considering a communication time delay[J]. IEEE Transactions on Industrial

Electronics, 2015, 63(10): 6257-6269.

[34]　Shi D, Luo Y, Sharma R K. Active synchronization control for microgrid reconnection after islanding[C]// IEEE PES Innovative Smart Grid Technologies, Europe, Istanbul, 2014: 1-6.

[35]　Jiang L, Yao W, Wu Q H, et al. Delay-dependent stability for load frequency control with constant and time-varying delays[J]. IEEE Transactions on Power Systems, 2012, 27(2): 932-941.

[36]　Gu K, Kharitonov V L, Chen J. Stability of Time Delay Systems[M]. Boston: Birkhauser, 2003.

[37]　Chen J, Gu G, Nett C N. A new method for computing delay margins for stability of linear delay systems[J]. System Control Letter, 1995, 26(2): 107-117.

[38]　Sonmez S, Ayasun S, Nwankpa C O. An exact method for computing delay margin for stability of load frequency control systems with constant communication delays[J]. IEEE Transactions on Power Systems, 2016, 31(1): 370-377.

[39]　Olgac N, Sipahi R. An exact method for the stability analysis of time-delayed linear time-invariant (LTI) systems[J]. IEEE Transactions on Automatic Control, 2002, 47(5): 793-797.

[40]　Olgac N, Sipahi R. A practical method for analyzing the stability of neutral type LTI-time delayed systems[J]. Automatic, 2004, 40(5): 847-853.

[41]　Jia H, Yu X. A simple method for power system stability analysis with multiple time delays[C]// Proceedings of the 2008 IEEE Power and Energy Society, Pittsburgh, PA, USA, 2008: 1-7.

第 8 章 微电网分布式预测一致性控制

从理论分析与实际应用的角度而言，分布式一致性控制的性能主要包括三个方面，即达到一致性目标的收敛速度、收敛动态以及收敛鲁棒性。收敛速度体现在系统达到收敛稳定值的过渡时间，时间越短越好；收敛动态主要指各状态量一致性协同过程中产生的超调，一般来说控制量越大，收敛速度越快，但状态量超调越严重，对系统稳定性会有不利的影响；收敛鲁棒性表示系统在分布式通信拓扑、通信时滞、过程参数以及运行工况等因素扰动下保持一致性收敛的性能。为了提高分布式协同控制的性能，国内外学者从不同的角度将智能控制方法引入常规渐进一致性控制策略中，在理论算法和实施方式上展开了进一步的研究和探索。本章首先介绍了几种分布式智能一致性算法的原理和应用现状，再针对分布式预测一致性控制这一典型方法进行深入阐述，包括分布式线性预测一致性控制和分布式非线性预测一致性控制。

8.1 分布式智能一致性控制

本节列举了几种分布式智能一致性算法的原理，并对它们在微电网二次控制中的应用现状进行介绍。

8.1.1 分布式有限时间一致性控制

收敛速度是分布式一致性控制的重要指标，虽然可以通过选择合适的通信拓扑和控制器参数来提高系统的收敛速度，但也只能保证在时间趋于无穷时系统个体的状态达到一致。实际上，控制系统对一致性收敛过程有着比较严格的时间限制；此外，随着系统规模的增大，一致性收敛时间会大大增大，同时通信拓扑的不确定性也会影响其收敛性能。有限时间控制是一类非光滑的控制算法，在工作点附近比常规渐进控制算法收敛更快，可以在设定时间内达到稳定，并且具有良好的鲁棒性能应对各种不确定因素的干扰 [1-4]。对于以下控制系统：

$$\begin{aligned} \dot{x} &= y \\ \dot{y} &= Mu \end{aligned} \tag{8.1}$$

有限时间控制算法可以表示为 [3-5]

$$u = -k_1 \mathrm{sig}(x)^{\alpha_1} - k_2 \mathrm{sig}(y)^{\alpha_2} \tag{8.2}$$

式中，$\boldsymbol{x} = [x_1, \cdots, x_n]^{\mathrm{T}}$；$\boldsymbol{y} = [y_1, \cdots, y_n]^{\mathrm{T}}$；$k_1$、$k_2 > 0$；$\alpha_1$、$\alpha_2$ 为正指数并满足 $0 < \alpha_1 < 1$，$\alpha_2 = 2\alpha_1/(1+\alpha_1)$；$\boldsymbol{M}$ 为对称正定矩阵；$\mathrm{sig}(\boldsymbol{x})^\alpha = \mathrm{sgn}(\boldsymbol{x})|\boldsymbol{x}|^\alpha$，$\mathrm{sgn}$ 是符号函数，$r > 0, \mathrm{sgn}(r) = 1, r = 0, \mathrm{sgn}(r) = 0, r < 0, \mathrm{sgn}(r) = -1$。系统在控制策略式（8.2）作用下，可以保证在有限时间内达到稳定。

有限时间一致性控制可以保证以较快的速度在有限时间或迭代次数内达到全局一致性收敛，实现过渡时间最优化，并能提高系统控制的可靠性从而适应各种不确定扰动。随着多智能体网络的线性有限时间一致性的发展 [5-7]，分布式有限时间一致性控制作为微电网协同控制的重要方法得到了深入的研究，其具体形式可以表示为

$$\dot{x}_i = \beta \mathrm{sig}\left(\sum_{j \in N_i} a_{ij}(x_j - x_i)\right)^\alpha + \gamma \mathrm{sig}\left(\sum_{j \in N_i} a_{ij}(\dot{x}_j - \dot{x}_i) - d_i(\dot{x}_i - \dot{x}_{\mathrm{ref}})\right) \tag{8.3}$$

式中，β、γ 是比例系数，β、$\gamma > 0$；α 是指数系数，$0 < \alpha < 1$；d_i 是牵制增益系数，$d_i > 0$ 代表节点 i 直接接收参考值，否则 $d_i = 0$。上式是分布式有限时间一致性控制的其中一种表现形式，实际应用中并不局限于此。

文献 [8] 提出了兼顾电流校正和电压调节控制目标的直流微电网分布式有限时间一致性控制策略，以全分布式的形式实现负荷按比例分配以及电压协同恢复，改善系统收敛性能的同时，进一步提高了控制算法的可靠性和适应性。文中电流校正一致性控制策略如下：

$$\dot{u}_{\mathrm{ci}} = h\left[\beta \mathrm{sig}\left(\sum_{j \in N_i} a_{ij}(I_j^{\mathrm{pu}} - I_i^{\mathrm{pu}})^\alpha + \gamma \sum_{j \in N_i} w_{ij}\left(I_j^{\mathrm{pu}} - I_i^{\mathrm{pu}}\right)\right)\right] \tag{8.4}$$

式中，u_{ci} 是直流微电网电流二次控制的控制量；I_i^{pu} 和 I_j^{pu} 是分布式电源 i 和分布式电源 j 的输出电流；w_{ij} 是通信拓扑权重因子；h 是电压电流耦合系数。通过此控制策略，在一个有限时间 T 内各微源输出电流将趋于平均一致，即 $t \geqslant T$ 时，$I_1^{\mathrm{pu}} = I_2^{\mathrm{pu}} = \cdots = I_n^{\mathrm{pu}} = I_{\mathrm{avg}}$，并利用平均输出电流进行电压协同调节。

文献 [9] 以交流微电网电压恢复至额定值为控制目标，首先通过输入输出反馈线性化将微电网系统转化为二阶动态系统，利用分布式有限时间一致性控制使各微源输出电压在有限时间内协同恢复至额定值，实现二次电压控制和频率控制解耦的同时，提高了应对运行工况变化的鲁棒性，改善了控制系统的动态性能。控制器形式可以描述为

$$u_{ui} = -\frac{k_1 \mathrm{sgn}(e_i^U)^{\alpha_1} + k_2 \mathrm{sgn}(e_i^{\mathrm{d}U})^{\alpha_2} + L_{f_i}^2 h_i(\boldsymbol{x}_i)}{L_{g_i} L_{f_i} h_i(\boldsymbol{x}_i)} \tag{8.5a}$$

$$e_i^U = \sum_{j \in Ni} (U_i - U_j) + d_i(U_i - U_{\mathrm{ref}}) \tag{8.5b}$$

$$e_i^{dU} = \sum_{j \in Ni} (\dot{U}_i - \dot{U}_j) + d_i(\dot{U}_i - 0) \tag{8.5c}$$

式中，u_{ui} 为二次电压控制量；U_i 和 U_j 是分布式电源 i 和分布式电源 j 的输出电压；U_{ref} 是电压参考值；$\boldsymbol{x}_i = [U_i \ \dot{U}_i]^{\mathrm{T}}$；$L_{fi}^2 h_i(\boldsymbol{x}_i)$ 和 $L_{gi}L_{fi}h_i(\boldsymbol{x}_i)$ 是系统输入输出反馈线性化的 Lie 微分项。

文献 [10] 提出了一种基于有限时间一致性的多目标分布式控制策略，实现直流微电网的母线电压稳定及发电成本最小，所提策略具有收敛性能好、灵活性高、鲁棒性强的优点，对不同场景均具有良好控制性能。文献 [11] 提出了微电网分布式有限时间电压观测器和频率观测器，通过牵制点分别实现电压预设值和频率预设值的全局获取，最终提高了微电网二次控制的收敛性能。文献 [12] 提出了分布式有限时间二次频率控制器，在有限时间内各微源输出频率恢复至额定值、有功功率精确均分，从而在一定程度上实现与二次电压控制的解耦，优化了微电网控制性能。文献 [13] 提出了基于分布式有限时间一致性的微电网二次控制策略，保证在实现频率恢复和有功均分过程中收敛时间有限、控制输入有界，并通过 Lyapunov 函数方法有效推导出收敛时间的上限。文献 [14] 提出了微电网分布式有限时间二次控制策略，在有限时间内实现分布式电源输出电压、频率协同恢复至额定值以及有功、无功功率按容量平均分配，所提控制策略提高了系统收敛速度和应对系统扰动的鲁棒性能。文献 [15] 首先建立考虑系统未建模动态、未知扰动以及不确定参数的微电网模型，再分别根据二次电压控制和二次频率控制的控制目标，基于输入输出反馈线性化方法将微电网转化为二阶动态系统和一阶动态系统，最终实现电压频率恢复以及功率均分的分布式有限时间协同控制。文献 [16] 兼顾分布式控制和分层控制的优势，提出了针对直流微电网群的多目标有限时间一致性控制策略，以实现直流母线稳定及发电成本最小化，所提控制策略可以保证系统在有限时间内收敛至稳定值并能适应多种不同工况的运行。

8.1.2 分布式滑模一致性控制

实际的系统运行过程会受到参数摄动和运行工况变化等内外扰动的影响，如何保证快速收敛性能的同时，提高系统应对不确定因素的鲁棒性，是分布式一致性控制的重要研究方向。滑模控制（sliding mode control，SMC）也称变结构控制 [17–19]，本质上是一类非线性控制，其非线性表现为控制的不连续性，这种控制方法与其他控制方法的不同之处主要在于系统的结构并不是固定不变的，而是在动态过程中根据系统的当前状态（如偏差及其各阶导数等）有目的地不断变化，迫使系统按照预定滑动模态运动。考虑以下控制系统：

$$\dot{\boldsymbol{x}} = \boldsymbol{f}(\boldsymbol{x}, \boldsymbol{u}, t) \tag{8.6}$$

$$\boldsymbol{y} = \boldsymbol{h}(\boldsymbol{x})$$

确定一切换函数 $s = s(x, t)$，求解控制量 $u = u(x, t)$ 按以下逻辑在切换面 $s(x, t) = 0$ 上进行切换：

$$u_i(x, t) = \begin{cases} u_i^+(x, t), & s_i(x, t) > 0 \\ u_i^-(x, t), & s_i(x, t) < 0 \end{cases} \quad i = 1, \cdots, m \tag{8.7}$$

式中，$x = [x_1, \cdots, x_n]^{\mathrm{T}}$，$u = [u_1, \cdots, u_m]^{\mathrm{T}}$，$y = [y_1, \cdots, y_L]^{\mathrm{T}}$ 分别是系统的状态量、控制量和输出量；$u_i(x, t)$，$s_i(x, t)$ 分别是 $u = u(x, t)$，$s = s(x, t)$ 的第 i 个分量；$u_i^+(x, t) \neq u_i^-(x, t)$，使得：

（1）滑动模态存在，即下式成立；

$$\lim_{s \to 0} s(x, t) \frac{\mathrm{d}s(x, t)}{\mathrm{d}t} < 0 \tag{8.8}$$

（2）满足可达性条件，在切换面 $s_i(x, t) = 0$ 以外的状态点都将于有限时间内达到切换面；

（3）切换面是滑动模态区，且滑模运动渐近稳定，动态品质良好。

满足以上三个条件，系统的运动点将收敛于切换超平面作小幅度、高频率的上下运行，即滑动模态运动。滑动模态的状态轨迹可以根据系统所期望的动态特性预先设计且与对象参数及扰动无关，因此滑模控制具有快速响应、对参数摄动及外部扰动不灵敏、无需系统在线辨识以及实现简单等优点。滑模一致性是将滑模变结构控制的原理引入一致性控制策略中，首先根据期望的动态特性确定切换函数，再设计滑模控制器使各状态量于有限时间内收敛至一致性稳态值，由于其快速的收敛性能以及在收敛过程中对不确定工况的较强鲁棒性，已在多机器人协同、卫星编队、四旋翼无人机控制等应用领域得到了广泛的研究[20-23]。针对以下多变量控制系统中第 i 个子系统（节点）：

$$\dot{x}_i(t) = A x_i(t) + B u_i(t) \tag{8.9}$$

式中，$x_i(t)$ 是期望一致性收敛至预设值的状态向量；A、B 是系统状态、输出矩阵；$u_i(t)$ 是一致性控制量。文献 [24] 提出了基于快速滑模控制的分布式一致性跟随策略，控制目标为各节点于有限时间内协同收敛至参考值 x_{ref}，选取各子系统滑模切换函数：

$$s_i = \sum_{j \in N_i} a_{ij}[x_i(t) - x_j(t)] + d_i[x_i(t) - x_{\mathrm{ref}}] \tag{8.10}$$

定义 $\tilde{x}(t) = x_i - x_{\mathrm{ref}}$，上式矩阵形式可以表示为

$$s = [(L + D) \otimes I_n]\tilde{x}(t) \tag{8.11}$$

式中，L 是分布式通信拓扑的拉普拉斯矩阵；D 是牵制增益矩阵，$D = \mathrm{diag}[d_1, \cdots, d_n]$。动态特性表示为

$$\dot{s} = [(\boldsymbol{L} + \boldsymbol{D}) \otimes \boldsymbol{I}_n][(\boldsymbol{I}_n \otimes \boldsymbol{A})\tilde{\boldsymbol{x}}(t) + (\boldsymbol{I}_n \otimes \boldsymbol{B})\tilde{\boldsymbol{u}}(t)]$$

$$= [(\boldsymbol{L} + \boldsymbol{D}) \otimes \boldsymbol{A}]\tilde{\boldsymbol{x}}(t) + [(\boldsymbol{L} + \boldsymbol{D}) \otimes \boldsymbol{B}]\tilde{\boldsymbol{u}}(t)$$

$$= (\boldsymbol{I}_n \otimes \boldsymbol{A})\boldsymbol{s} + ((\boldsymbol{L} + \boldsymbol{D}) \otimes \boldsymbol{B})\tilde{\boldsymbol{u}}(t) \tag{8.12}$$

取 $\alpha, \beta, \delta > 0$，设计滑模一致性控制量

$$\boldsymbol{u}_i(t) = -\mathrm{sgn}(\boldsymbol{s}_i)\left(\alpha\left\|\sum_{j \in N_i} a_{ij}(\boldsymbol{x}_i(t) - \boldsymbol{x}_j(t))\right\|_1 + \delta\right) - \beta\boldsymbol{s}_i \tag{8.13}$$

上述滑模切换面 $\boldsymbol{s} = 0$ 可满足分布式一致性控制目标，当满足以下条件：① 系统中至少有一节点直接接收参考信息，② 通信网络为强连通型网络，③ 滑模一致性控制量有界，由 Lyapunov 函数可证明各节点状态以较快的响应速度一致性收敛至预设值，并在收敛过程中对扰动具有较强的鲁棒性。

文献 [25] 提出了基于自适应滑模控制的微电网分布式一致性算法，以实现分布式电源输出频率和电压收敛至额定值。首先，建立分布式电源大信号模型，再根据微电网二次控制目标设计相应的滑模一致性控制器，并推导出控制器参数调试方法。基于 Lyapunov 函数的理论分析和仿真结果验证了此控制算法可有效提高控制系统的动态性能，以及应对模型参数摄动、通信延时、通信拓扑变化等不确定因素的鲁棒性。文中滑模一致性频率和电压控制器可以简单描述为

$$u_{\omega i} = \tilde{\omega}_i + \overline{\omega}$$
$$\dot{\tilde{\omega}}_i = -\alpha \cdot \mathrm{sgn}\left[\sum_{j \in N_i}(\tilde{\omega}_i - \tilde{\omega}_j) + \sum_{j \in N_i}(\omega_i - \omega_j) + d_i(\omega_i - \omega_{\mathrm{ref}})\right] \tag{8.14}$$

$$\dot{u}_{ui} = -\frac{C_{\mathrm{f}i}}{k_{\mathrm{pv}i}}\left\{\kappa_1 \cdot \mathrm{sgn}\left[\sum_{j \in N_i}(u_{odi} - u_{odj}) + d_i(u_{odi} - U_{\mathrm{ref}})\right]\right.$$
$$\left. + \kappa_2 \cdot \mathrm{sgn}\left[\sum_{j \in N_i}(\dot{u}_{odi} - \dot{u}_{odj}) + d_i(\dot{u}_{odi} - 0)\right]\right\} \tag{8.15}$$

式中，$u_{\omega i}$ 和 u_{ui} 分别表示频率和电压的二次控制量；$\overline{\omega}$ 和 ω_{ref} 分别是微电网频率标称值和参考值；$\alpha, \kappa_1, \kappa_2$ 是滑模一致性控制器增益，$\alpha, \kappa_1, \kappa_2 > 0$；$k_{\mathrm{pv}i}$ 是本地外环电压控制器的比例系数；$C_{\mathrm{f}i}$ 是滤波电容系数；$\mathrm{sgn}(\cdot)$ 是符号函数。

文献 [26] 提出了基于扩张状态观测器（extended state observer，ESO）和快速终端滑模面（fast terminal sliding mode，FTSM）的微电网自适应超扭曲（adaptive super-twisting）滑模控制器。考虑到控制性能容易受到模型不确定性和测量噪声的影响，首先采用 ESO 估计出分布式电源状态量的精确值，然后基于选定的 FTSM

设计滑模控制, 提高系统频率和电压收敛速度以及对不确定工况鲁棒性的同时, 自适应调整一致性滑模在趋于平衡点时的控制量。文中选取滑模切换函数为

$$s_i = e_{i,2} + ce_{i,1} + de_{i,1}^{m/q} \tag{8.16a}$$

$$e_{i,1} = \sum_{j \in N_i} a_{ij}(\hat{y}_{i,1} - \hat{y}_{j,1}) + d_i(\hat{y}_{i,1} - y_{\text{ref}})$$

$$e_{i,2} = \sum_{j \in N_i} a_{ij}(\hat{y}_{i,2} - \hat{y}_{j,2}) + d_i\hat{y}_{i,2} \tag{8.16b}$$

式中, $\hat{y}_{i,1}$ 是由 ESO 得到的状态量 $y_{i,1}$ 估计值, $y_{i,2} = \dot{y}_{i,1}$, 以电压控制为例, $y_{i,1} = v_{oi}$, $y_{i,2} = \dot{v}_{oi}$; c, $d > 0$, $q > m > 0$ 是奇数整数; $e_{i,1}^{m/q}$ 是提高收敛性能的非线性项; $e_{i,1}$ 为状态偏差和参考值偏差之和, $e_{i,2}$ 为状态微分偏差项。

电压和频率滑模一致性控制器可表示为

$$u_{ui} = \left(\sum_{j \in N_i} a_{ij} + b_i\right)^{-1} \left(\sum_{j \in N_i} a_{ij}u_{uj} - ce_{i,2} - d\frac{m}{q}e_{i,1}^{m/q-1}e_{i,2} - \alpha|s_i| + \rho_i\right) \tag{8.17}$$

$$u_{\omega i} = -k_\omega \left[\sum_{j \in N_i} a_{ij}|\omega_i - \omega_j|^{\alpha_\omega}\text{sgn}(\omega_i - \omega_j) + b_i|\omega_i - \omega|^{\alpha_\omega}\text{sgn}(\omega_i - \omega_{\text{ref}})\right]$$
$$- k_{\Delta\omega}\left[\sum_{j \in N_i} a_{ij}|\Delta\omega_i - \Delta\omega_j|^{\alpha_\omega}\text{sgn}(\Delta\omega_i - \Delta\omega_j)\right] \tag{8.18}$$

式中, $\dot{\rho}_i = -\beta\text{sgn}(s_i)$; k_ω、$k_{\Delta\omega} > 0$; $\alpha_\omega > 0$; $\alpha_{\Delta\omega} < 1$。

文献 [15] 基于本地–相邻分布式电源状态差和本地–预设状态差选取滑模切换函数, 最终微电网频率、电压和功率在有限时间内达到稳态值, 实现二次控制目标。文献 [27] 提出了分布式积分滑模一致性控制策略, 应对微电网电压二次恢复中信息交互的延时问题, 通过线性矩阵不等式 (linerar matrix inequality, LMI) 求取理论延时裕度。综上所述, 滑模一致性控制可以基于控制目标设计滑模切换面, 使状态轨迹收敛至滑动模态区域, 最终提高控制系统的收敛速度以及应对参数摄动和外部干扰的鲁棒性。然而, 滑模变结构控制的不连续开关特性会引起系统实际运行过程的抖振, 即在一定区域内在其两侧来回穿越地趋近于平衡点, 对控制性能会产生一定影响。

8.1.3　分布式鲁棒一致性控制

在微电网二次控制中, 系统不可避免地会受到过程参数摄动、通信拓扑变化、通信延时、时钟偏移以及供需功率波动等不确定因素的扰动, 分布式鲁棒一致性

控制侧重于从控制算法及其实施方式上, 提高微电网系统应对各种内外干扰的鲁棒性以维持系统的动态性能。考虑到非线性未建模摄动和参数不确定性对基于模型推导的微电网分布式电压协同控制策略的影响, 文献 [28] 提出了分布式神经网络 (neural networks, NN) 自适应控制以实时补偿分布式电源未知项对系统动态性能的作用, 从而降低了对模型参数和运行工况干扰的敏感性。文中, 首先设定与式 (8.16) 类似的滑模偏差项 $e_{i,1}$ 和 $e_{i,2}$, 并选取滑模切换函数 $s_i = \lambda_1 e_{i,1} + \lambda_2 e_{i,2}$, 再设计 Lyapunov 函数 $V_{ri} = s_i^2/2g_i$, 其动态形式为

$$\dot{V}_{ri} = -\frac{1}{2}\left(g_{i0} + \frac{\dot{g}_i}{g_i^2}\right)r_i^2 + r_i\overline{f}_i + r_i\overline{g}_i + r_i(b_i + d_i)u_i \tag{8.19}$$

式中, f_i、g_i 分别是微电网系统输入输出反馈线性化后状态项函数和输出项函数; $\overline{f}_i$、$\overline{g}_i$ 是基于 NN 法表示的非线性不确定项

$$\begin{cases} \overline{f}_i = \boldsymbol{W}_{\overline{f}_i}^{\mathrm{T}}\phi_{\overline{f}_i}(e_{i,1}, e_{i,2}, x_i) + \varepsilon_{\overline{f}_i} \\ \overline{g}_i = \boldsymbol{W}_{\overline{g}_i}^{\mathrm{T}}\phi_{\overline{g}_i}(x_i, r_{-i}, x_{-i}, \hat{\boldsymbol{W}}_{\overline{f}_{-i}}, \hat{\boldsymbol{W}}_{\overline{g}_{-i}}) + \varepsilon_{\overline{g}_i} \end{cases} \tag{8.20}$$

式中, $\boldsymbol{W}_{\overline{f}_i}$、$\boldsymbol{W}_{\overline{g}_i}$ 是 NN 自适应权重向量; $\varepsilon_{\overline{f}_i}$、$\varepsilon_{\overline{g}_i}$ 是 NN 估计误差; x_i、r_{-i}、x_{-i}、$\hat{\boldsymbol{W}}_{\overline{f}_{-i}}$ 和 $\hat{\boldsymbol{W}}_{\overline{g}_{-i}}$ 是 NN 输入项; $\hat{\boldsymbol{W}}_{\overline{g}_i}^{\mathrm{T}}\phi_{\overline{g}_i}$ 是 NN 输出项。则基于 NN 的分布式自适应电压控制器为

$$u_i = -c_i r_i - \frac{\hat{\boldsymbol{W}}_{\overline{f}_i}^{\mathrm{T}}\phi_{\overline{f}_i}}{b_i + d} - \frac{\hat{\boldsymbol{W}}_{\overline{g}_i}^{\mathrm{T}}\phi_{\overline{g}_i}}{b_i + d} \tag{8.21}$$

式中, c_i 是控制器增益。设矩阵 $\boldsymbol{F}_{\overline{f}_i}$, $\boldsymbol{F}_{\overline{g}_i} > 0$, 常系数 $\kappa_{\overline{f}_i}$, $\kappa_{\overline{g}_i} > 0$, 则 NN 调试项为

$$\begin{cases} \dot{\hat{\boldsymbol{W}}}_{\overline{f}_i} = \boldsymbol{F}_{\overline{f}_i}\phi_{\overline{f}_i}r_i - \kappa_{\overline{f}_i}\boldsymbol{F}_{\overline{f}_i}\hat{\boldsymbol{W}}_{\overline{f}_i} \\ \dot{\hat{\boldsymbol{W}}}_{\overline{g}_i} = \boldsymbol{F}_{\overline{g}_i}\phi_{\overline{g}_i}r_i - \kappa_{\overline{g}_i}\boldsymbol{F}_{\overline{g}_i}\hat{\boldsymbol{W}}_{\overline{g}_i} \end{cases} \tag{8.22}$$

针对分布式通信网络中可能存在的链路不确定性, 文献 [29] 提出了基于迭代学习机制 (iterative learning mechanics) 的微电网分布式鲁棒二次控制, 以离散化形式实现频率电压恢复和功率均分, 其离散型分布式二次电压和频率控制器分别表示为

$$u_{ui}(k+1) = \sum_{j \in N_i} c\gamma_{ij}^v a_{ij}[u_{odj}(k) - u_{odi}(k)] + c\gamma_{i0}^v d_i[U_{\mathrm{ref}} - u_{odi}(k)] \tag{8.23}$$

$$u_{\omega i}(k+1) = \sum_{j \in N_i} c\gamma_{ij}^\omega a_{ij}[\omega_j(k) - \omega_i(k)] + c\gamma_{i0}^\omega d_i[\omega_{\mathrm{ref}} - \omega_i(k)]$$
$$+ \sum_{j \in N_i} c\gamma_{ij}^P a_{ij}[m_{Pj}P_j(k) - m_{Pi}P_i(k)]/m_{Pi} \tag{8.24}$$

式中，c 是通信网络耦合系数；γ_{ij}^v 和 γ_{i0}^v、γ_{ij}^ω 和 γ_{i0}^ω，以及 γ_{ij}^P 分别为电压恢复、频率恢复和功率均分的相关增益系数和牵制系数。对于不确定通信链路，可以设定权重系数满足 $0 < \underline{a_{ij}} \leqslant a_{ij} \leqslant \overline{a_{ij}}$，$\underline{a_{ij}}$ 和 $\overline{a_{ij}}$ 分别对应于下界权重矩阵 $\underline{A}$ 和上界权重矩阵 $\overline{A}$，则权重系数 a_{ij} 可以表示为 $a_{ij} = (1-\alpha)\overline{a_{ij}} + \alpha\underline{a_{ij}}$，$\alpha \in (0,1)$ 为不确定度，文中采用 Lyapunov 稳定性、代数和矩阵不等式理论研究了控制系统保证鲁棒稳定性的条件，仿真结果验证在此控制策略下系统鲁棒性得到了明显改善。

文献 [30] 提出了基于双层控制结构的微电网分布式协同控制策略，上层控制以电压偏差最小化和有功、无功功率精确均分为目标确定输出功率参考值，下层控制通过调整逆变器输出电压和相角实现功率无差跟踪。此控制策略保证了系统在有限时间内达到稳定状态以及功率均分，并且提高了应对内外不确定性扰动的鲁棒性，实现微电网整体优化运行。文献 [31] 将微电网内分布式电源分为不可控部分（风机、光伏等）、可控部分（微型燃气轮机、燃料电池等）以及部分可控部分（电池储能等），研究了一种基于动态权重矩阵的广义分布式控制策略并应用于微电网二次控制和能量管理中，仅通过对动态权重这一参数的调整重新分配各分布式电源的输出，从而在保证供需功率平衡的前提下实现微电网多种控制目标。考虑到外部扰动尤其是时滞特性对信息交互的影响，文献 [32] 分析了系统 L_2 扰动抑制性能与通信网络稀疏性的关系，提出了兼顾控制系统延时鲁棒性、L_2 抗扰性以及通信链路数目的微电网分布式二次频率控制器。文献 [33] 提出了基于广播式通信的微电网分布式鲁棒一致性控制，在每个采样周期各分布式电源以令牌环方式向网络广播本地状态量，同时接收其他分布式电源状态量与本地量进行平均化，实现微电网平均频率、电压恢复以及有功、无功功率均分，并验证了此控制策略对通信延时、信息丢包等问题的鲁棒性。考虑到时钟同步对分布式控制动态性能的影响，文献 [34] 提出了在不确定时钟偏移下，实现精确频率恢复和功率均分的微电网分布式鲁棒协同控制器，并研究了保证系统鲁棒稳定性的控制器参数调试方法。综上所述，微电网分布式鲁棒一致性控制侧重于系统在未建模动态、参数摄动、通信拓扑变化、信息时滞、功率波动以及时钟偏移等不确定情况下，保证系统二次控制目标实现的动态性能。

8.1.4　分布式预测一致性控制

常规分布式一致性控制是基于当前时刻本地与相邻节点的状态偏差获得反馈控制量，但由于对未来运行趋势不明确，此控制策略可能造成一致性控制方向相反以及控制过程中出现过控、欠控及误控的现象，对系统性能产生不利影响。模型预测控制（model predictive control，MPC）[35] 是一种基于模型迭代的闭环优化控制策略，具体步骤为：在每个采样时刻利用当前测量信息，在线求解有限时域内的优化目标函数，并将得到的第一步控制序列作用于被控对象，在下一个采样时刻，重复上述过程。MPC 算法的三个核心要素为预测模型、反馈校正和滚动优化, 一方面可以通过预测模型和历史信息对系统未来时刻的运行状态进行预估, 基于此设计控制量改善控制性能, 另一方面通过反馈校正和滚动优化提高系统对模型失配、未建模摄动和过程干扰等不确定因素的鲁棒性, 已在石油、航空和电力等工业应用中受到了广泛的关注 [36-38]。随着系统规模的不断扩大, 建立集中式预测模型和求解优化目标函数的复杂度会显著增加, 因此分布式模型预测控制 (distributed MPC, DMPC) [39-41] 应运而生。文献 [39] 介绍了一种无约束型 DMPC 方法, 对于如下线性离散子系统

$$
\begin{aligned}
\boldsymbol{x}_i(k+1) &= \boldsymbol{A}_{ii}\boldsymbol{x}_i(k) + \boldsymbol{B}_{ii}\boldsymbol{u}_i(k) + \sum_{j \subset N_i} \boldsymbol{A}_{ij}\boldsymbol{x}_j(k) + \sum_{j \subset N_i} \boldsymbol{B}_{ij}\boldsymbol{u}_j(k) \\
\boldsymbol{y}_i(k) &= \boldsymbol{C}_{ii}\boldsymbol{x}_i(k) + \sum_{j \in N_i} \boldsymbol{C}_{ij}\boldsymbol{x}_j(k)
\end{aligned}
\tag{8.25}
$$

式中, $\boldsymbol{A}_{ii}$、$\boldsymbol{B}_{ii}$ 和 $\boldsymbol{C}_{ii}$ 分别为离散子系统的状态矩阵、输入矩阵和输出矩阵。子系统间状态耦合项和输出耦合项 $\boldsymbol{w}_i(k)$ 和 $\boldsymbol{v}_i(k)$ 具体表达式如下:

$$
\begin{aligned}
\boldsymbol{w}_i(k) &= \sum_{j \in N_i} \boldsymbol{A}_{ij}\boldsymbol{x}_j(k) + \sum_{j \in N_i} \boldsymbol{B}_{ij}\boldsymbol{u}_j(k) \\
\boldsymbol{v}_i(k) &= \sum_{j \in N_i} \boldsymbol{C}_{ij}\boldsymbol{x}_j(k)
\end{aligned}
\tag{8.26}
$$

假设各子系统控制时域和预测时域均一致, 分别为 $m_i = m_j = m$, $p_i = p_j = p$, $j \neq i$, 在一个采样周期内子系统控制律同时更新且仅更新一次。因此, 基于本地模型以及与其他子系统的耦合项, 可推导出子系统 i 在 l 步内 ($l = 1, \cdots, p$) 预测模型如下式所示:

$$
\begin{aligned}
\hat{\boldsymbol{x}}_i(k+l|k) = {}&\boldsymbol{A}_{ii}^l \hat{\boldsymbol{x}}_i(k|k) + \sum_{s=1}^{l} \boldsymbol{A}_{ii}^{s-1} \boldsymbol{B}_{ii} \boldsymbol{u}_i(k+l-s|k) \\
&+ \sum_{s=1}^{l} \boldsymbol{A}_{ii}^{s-1} \hat{\boldsymbol{w}}_i(k+l-s|k-1)
\end{aligned}
\tag{8.27a}
$$

$$
\hat{\boldsymbol{y}}_i(k+l|k) = \boldsymbol{C}_{ii}\hat{\boldsymbol{x}}_i(k+l|k) + \hat{\boldsymbol{v}}_i(k+l-s|k-1)
\tag{8.27b}
$$

式中, $\hat{\boldsymbol{x}}_i(k+l|k)$ 表示基于 k 时刻值估计出 $k+l$ 时刻的状态量, $\boldsymbol{u}_i(k+l-s|k)$ 表示基于 k 时刻值求得的 $k+l-s$ 时刻的输入量。其他子系统的项信息通过分布式网络传输至本地系统, 假设均产生 1 个采样周期的通信延时, $\hat{\boldsymbol{w}}_i(k+l-s|k-1)$ 和 $\hat{\boldsymbol{v}}_i(k+l-s|k-1)$ 表示基于 $k-1$ 时刻值估计出 $k+l-s$ 时刻的状态耦合项和输出耦合项。由状态预估式 (8.27a) 和输出预估式 (8.27b) 可知, 分布式预测模型未

来时刻的状态和输出估计值由本地子系统和存在通信关系的其他子系统信息共同决定。

取 y_{di} 为本地参考值，$\Delta u_i(k)$ 为当前时刻控制量增量 $\Delta u_i(k) = u_i(k) - u_i(k-1)$，则无约束型 DMPC 的优化目标函数可表示如下：

$$\min J_i = \sum_{l=1}^{p} \|\hat{\boldsymbol{y}}_i(k+l|k) - \boldsymbol{y}_{di}(k+l|k)\|_{\boldsymbol{Q}_i}^2 + \sum_{l=1}^{m} \|\Delta \boldsymbol{u}_i(k+l-1|k)\|_{\boldsymbol{R}_i}^2 \qquad (8.28)$$

式中，$\boldsymbol{Q}_i$ 和 $\boldsymbol{R}_i$ 分别为输出量和控制增量的权重矩阵，协调系统稳定性和控制性能。

各子系统基于 k 时刻本地和其他耦合信息，通过优化目标函数式（8.28）计算最优控制序列 $\{\Delta u_i(k|k), \cdots, \Delta u_i(k+m-1|k)\}$，提取第一项 $\Delta u_i(k|k)$ 以求取当前时刻控制量 $u_i(k) = u_i(k-1) + \Delta u_i(k|k)$ 并作用于本地系统。此后，由式（8.27a）对未来时刻的状态轨迹进行预测，并将状态估计值和控制量传递至通信关联子系统，至 $k+1$ 时刻重新计算优化目标函数以求出此刻控制量。

分布式预测一致性控制充分利用了智能体的预测特性，根据未来时刻状态量和目标值的差异进行控制决策优化，显著提高了控制系统的动态性能和鲁棒性，意义明确，方法简便。本章对 DMPC 在微电网运行控制中的应用进行了深入的研究，具体包括两部分：① 微电网分布式线性预测控制，在常规分布式一致性跟随算法中引入辅助预测项，将微电网二次电压控制问题转化为基于分布式预测控制的一致性跟随问题[42]，通过预测项可调系数实现控制目标的滚动优化；② 微电网分布式非线性预测控制，针对分布式线性预测控制中未考虑逆变型分布式电源的非线性动态特性，基于输入输出反馈线性化方法[43,44]将分布式电源非线性模型部分线性化，进而转化为线性分布式预测控制实现控制目标滚动优化。上述分布式预测协同控制较常规分布式协同控制在保证实现微电网二次控制目标的同时，具有以下主要优点：

（1）基于对未来运行趋势的预测实现分布式协同控制量的优化，提高分布式电源输出电压收敛至额定值的速度。

（2）基于控制目标滚动优化，避免控制过程中过控、欠控或者误控情况的发生，提高控制过程的可靠性和经济性。

（3）相较于常规分布式协同控制实施过程中，过小的控制周期可能导致收敛过程缓慢，而过大的控制周期对系统稳定性产生影响，分布式预测协同控制提高了系统对信息控制周期的鲁棒性。

（4）基于对系统未来趋势的提前预测，提高了控制系统的通信延时鲁棒性。

微电网频率是全局变量，在短时间内将趋于一致，由于分布式电源输出阻抗不一致导致端电压为局部变量。为了更好地体现分布式预测协同控制在消除不同分布式电源状态量差异上的优势, 本章侧重于微电网分布式电压控制方面的研究, 分布式频率控制采用常规基于比例积分控制器的一致性控制。

8.2 微电网分布式线性预测控制

微电网对等模式中各分布式电源基于本地输出有功和无功功率调节输出电压频率和幅值, 考虑二次控制的下垂特性可以由下式描述:

$$\begin{cases} \omega_i = \omega_{ni} - m_{Pi}P_i + u_{\omega i} \\ U_i = U_{ni} - n_{Qi}Q_i + u_{ui} \end{cases} \tag{8.29}$$

式中, ω_i、U_i 代表逆变器输出电压频率和幅值; ω_{ni}、U_{ni} 代表输出电压频率和幅值的额定值; m_{Pi}、n_{Qi} 分别为下垂控制的频率和电压下垂系数; P_i、Q_i 为分布式电源输出有功功率和无功功率; $u_{\omega i}$、u_{ui} 分别表示频率和电压的二次控制项。微电网二次控制的目标为选择合适的二次调节值使分布式电源的频率 ω_i 和电压 U_i 收敛至各自的额定参考值 ω_{ref} 和 U_{ref}, 因此二次控制问题可以转化为牵制一致性问题。本节在常规一致性跟随算法中引入含有可调系数的辅助预测项, 基于优化性能指标函数求取预测可调系数进而获得当前时刻的优化电压控制量, 提高微电网输出电压一致性收敛的动态特性以及对信息控制周期的鲁棒性。

8.2.1 分布式有限时间观测器

在一致性跟随问题中, 若各分布式电源期望获得精确的预测值, 需要知道相邻分布式电源的未来趋势以及微电网全局参考值。由于分布式电源在微电网中具有地域分散性, 很难令所有的分布式电源直接获得额定参考值。本节中选择性牵制部分分布式电源, 而其他分布式电源基于牵制一致性 [45] 引入分布式有限时间观测器获得系统额定参考指令。非牵制分布式电源的分布式有限时间观测器可以描述成如下形式 [11]:

$$\hat{x}_i(t) = \mathrm{sig}\left[\sum_{j=1}^{N} a_{ij}[\hat{x}_j(t) - \hat{x}_i(t)] + d_i[x_{\mathrm{ref}} - \hat{x}_i(t)]\right]^{1/2} \tag{8.30}$$

式中, $\hat{x}_i(t)$ 表示对全局参考信号 x_{ref} 的本地估计值; $\mathrm{sig}(*)^a = \mathrm{sgn}(*)|*|^a$ $(a > 0)$ 表示符号函数。

分布式有限时间观测器实现条件 根据文献 [11], 有限时间观测器式 (8.30) 利用分布式通信耦合关联, 相邻分布式电源交互信息从而实现全局参考信号的共享。为了保证本地观测值 $x_i(t)$ 在有限时间 T_0 内收敛至额定参考值 x_{ref}, 至少一个分布式电源可以直接接收参考信号而且分布式通信网络需是连通型, 即任意一对分布式电源节点间至少存在一条路径。此分布式有限时间观测器可以以连续形式或离散形式应用于固定通信拓扑结构或不确定通信拓扑结构。接下来将在二次电压和二次频率跟随一致性控制中应用此分布式有限时间观测器。

8.2.2　基于辅助预测项的分布式预测控制

为了分步实现微电网电压和频率的二次控制，我们首先将各分布式电源的输出电压恢复至额定值，在此基础上再进行频率二次恢复。本节设计的分布式有限时间电压观测器如下式所示，在此观测器作用下各分布式电源输出电压估计值 $\hat{U}_i$ 在有限时间内到达参考值 U_{ref}。

$$\ddot{U}_i = \text{sig}\left[\sum_{j=1}^{N} a_{ij}(\hat{U}_j - \hat{U}_i) + d_i(U_{\text{ref}} - \hat{U}_i)\right]^{1/2} \tag{8.31}$$

基于连续的一阶一致性算法，式（8.29）中二次电压控制项 u_{ui} 由相邻节点的状态差异通过下式确定：

$$u_{ui} = -\sum_{j=1}^{N} a_{ij}(U_i - U_j) - d_i(U_i - U_{\text{ref}}) \tag{8.32}$$

在实际的采样及数据传输系统中，节点间数据传输以一定的时间周期进行，为了更好分析一致性动态特性，引入一阶离散一致性算法：

$$\begin{cases} U_i(k+1) = U_i(k) + u_{ui}(k) \\ u_{ui}(k) = \varepsilon\left\{-\sum_{j=1}^{N} a_{ij}[U_i(k) - U_j(k)] - d_i(U_i(k) - U_{\text{ref}})\right\} \end{cases} \tag{8.33}$$

式中，$U_i(k)$，$U_j(k)$ 代表在 k 时刻分布式电源 i、分布式电源 j 的输出电压；$u_{ui}(k)$ 表示 k 时刻二次电压输入项；$U_i(k+1)$ 表示在控制量 $u_{ui}(k)$ 作用下 $k+1$ 时刻分布式电源 i 的状态量；ε 表示信息控制周期，包括数据接收、本地估计值更新以及数据传输过程。此离散一致性的控制目标为选择合适的二次电压输入项消除相邻分布式电源间的电压偏差，同时使各输出电压收敛至额定参考值。

相对于一次控制，二次控制通常以较低的采样速率进行信息交互 [32,46]，这里我们假设所有分布式电源以相同的时间周期进行数据更新，此数据更新周期大于分布式二次控制的运行周期。本节由于采用分布式有限时间电压状态观测器 (8.31)，最终在有限时间内各分布式电源获得 U_{ref}，因此在分布式协同过程中各种分布式电源的 d_i 可认为是 1。基于式（8.33）的系统动态方程可以写成如下矩阵形式：

$$U(k+1) = PU(k) + E_r \tag{8.34}$$

式中，$\boldsymbol{U}(k) = [U_1(k), \cdots, U_n(k)]^{\mathrm{T}}$；状态矩阵 $\boldsymbol{P} = \boldsymbol{I}(1 - \varepsilon) - \varepsilon\boldsymbol{L}$；$\boldsymbol{L}$ 表示通信网络的拉普拉斯矩阵；$\boldsymbol{E}_r = \varepsilon U_{\mathrm{ref}}\boldsymbol{E}_N$ 中 $\boldsymbol{E}_N = \boldsymbol{1}_N$ 表示 N 维元素为 1 的列向量。

将预测控制的思路引入该跟随一致性算法中，根据多智能体的当前及历史数据对未来时间断面的运行状况进行预测，构建预测状态矩阵 $\boldsymbol{P}_{\mathrm{DMPC}}$ 作用于 $\boldsymbol{P}$ 从而进行控制决策的优化。在式 (8.34) 中增加与通信耦合相关的辅助预测项 $\boldsymbol{u}_P(k)^{[47]}$，$\boldsymbol{u}_P(k) \subset \boldsymbol{L}$，则得到如下公式：

$$\boldsymbol{U}(k + 1) = \boldsymbol{P}\boldsymbol{U}(k) + \boldsymbol{E}_r + \boldsymbol{u}_P(k)$$
$$\boldsymbol{u}_P(k) = -\mu\{\boldsymbol{L}\boldsymbol{U}(k) + [\boldsymbol{U}(k) - U_{\mathrm{ref}}\boldsymbol{E}_N]\} \tag{8.35}$$

式中，$\boldsymbol{u}_P(k) = [u_{P1}(k), \cdots, u_{Pn}(k)]^{\mathrm{T}}$；$\mu$ 表示预测系数。$\boldsymbol{u}_P(k)$ 基于可调系数 μ，不仅仅和相邻分布式电源间的状态差有关，还和本地状态与目标状态的差异有关。由式 (8.35) 可知，通过引入辅助状态矩阵 $\boldsymbol{P}_{\mathrm{DMPC}} = -\mu(\boldsymbol{L} + \boldsymbol{I})$ 至原状态更新矩阵 $\boldsymbol{P}$，则跟随一致性过程的收敛速度得到显著提高，此过程可以转化为可调系数 μ 的求解问题。

改进的二次电压输入项具体形式如式 (8.36) 所示，由两部分组成：一部分为基于常规跟随一致性的反馈控制项，另一部分为辅助预测项，其中预测系数 μ 对二次控制动态特性产生重要影响。

$$u_{ui}(k) = (\varepsilon + \mu)\left\{-\sum_{j=1}^{N} a_{ij}[U_i(k) - U_j(k)] - (U_i(k) - U_{\mathrm{ref}})\right\} \tag{8.36}$$

基于系统动态模型，其对应的预测趋势模型可以由下式进行描述：

$$\boldsymbol{U}_M(k + 1) = \boldsymbol{A}\boldsymbol{U}_M(k) + \boldsymbol{B}\boldsymbol{U}_P(k) + \boldsymbol{E}_r$$
$$\boldsymbol{U}_P(k) = -\boldsymbol{F}\boldsymbol{L}\boldsymbol{U}_M(k) + \boldsymbol{M} \tag{8.37}$$

式中，$\boldsymbol{U}_M(k + 1) = [\boldsymbol{U}^{\mathrm{T}}(k + 1), \cdots, \boldsymbol{U}^{\mathrm{T}}(k + H_P)]$；$\boldsymbol{U}_P(k) = [\boldsymbol{u}_P^{\mathrm{T}}(k), \cdots, \boldsymbol{u}_P^{\mathrm{T}}(k + H_U - 1)]$；$H_P$ 表示预测时域；H_U 表示控制时域；

$$\boldsymbol{A} = \begin{bmatrix} \boldsymbol{P} \\ \vdots \\ \boldsymbol{P}^{H_P} \end{bmatrix}_{H_U N \times N};$$

$$B = \begin{bmatrix} I_N & & & \\ P & I_N & & \\ \vdots & \vdots & \ddots & \\ P^{H_U-1} & P^{H_U-2} & \cdots & I_N \\ P^{H_U} & P^{H_U-1} & \cdots & P+I_N \\ \vdots & \vdots & \vdots & \vdots \\ P^{H_P-1} & P^{H_P-2} & \cdots & P^{H_P-H_U}+\cdots+I_N \end{bmatrix}_{H_P N \times H_U N};$$

$$E_r = E_r B \in R^{H_P N \times 1},$$

$$F = \begin{bmatrix} -\mu(L+I_N) \\ -\mu(L+I_N)[P-\mu(L+I_N)] \\ \vdots \\ -\mu(L+I_N)[P-\mu(L+I_N)]^{H_U-1} \end{bmatrix}_{H_U N \times N};$$

$$M = \begin{bmatrix} \mu U_{\text{ref}} E_N \\ -\mu(L+I_N)N + \mu U_{\text{ref}} E_N \\ \cdots \\ -\mu(L+I_N)(N^{H_U-1}+\cdots+N) + \mu U_{\text{ref}} E_N \end{bmatrix}_{H_U N \times 1}.$$

$$N = E_r + \mu U_{\text{ref}} E_N \in R^{N \times 1}$$

如上文所述, 二次电压恢复的控制目标包括消除分布式电源间电压差异以及实现输出电压恢复至额定参考值, 其中 $m \in \{1, \cdots, H_P\}$, 各分布式电源间的电压差异可以表示成下式:

$$\Delta U_{i,j}(k+m) = U_i(k+m) - U_j(k+m) \tag{8.38}$$

根据上式, H_P 步后状态偏差的预测模型

$$\Delta U(k+1) = LU(k+1)$$
$$\vdots \tag{8.39}$$
$$\Delta U(k+H_P) = LU(k+H_P)$$

联合式 (8.37) 以及式 (8.39), 可以推导出如下方程:

$$\begin{aligned} \Delta U_M(k+1) &= [\Delta U(k+1)^{\text{T}}, \cdots, \Delta U(k+H_P)^{\text{T}}]^{\text{T}} \\ &= \Psi U(k+1) = \Psi[AU(k)+BU_P(k)+E_r] \\ &= A_\Psi U(k) + B_\Psi U_P(k) + \Psi E_r \end{aligned} \tag{8.40}$$

式中，$\boldsymbol{\Psi} = \mathrm{diag}(\boldsymbol{L}, \cdots, \boldsymbol{L})$；$\boldsymbol{A}_\Psi = \boldsymbol{\Psi A}$；$\boldsymbol{B}_\Psi = \boldsymbol{\Psi B}$。

在该模型下，电压跟随一致性问题转化为如下优化性能指标：

$$\min \ J(k) = ||\Delta \boldsymbol{U}_M(k+1)||_{\boldsymbol{Q}}^2 + ||\boldsymbol{U}_M(k+1) - \xi \boldsymbol{I}_{NH_P}||_{\boldsymbol{W}}^2 + ||\boldsymbol{U}_P(k)||_{\boldsymbol{R}}^2 \quad (8.41)$$

式中，$\boldsymbol{Q}$，$\boldsymbol{W}$，$\boldsymbol{R}$ 表示对称、正定权重矩阵；$|| * ||_{\boldsymbol{Q}}^2 = *^\mathrm{T} \boldsymbol{Q} *$。该性能指标由三项组成，第一项为对各分布式电源之间状态不一致的惩罚项，第二项为对分布式电源状态与额定目标值不一致的惩罚项，第三项是对控制量幅值的惩罚项。为了方便描述，这里权重矩阵取为 $\boldsymbol{Q} = q\boldsymbol{I}$，$\boldsymbol{W} = w\boldsymbol{I}$，$\boldsymbol{R} = r\boldsymbol{I}$ $(q, w, r > 0)$，这样就可以将权重矩阵的选择转化为标量 q, r, w，一般选择较小的 r，而 q, w 取值相对大些。

综上所述，式（8.37）～式（8.41）描述了基于分布式预测一致性的电压协同控制过程，首先将分布式二次电压控制转化为跟踪一致性问题，进而转化为以预测系数 μ 为唯一未知参数的滚动优化求解问题。此 DMPC 一致性算法为在线控制过程，基于当前 k 时刻的信息求解控制量序列 $\boldsymbol{U}_P(k)$，取 H_U 步控制序列中的第一步作用于控制系统；至下一时刻 $k+1$，重复以上步骤，实现系统滚动优化。这种做法的优势在于：① 通过在线滚动优化，可以对模型不确定性进行实时校正；② 控制过程中可以克服系统扰动的影响，适应于微电网即插即用特性。图 8.1 给出了微电网分布式线性预测控制的流程图，具体步骤如下文描述。

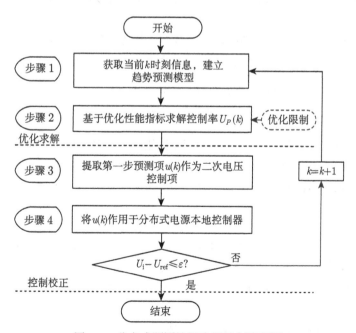

图 8.1 分布式预测协同电压控制流程图

步骤 1 采集当前 k 时刻分布式电源的本地电压信息，建立分布式预测趋势模型，如式（8.37）所示。

步骤 2 基于分布式预测优化性能指标式（8.41），求解辅助项可调系数 μ，进而获得系统多步控制序列 $U_P(k)$。

步骤 3 提取控制序列 $U_P(k)$ 的第一步 $u(k)$ 作为当前时刻的分布式二次电压控制项，作用于分布式电源一次控制器。

步骤 4 判断分布式电源输出电压与预设额定值之间的差异是否小于阈值，是则控制过程停止，否则至下一时刻 $k+1$，采集新的系统测量值，重复上述步骤。

1. 稳定性及控制性能分析

假设基于常规跟随一致性算法的系统动态式（8.33）稳定，则选择信息控制周期 ε 应使得 $\rho(P) < 1$。式中，$\rho(*)$ 表示矩阵谱半径 [48]。

引理 8.1[49] 考虑任意对称的半正定矩阵 $D \in R^{N \times N}$。λ 为 D 关于特征向量 η 的特征根，可以得出以下结论：

(1) $(D + I_N)^{-n} \eta = (1)/((\lambda+1)^n)\eta, \forall n \in \mathbf{N}$；

(2) $||(D + I_N)^{-1}||_2 \leqslant 1$，其中 $|| \; E \; ||_2 = [\lambda_{\max}(E^T E)]^{1/2}$。

定理 8.1 设分布式通信拓扑为连通型且其中至少 1 个分布式电源的牵制点增益 $d_i \neq 0$，则二次控制过程式（8.36）～式（8.41）可以保证微电网网络渐近收敛至参考值。

证明：为了保证优化性能指标式（8.41）最小化，通过 $\partial J/\partial \mu = 0$ 求取预测系数 μ。由于 μ 的解析解相当复杂，我们先求解最优控制序列 $U_P(k)$ 如下式所示：

$$\partial J/\partial U_P(k) = 2[B^T(Q^* + W)A]U(k)$$
$$+ 2[B^T(Q^* + W)B + R]U_P(k) = 0 \tag{8.42}$$

式中，$Q^* = \Psi^T Q \Psi$。基于式（8.42），可以求得当前时刻控制序列的显式表达式为 $U_P(k) = -[B^T(Q^* + W)B + R]^{-1}B^T(Q^* + W)AU(k)$，提取前 n 项元素作为系统当前时刻的控制序列 $u_P(k)$，即控制序列的第一项：

$$u_P(k) = P_{\text{DMPC}}U(k) \tag{8.43}$$

式中，$P_{\text{DMPC}} = -[I_n \; 0_n \; \cdots \; 0_n][B^T(Q^* + W)B + R]^{-1}B^T(Q^* + W)A$；$I_n$、$0_n$ 分别表示 n 维单位矩阵、零矩阵。与通常的状态更新方法相比较，$u_P(k)$ 是基于系统参数 ε, H_P, H_U, L, Q, W, R 以及当前分布式电源状态量 $U(k)$ 在线求解而得到的。

因此，控制系统的闭环动态可以描述成

$$U(k+1) = (P + P_{\text{DMPC}})U(k) + (\varepsilon + \mu)U_{\text{ref}}E_N \tag{8.44}$$

进一步，可以推导如下公式：

$$I_n + P_{\mathrm{DMPC}}P^{-1}$$

$$= [I_n, 0_n, \cdots, 0_n] \cdot [B^{\mathrm{T}}(Q^* + W)B + R]^{-1}$$

$$\cdot \{[B^{\mathrm{T}}(Q^* + W)B + R][I_n, 0_n, \cdots, 0_n]^{\mathrm{T}} - B^{\mathrm{T}}(Q^* + W)AP^{-1}\} \qquad (8.45)$$

考虑 $B[I_n, 0_n, \cdots, 0_n]^{\mathrm{T}} = AP^{-1}$，则

$$I_n + P_{\mathrm{DMPC}}P^{-1} = [I_n, 0_n, \cdots, 0_n]$$

$$\cdot (B^{\mathrm{T}}(Q^* + W)B + R)^{-1} \cdot R[I_n, 0_n, \cdots, 0_n]^{\mathrm{T}} \qquad (8.46)$$

进一步可以得到

$$\rho(I_n + P_{\mathrm{DMPC}}P^{-1})$$

$$\leqslant ||[I_n, 0_n, \cdots, 0_n]||_2 \cdot ||[B^{\mathrm{T}}(Q^* + W)B + R]^{-1}R||_2 \cdot ||[I_n, 0_n, \cdots, 0_n]||_2 \quad (8.47)$$

由于 $||[I_n, 0_n, \cdots, 0_n]||_2 = 1$，$B^{\mathrm{T}}(Q^* + W)B$ 为对称、半正定矩阵；由引理 8.1 可得，$||[B^{\mathrm{T}}(Q^* + W)B + R]^{-1}R||_2 \leqslant 1$。因此，$\rho(I_N + P_{\mathrm{DMPC}}P^{-1}) \leqslant 1$。

由常规跟随一致性算法的稳定条件 $\rho(P) < 1$，可以得到

$$\rho(P + P_{\mathrm{DMPC}}) \leqslant \rho(I_n + P_{\mathrm{DMPC}}P^{-1}) \cdot \rho(P) < 1 \qquad (8.48)$$

由上式可以看到，基于分布式线性预测控制的闭环系统渐进收敛。与常规跟随一致性算法相比，由于引入辅助预测项 P_{DMPC}，系统状态矩阵的谱半径得到压缩，进而跟随一致性性能得到了提高，提高程度取决于 $[B^{\mathrm{T}}(Q^* + W)B + R]^{-1}R$ 的范数，即 Q，W，R。此结论与优化性能指标函数相对应，Q、W 分别为状态一致性和目标跟随性权重矩阵。

由于逆变器输出阻抗不一致，电压下垂控制不能同时满足端电压恢复和无功功率均分的控制目标，两者具有矛盾性 [15,50]。考虑到负荷和输电线路对输出无功功率的容性补偿，本章分布式电压控制策略侧重于端电压恢复这一控制目标。

2. 分布式比例积分频率二次控制

根据式（8.29），为了实现有功功率均分和频率恢复，各分布式电源二次频率控制项需要满足 $u_{\omega i} = u_{\omega j}$。与分布式有限时间电压观测器式（8.31）类似，在分布式有限时间频率观测器作用下，各分布式电源频率估计值 $\hat{\omega}_i$ 可以在有限时间内到达参考值 ω_{ref}：

$$\dot{\hat{\omega}}_i = \mathrm{sig}\left[\sum_{j=0}^{N}(\hat{\omega}_j - \hat{\omega}_i) + d_i(\omega_{\mathrm{ref}} - \hat{\omega}_i)\right]^{1/2} \qquad (8.49)$$

最终二次频率控制量可以由下式进行描述:

$$u_{\omega i} = e_{1i} + e_{2i} \tag{8.50}$$

式中, e_{1i} 和 e_{2i} 表达式如下:

$$\dot{e}_{1i} = \alpha(\hat{\omega}_i - \omega_i) \tag{8.51}$$

$$\dot{e}_{2i} = \text{sig}\left[\sum_{j=0}^{N} a_{ij}(u_{\omega j} - u_{\omega i})\right]^{\beta} \tag{8.52}$$

式中, α, β 代表增益系数; 二次频率控制项 $u_{\omega i}$ 由两部分组成, e_{1i} 侧重于频率跟踪参考值, e_{2i} 侧重于有功功率均分。系统静态时, 式 (8.51) 的右侧为零, 即 $\omega_i = \omega_{\text{ref}}$, 式 (8.52) 保证在有限时间内二次控制输入量的均衡性。两个控制目标结合, 相当于各分布式电源的频率下垂曲线上下平移相同的距离。图 8.2 描述了微电网分布式协同控制的原理框图, 左侧为二次电压控制部分, 右侧为二次频率控制部分。

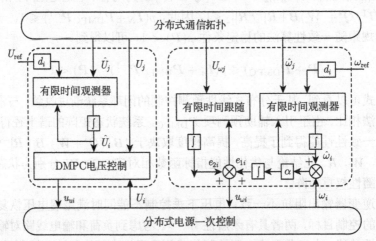

图 8.2　分布式电压和频率二次控制框图

8.2.3　算例分析

为了验证所提出的控制策略的有效性, 构建如图 8.3 所示的仿真系统, 各分布式电源及负载、输电线路采用 PSCAD/EMTDC 仿真技术, 分布式预测一致性控制策略采用 MATLAB 的 YALMIP 工具包和 Gurobi 6.02, 两个仿真平台通过 PSCAD 的用户定义接口 (user-defined interface, UDI) 进行连接。微电网模型和二次控制策略参数如表 8.1 和表 8.2 所示。

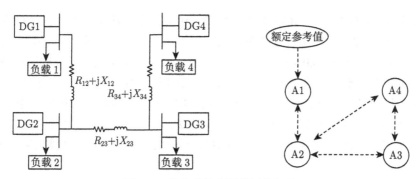

图 8.3 仿真系统和通信网络拓扑

表 8.1 微电网模型参数

参数		数值	参数		数值
DG	m_{P1}	1.3×10^{-5} rad/(W·s)	负载	P_1	24kW
	n_{Q1}	1.3×10^{-3} V/var		Q_1	24kvar
	$m_{P2,4}$	2.6×10^{-5} rad/(W·s)		$P_{2,4}$	22.5kW
	$n_{Q2,4}$	1.5×10^{-3} V/var		$Q_{2,4}$	10.9kvar
	m_{P3}	1.3×10^{-5} rad/(W·s)		P_3	24kW
	n_{Q3}	1.3×10^{-3} V/var		Q_3	0kvar
线路	$R_{12,34}$	0.23Ω	线路	R_{23}	0.35Ω
	$X_{12,34}$	0.099Ω		X_{23}	0.58Ω

表 8.2 微电网分布式二次协同控制策略参数

参数		数值	参数		数值
电压控制器	H_P	2	DG1 频率控制器	α_1	0.1
	H_U	1		β_1	3
	q	500	DG2 频率控制器	α_2	0.1
	w	500		β_2	3
	r	0.01	DG3 频率控制器	α_3	0.1
	ε	0.03s		β_3	3
参考值	U_{ref}	380V	DG4 频率控制器	α_4	0.1
	ω_{ref}	50Hz		β_4	3
	U_{therhold}	0.001p.u.			

注: $U_{\mathrm{threshold}}$ 表示电压阈值。

1. 分布式预测一致性控制性能

仿真场景 A 侧重于微电网分布式预测一致性控制性能分析。初始时,微电网运行在一次控制方式下,$t = 0.5$s 时二次控制启动。$t = 2$s 时,负荷 $S_5 = 12.5$kW

+ 5.4kvar 接入 DG4，$t = 3.5s$ 时负荷切除，仿真结果如图 8.4 所示。在初始阶段 (0~0.5s)，分布式电源输出电压和频率由于下垂特性偏离额定值，电压幅值（p.u.）分别为 0.9486，0.9705，0.9408，0.9594，频率幅值为 49.9Hz。当二次控制启动时，输出电压和频率逐渐同步收敛至额定值，调节时间为 0.24s；接下来，即使负荷接入或切除，电压和频率经过小幅振荡仍维持在额定值。在微电网运行过程中，各分布式电源输出有功功率按比例均分，$P_1:P_2:P_3:P_4 = 1/m_{P1}:1/m_{P2}:1/m_{P3}:1/m_{P4} = 2:1:2:1$。由于电压初始值不同，二次电压控制输入量 u_{ui} 不同，二次频率控制输入量相同。

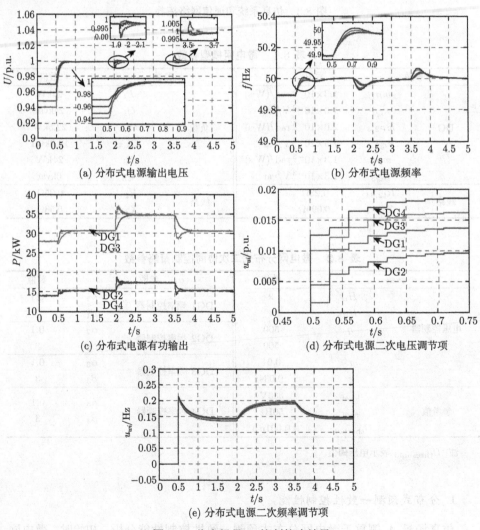

图 8.4　仿真场景 A 控制策略效果

为了显示所介绍的分布式线性预测控制的动态性能,将其与常规分布式协同控制策略的控制结果进行仿真比较。初始时,微电网运行在一次控制方式下,$t = 0.5s$ 时二次控制启动。如图 8.5 所示,在常规分布式协同控制的作用下,各分布式电源输出电压需要 2.2s 收敛至额定值,而本章所介绍的分布式预测协同控制的收敛时间为 0.2s,较大地提高了控制过程动态性能。

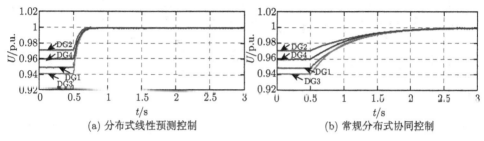

(a) 分布式线性预测控制　　　　　　　　(b) 常规分布式协同控制

图 8.5　分布式预测控制与常规分布式协同控制结果比较图

2. 时变通信拓扑

在此算例中,分布式协同控制策略在图 8.6 所示的时变通信拓扑下操作运行,$\Gamma = \{G(a), G(b), G(c), G(d)\}$,4 个分布式电源中 A_1 为牵制点,接收外部的给定参考值。假设 $G(a)$ 是初始通信拓扑,每 4 个信息更新周期(0.12s)分布式电源间的信息交互按 $G(a) \rightarrow G(b) \rightarrow G(c) \rightarrow G(d) \rightarrow G(a)$ 的拓扑序列进行变换。

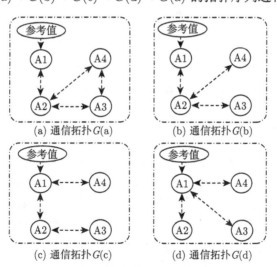

(a) 通信拓扑 $G(a)$　　　　　　　　　(b) 通信拓扑 $G(b)$

(c) 通信拓扑 $G(c)$　　　　　　　　　(d) 通信拓扑 $G(d)$

图 8.6　仿真场景 B 的时变通信拓扑

在仿真场景 B 中,$t = 2s$ 时扰动负荷 $S_5 = 25kW + 10.8kvar$ 接入 DG4 的母线处,$t = 3.5s$ 时负荷切除,分布式电源输出电压幅值、频率和有功输出的波形如

图 8.7 所示。由图可见，微电网系统在时变通信拓扑下，无论二次控制启动、扰动负载接入或切除过程，分布式电源输出电压和频率均能够在 0.3s 内恢复至额定值，控制系统动态性能得到保证，这是由于分布式预测协同控制对系统扰动具有较强的鲁棒性。

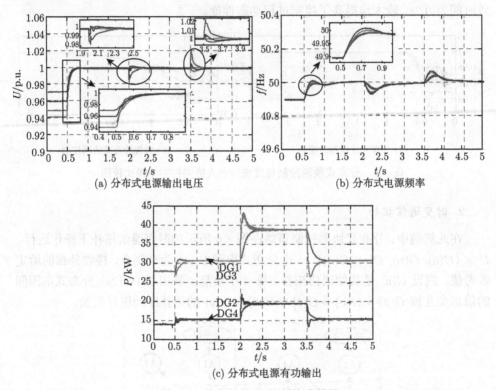

(a) 分布式电源输出电压　　　　　　　　　　(b) 分布式电源频率

(c) 分布式电源有功输出

图 8.7　仿真场景 B 控制策略效果

3. 通信失效及即插即用

在此算例中，分布式协同控制策略在图 8.8 所示的通信条件下操作运行，$G(a)$ 表示初始通信拓扑，$t = 5s$ 时 DG2 (A_2) 和 DG3 (A_3) 的连接线断开（通信拓扑如 $G(b)$ 所示），$t = 6s$ 时 DG3 由于故障退出运行（通信拓扑如 $G(c)$ 所示），$t = 8s$ 时 DG3 故障消除并经过预同步过程后重新连入微电网（通信拓扑如 $G(d)$ 所示），对应上述运行过程的分布式电源输出电压、频率和有功输出的仿真波形如图 8.9 所示。由图 8.9 可见，在本节所介绍的控制策略作用下，通信失效对系统控制性能几乎没有影响，系统有良好的控制效果；$t = 5s$ 时由于 DG3 退出运行，其有功输出逐渐变为零，系统功率缺额由其余 3 个分布式电源以额定容量 2:1:1 承担，所有分布式电源的输出电压和频率均恢复至额定值；当 DG3 通过预同步重新并入系统后，DG3 增发功率输出至新平衡点，系统功率按比例均分。

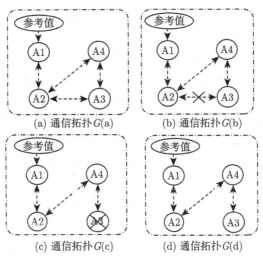

(a) 通信拓扑 $G(a)$ (b) 通信拓扑 $G(b)$

(c) 通信拓扑 $G(c)$ (d) 通信拓扑 $G(d)$

图 8.8 仿真场景 C 的通信拓扑

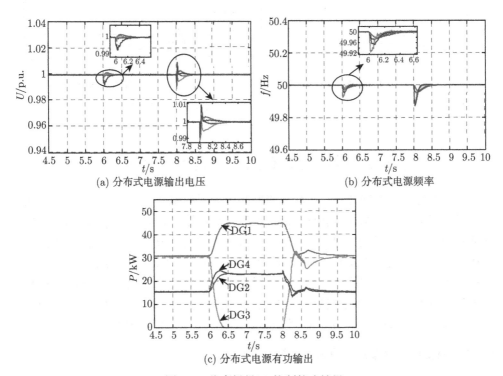

(a) 分布式电源输出电压   (b) 分布式电源频率

(c) 分布式电源有功输出

图 8.9 仿真场景 C 控制策略效果

4. 信息更新周期的影响

此算例研究信息更新周期对微电网分布式预测协同控制动态性能的影响，为显示本节介绍方法的控制效果，将其与常规分布式协同控制下的动态性能进行比较。$t = 0\text{s}$ 时负载 $22.5\text{kW} + 10.9\text{kvar}$ 连入微电网后，在不同信息更新周期（0.03s，0.1s，0.2s，0.5s）的微电网二次控制作用下，分布式电源输出电压的对比曲线如图 8.10 所示。由图可见，本节所提出的分布式预测协同方法在各信息更新周期下稳态时间在 $0.3\sim0.87\text{s}$，而常规分布式协同方法在相应的信息更新周期下稳态时间均高于本节方法，信息更新周期越长，响应曲线振荡幅度越大，甚至在周期 0.5s 时，微电网系统失去稳定。上述仿真结果的比较表明，本节介绍的控制策略对控制系统信息更新周期的变化具有较强的鲁棒性，这是由于该方法基于预测模型、当前/历史数据可以对系统未来运行趋势进行提前预测，从而实现控制策略的滚动优化，实时适应通信系统的干扰。

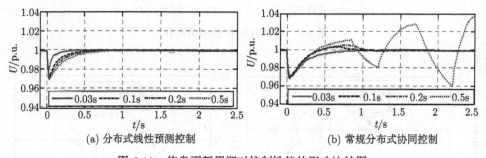

(a) 分布式线性预测控制　　　　　(b) 常规分布式协同控制

图 8.10　信息更新周期对控制性能的影响比较图

8.3　微电网分布式非线性预测控制

上节介绍的微电网分布式线性预测控制根据预测模型、当前/历史数据及当前控制量可以对未来趋势进行预测，通过控制策略的滚动优化提高控制系统的动态性能和对数据更新时间的鲁棒性；但是此方法将逆变型分布式电源的动态过程单位化，并未考虑逆变器非线性动态特性对系统控制性能的影响。因此，本节介绍了一种分布式非线性预测控制策略[51]，首先推导出考虑分布式电源非线性动态特性的大信号模型，基于输入输出反馈线性化方法将其转化为部分线性化模型，通过预设优化性能函数求取线性 DMPC 控制策略，实现控制目标的滚动优化。

8.3.1　逆变器型分布式电源大信号模型

图 8.11 为逆变型分布式电源的本地控制框图，分布式电源通过各自的电压源逆变器、LC 滤波器以及 RC 线路连接于微电网某一电压母线。

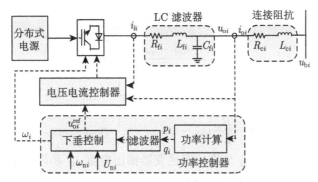

图 8.11　逆变型分布式电源本地控制框图

本地一次控制器主要由功率环、电压外环和电流内环三部分组成[52]，其中功率环向电压外环提供电压幅值和频率的参考值，而电压电流双环结构有利于提高电压跟踪特性以及控制系统的抗扰特性。考虑到电压电流环的动态特性远高于功率环，在分布式电源建模时可以忽略对应的高阶动态部分，将其当做可控电压源，下垂特性可以描述为

$$\begin{cases} \omega_i = \omega_{ni} - m_{Pi}P_i \\ u_{odi}^{\mathrm{ref}} = U_{ni} - n_{Qi}Q_i, \quad u_{oqi}^{\mathrm{ref}} = 0 \end{cases} \tag{8.53}$$

式中，m_{Pi}、n_{Qi} 分别为分布式电源频率和电压下垂系数；ω_{ni}、U_{ni} 分别代表频率和输出电压的额定值；u_{odi}^{ref}、u_{oqi}^{ref} 表示输出电压参考值的 d 轴和 q 轴分量。

P_i、Q_i 为分布式电源输出有功和无功功率的平均值，可由瞬时有功和无功功率通过剪切频率为 ω_{ci} 的一阶低通滤波器计算得到：

$$\begin{cases} \dot{P}_i = -\omega_{ci}P_i + \omega_{ci}(u_{odi}i_{odi} + u_{oqi}i_{oqi}) \\ \dot{Q}_i = -\omega_{ci}Q_i + \omega_{ci}(u_{oqi}i_{odi} - u_{odi}i_{oqi}) \end{cases} \tag{8.54}$$

式中，u_{odi}、u_{oqi} 和 i_{odi}、i_{oqi} 分别表示分布式电源瞬时输出电压和输出电流的 d 轴和 q 轴分量。

将式（8.54）代入式（8.53），并引入二次频率控制项 $u_{\omega i}$，可得以下公式：

$$\dot{\omega}_i - \omega_{ci}(\omega_{ni} + u_{\omega i} - \omega_i) + \omega_{ci}m_{Pi}(u_{odi}i_{odi} + u_{oqi}i_{oqi}) = 0 \tag{8.55}$$

忽略双环控制器的快速动态部分，引入二次电压控制项，则 LC 滤波器及 RC 线路的微分方程可以描述成[28]

$$\begin{cases} \dot{i}_{ldi} = -\dfrac{R_{fi}}{L_{fi}}i_{ldi} + \omega_i i_{lqi} + \dfrac{1}{L_{fi}}(U_{ni} + u_{ui} - n_{Qi}Q_i - u_{odi}) \\ \dot{i}_{lqi} = -\dfrac{R_{fi}}{L_{fi}}i_{lqi} - \omega_i i_{ldi} - \dfrac{u_{oqi}}{L_{fi}} \end{cases} \tag{8.56}$$

$$
\begin{cases}
\dot{u}_{odi} = \dfrac{i_{ldi} - i_{odi}}{C_{\mathrm{f}i}} + \omega_i u_{oqi} \\[3mm]
\dot{u}_{oqi} = \dfrac{i_{lqi} - i_{oqi}}{C_{\mathrm{f}i}} - \omega_i u_{odi}
\end{cases}
\tag{8.57}
$$

$$
\begin{cases}
\dot{i}_{odi} = -\dfrac{R_{ci}}{L_{ci}} i_{odi} + \omega_i i_{oqi} + \dfrac{1}{L_{ci}}(u_{odi} - u_{\mathrm{b}di}) \\[3mm]
\dot{i}_{oqi} = -\dfrac{R_{ci}}{L_{ci}} i_{oqi} - \omega_i i_{odi} + \dfrac{1}{L_{ci}}(u_{oqi} - u_{\mathrm{b}qi})
\end{cases}
\tag{8.58}
$$

式中，i_{ldi}、i_{lqi} 和 $u_{\mathrm{b}di}$、$u_{\mathrm{b}qi}$ 分别代表逆变器输出电流 i_{li} 和母线电压 $u_{\mathrm{b}i}$ 的 d 轴和 q 轴分量；u_{ui} 表示二次电压控制量。

联合式（8.54）～式（8.58），分布式电源的大信号模型可以描述成如下多输入多输出形式：

$$
\begin{cases}
\dot{\boldsymbol{x}}_i = \boldsymbol{f}_i(\boldsymbol{x}_i) + \boldsymbol{k}_i(\boldsymbol{x}_i)\boldsymbol{D}_i + \boldsymbol{g}_{i1}(\boldsymbol{x}_i)u_{i1} + \boldsymbol{g}_{i2}(\boldsymbol{x}_i)u_{i2} \\[2mm]
y_{i1} = h_{i1}(\boldsymbol{x}_i) = u_{odi}, \quad y_{i2} = h_{i2}(\boldsymbol{x}_i) = \omega_i
\end{cases}
\tag{8.59}
$$

式中，系统状态 $\boldsymbol{x}_i = [P_i, Q_i, \omega_i, i_{ldi}, i_{lqi}, u_{odi}, u_{oqi}, i_{odi}, i_{oqi}]^{\mathrm{T}}$；控制变量 $\boldsymbol{u}_i = [u_{i1}, u_{i2}]^{\mathrm{T}} = [u_{ui}, u_{wi}]^{\mathrm{T}}$；系统输出 $\boldsymbol{y}_i = [y_{i1}, y_{i2}]^{\mathrm{T}} = [u_{odi}, \omega_i]^{\mathrm{T}}$；扰动量 $\boldsymbol{D}_i = [u_{\mathrm{b}di}, u_{\mathrm{b}qi}]^{\mathrm{T}}$。$\boldsymbol{f}_i(\boldsymbol{x}_i)$，$\boldsymbol{k}_i(\boldsymbol{x}_i)$，$\boldsymbol{g}_{i1}(\boldsymbol{x}_i)$，$\boldsymbol{g}_{i2}(\boldsymbol{x}_i)$ 的具体表达式可以由式（8.54）～式（8.58）推导得出。由于分布式电源输出电压满足 $u_{oi}^2 = u_{odi}^2 + u_{oqi}^2$，二次控制的控制目标为选择合适的控制变量 u_{ui}、u_{wi} 使各自的 u_{odi}、ω_i 收敛至额定值，下文将对分布式非线性预测控制应用于微电网二次控制的具体控制流程进行介绍。

8.3.2   输入输出反馈线性化

考虑到微电网中分布式电源的动态特性具有非线性，本节基于输入输出反馈线性化（input-output feedback linearization，IOFL）设计二次控制器，避免了常规线性化方法需要在某一静态工作点进行线性化的局限性。IOFL 是指通过合适的坐标变换，将非线性系统转换为完全或部分线性化系统，能否实现转换的判断指标是原非线性系统的相对度 [43]。

定义 8.1[43,53]   设仿射非线性系统形式如下式所示：

$$
\begin{cases}
\dot{\boldsymbol{x}} = \boldsymbol{f}(\boldsymbol{x}) + \boldsymbol{g}(\boldsymbol{x})\boldsymbol{u} \\[2mm]
\boldsymbol{y} = \boldsymbol{h}(\boldsymbol{x})
\end{cases}
\tag{8.60}
$$

当同时满足 (i) 和 (ii) 时，称系统在某一状态点 $\boldsymbol{x}^0$ 的相对度为 r。

(i) 当 $k < r - 1$ 时，在 $\boldsymbol{x}^0$ 附近的 $\boldsymbol{x}$ 均满足 $L_g L_f^k h(\boldsymbol{x}) = 0$，$k < r - 1$；

(ii) $L_g L_f^{r-1} h(\boldsymbol{x}) = 0$。

式中，$L_f h(\boldsymbol{x})$ 代表 $h(\boldsymbol{x})$ 相对于 $\boldsymbol{f}(\boldsymbol{x})$ 的 Lie 微分，定义为 $L_f h(\boldsymbol{x}) = \nabla h \boldsymbol{f}(\boldsymbol{x}) = (\partial h/\partial \boldsymbol{x}) \boldsymbol{f}(\boldsymbol{x})$，$L_f^k h(\boldsymbol{x}) = [\partial(L_f^{k-1} h)/\partial \boldsymbol{x}] \boldsymbol{f}(\boldsymbol{x})$，$L_g L_f^k h(\boldsymbol{x}) = [\partial(L_f^k h)/\partial \boldsymbol{x}] \, \boldsymbol{g}(\boldsymbol{x})$。

变换坐标可以采用以下公式：

$$z_p = [h(x), L_f h(x), \cdots, L_f^{r-1} h(x)] \tag{8.61}$$

假设一非线性系统的相对度为 $r = n$，可以通过构建变换坐标 $z_i = L_f^k h(x)$，$1 \leqslant i \leqslant n$，从而实现完全线性化的标称模型。当 $r < n$ 时，能够找到 $z_{r+1}, \cdots, z_n$ 使得映射 $z = [z_1, \cdots, z_n]$ 具有非奇异雅可比矩阵使原模型部分反馈线性化，可进一步将变换状态分为两部分 $z = [z_p \ z_{n-p}]^\mathrm{T}$，其中 z_p 表示部分可进行线性坐标变换的变量 $z_i = L_f^{r-1} h(x)$ $(1 \leqslant i \leqslant r)$，而 z_{n-p} 代表对应其余 $(n-r)$ 阶系统的动态部分。因此，可以将求取非线性系统式（8.60）控制器的问题转化为求取以下部分线性化系统的控制器设计问题：

$$
\begin{aligned}
\dot{z}_1 &= z_2 \\
&\vdots \\
\dot{z}_{r-1} &= z_r \\
\dot{z}_r &= b(z) + a(z)u
\end{aligned}
\tag{8.62}
$$

式中，$b(z) = L_f^r h(\Phi)^{-1}(z)$；$a(z) = L_g L_f^{r-1} h[\Phi^{-1}(z)]$；$\Phi^{-1}(z) = x$。可以将上述部分线性化系统描述成如下形式：

$$\dot{z}_p = A z_p + B v \tag{8.63}$$

式中，A、B 表示系统状态矩阵和输入矩阵；v 表示在转换坐标下部分线性化系统的辅助控制输入量，可以当成求取最终控制律过程的中间变量。

8.3.3 基于输入输出反馈线性化的分布式预测控制

在多输入多输出非线性模型式（8.59）的电压动态特性中，输出变量 y_{i1} 与输入变量 u_{i1} 的关系可以由 y_{i1} 的二次微分直接获得，表明该系统电压控制过程的相对度为 $r = 2$：

$$\ddot{y}_{i1} = L_{F_i}^2 h_{i1} + L_{gi1} L_{Fi} h_{i1} u_{i1} \tag{8.64}$$

式中，$F_i = f_i(x_i) + k_i(x_i) D_i$。接着，定义辅助控制变量 v_i 为

$$v_i = L_{F_i}^2 h_{i1} + L_{gi1} L_{Fi} h_{i1} u_{i1} \tag{8.65}$$

可以得到反馈控制律如下式所示：

$$u_{i1} = (L_{gi1} L_{Fi} h_{i1})^{-1} (-L_{F_i}^2 h_{i1} + v_i) \tag{8.66}$$

根据 IOFL 原理，分布式电源的非线性动态可以转化为线性空间模型和一组内部动态：

$$\dot{z}_{iv} = A_{iv}z_{iv} + B_{iv}v_i$$
$$y_{i1} = C_{iv}z_{iv}$$
(8.67)

式中，$z_{iv} = \begin{bmatrix} y_{i1} \\ \dot{y}_{i1} \end{bmatrix}$；$A_{iv} = \begin{bmatrix} 0 & 1 \\ 0 & 0 \end{bmatrix}$；$B_{iv} = [0\ 1]^{\mathrm{T}}$；$C_{iv} = [1\ 0]$。各分布式电源在分布式通信网络下与相邻单元进行信息交互，其中部分分布式电源直接获得额定电压参考值 U_{ref}。本节采用基于输入输出反馈线性化的线性分布式模型预测控制选择合适的辅助控制量 v_i 实现二次电压控制目标，$y_{i1} \to U_{\mathrm{ref}}$。

首先，为了有效实现模型预测控制的迭代特性，首先需要确定线性系统的离散时间模型 [54]，系统式（8.67）的离散模型如下所示：

$$z_{iv}(k+1) = A_{id}z_{iv}(k) + B_{id}v_i(k)$$
$$y_{i1}(k) = C_{id}z_{iv}(k)$$
(8.68)

式中，A_{id}、B_{id}、C_{id} 代表经过 Euler 离散化 [55] 的系统状态矩阵、输入矩阵及输出矩阵。

设 H_P 为预测时域，H_U 为控制时域，则基于离散系统模型式以及当前状态 $z_{iv}(k)$，推导出输出变量 y_{i1} 的未来预测值为以下形式：

$$y_{i1}(k+1|k) = C_{id}A_{id}z_{iv}(k) + C_{id}B_{id}v_i(k)$$
(8.69)

$$y_{i1}(k+2|k) = C_{id}A_{id}^2z_{iv}(k) + C_{id}A_{id}B_{id}v_i(k) + C_{id}B_{id}v_i(k+1)$$
(8.70)

$$\cdots$$

$$y_{i1}(k+H_P|k) = C_{id}A_{id}^{H_P}z_{iv}(k) + C_{id}A_{id}^{H_P-1}B_{id}v_i(k)$$
$$+ \cdots + C_{id}A_{id}^{H_P-H_U}B_{id}v_i(k+H_U-1)$$
(8.71)

设输出向量为 $Y_{i1}(k+1, H_P|k) = [y_{i1}(k+1|k)\ y_{i1}(k+2|k)\ \cdots\ y_{i1}(k+H_P|k)]^{\mathrm{T}}$，辅助输入向量为 $V_i(k, H_U|k) = [v_i(k)\ v_i(k+1)\ \cdots\ v_i(k+H_U-1)]^{\mathrm{T}}$，式（8.69）~式（8.71）可以描述成如下矩阵形式：

$$Y_{i1}(k+1, H_P|k) = F_iz_{iv}(k) + G_iV_i(k, H_U|k)$$
(8.72)

式中，$F_i = [C_{id}A_{id}\ C_{id}A_{id}^2\ \cdots\ C_{id}A_{id}^{H_P}]^{\mathrm{T}}$。

$$G_i = \begin{bmatrix} C_{id}B_{id} & & & \\ C_{id}A_{id}B_{id} & C_{id}B_{id} & & \\ \vdots & \vdots & \ddots & \\ C_{id}A_{id}^{H_P-1}B_{id} & C_{id}A_{id}^{H_P-2}B_{id} & \cdots & C_{id}A_{id}^{H_P-H_U}B_{id} \end{bmatrix}$$

在该模型下, 微电网二次电压控制可以转化为如下优化性能指标:

$$J_i = ||\frac{1}{|N_i|}\sum_{j \in N_i} \boldsymbol{Y}_j(k+1, H_P|k) - \boldsymbol{Y}_i(k+1, H_P|k)||^2_{\boldsymbol{Q}_i}$$

$$+ ||\boldsymbol{Y}_r(k) - \boldsymbol{Y}_i(k+1, H_P|k)||^2_{\boldsymbol{W}_i} + ||\Delta \boldsymbol{V}_i(k, H_U|k)||^2_{\boldsymbol{R}_i} \qquad (8.73)$$

式中, $|N_i|$ 代表 DGi 的相邻分布式电源数目; 预测时域内期望输出变量为 $\boldsymbol{Y}_r(k) = [r(k), r(k+1), \cdots, r(k+H_P)]^T$; $\boldsymbol{Y}_r(k) = U_{\text{ref}}\boldsymbol{I}_{H_P}$。其中 $\boldsymbol{I}_{H_P}$ 表示 H_P 维的单元向量; $\Delta \boldsymbol{V}_i(k, H_U|k) = [\Delta v_i(k), \Delta v_i(k+1), \cdots, \Delta v_i(k+H_U-1)]^T, \Delta v_i(k+h) = v_i(k+h) - v_i(k+h-1), h = 0, \cdots, H_U - 1$。该性能指标由三部分组成, 第一部分为对相邻分布式电源之间状态不一致的惩罚项, 第二部分为对分布式电源状态与额定目标值不一致的惩罚项, 第三部分是对控制量幅值的惩罚项。$\boldsymbol{Q}_i$, $\boldsymbol{R}_i$, $\boldsymbol{W}_i$ 为对应于以上三项的正定权重矩阵, 为了方便表示, 选择 $\boldsymbol{Q}_i = q_i\boldsymbol{I}, \boldsymbol{W}_i = w_i\boldsymbol{I}, \boldsymbol{R}_i = r_i\boldsymbol{I}(q_i, w_i, r_i \geqslant 0)$。

控制作用可表示为 $v_i(k+h) = v_i(k-1) + \sum_{r=0}^{h}\Delta v_i(k+r)$, 系统输出式 (8.72) 可以描述成如下状态增量 $\Delta \boldsymbol{V}_i(k, H_U|k)$ 的函数:

$$\boldsymbol{Y}_i(k+1, H_P|k) = \boldsymbol{N}_i\Delta \boldsymbol{V}_i(k, H_U|k) + \boldsymbol{M}_i(k) \qquad (8.74)$$

式中, $\boldsymbol{N}_i = \boldsymbol{G}_i\overline{\boldsymbol{\Gamma}}_i$; $\boldsymbol{M}_i(k) = \boldsymbol{F}_i\boldsymbol{z}_{iv}(k) + \boldsymbol{G}_i\boldsymbol{\Gamma}'_iv_i(k-1)$;

$$\boldsymbol{\Gamma}'_i = \begin{bmatrix} 1 \\ \vdots \\ 1 \end{bmatrix}; \quad \overline{\boldsymbol{\Gamma}}_i = \begin{bmatrix} 1 & \cdots & 0 \\ \vdots & \ddots & \vdots \\ 1 & \cdots & 1 \end{bmatrix}$$

将式 (8.74) 代入本地优化指标函数 J_i 式 (8.73), 转化为等价的无约束二次规划问题 (unconstrained quadratic program, UQP) 进行求解 [56]:

$$\min_{\Delta \boldsymbol{V}_i(k, H_U|k)} \quad J_i = \Delta \boldsymbol{V}_i^T(k, H_U|k)\boldsymbol{H}_i\Delta \boldsymbol{V}_i(k, H_U|k) - \boldsymbol{L}_i^T(k)\Delta \boldsymbol{V}_i(k, H_U|k) \qquad (8.75)$$

式中, $\boldsymbol{H}_i = \boldsymbol{N}_i^T(\boldsymbol{Q}_i + \boldsymbol{W}_i)\boldsymbol{N}_i + \boldsymbol{R}_i$;

$$\boldsymbol{L}_i(k) = 2\boldsymbol{N}_i^T\left\{\boldsymbol{W}_i[\boldsymbol{M}_i(k) - \boldsymbol{Y}_r(k)] + \boldsymbol{Q}_i\left[\boldsymbol{M}_i(k) - \frac{1}{|N_i|}\sum_{j \in N_i}\boldsymbol{Y}_j(k+1, H_P|k)\right]\right\}.$$

令 $\partial J_i/\partial \Delta v_i(k, H_U|k) = 0$, 则系统控制量的显式表达式可以描述成

$$\Delta \boldsymbol{V}_i(k, H_U k) = (1/2)\boldsymbol{H}_i^{-1}\boldsymbol{L}_i(k) \qquad (8.76)$$

基于模型预测控制的滚动优化策略，将最优控制序列的第一步应用于控制系统中，$v_i(k) = v_i(k-1) + \boldsymbol{\Gamma}_i \Delta \boldsymbol{V}_i(k, H_U|k)$，其中 $\boldsymbol{\Gamma}_i = [1 \ 0 \ \cdots \ 0]$，得到如下控制量：

$$v_i(k) = v_i(k-1) + \boldsymbol{\Gamma}_i \boldsymbol{H}_i^{-1} \boldsymbol{N}_i^{\mathrm{T}} \left\{ \boldsymbol{W}_i [\boldsymbol{M}_i(k) - \boldsymbol{Y}_r(k)] + \boldsymbol{Q}_i \left[\boldsymbol{M}_i(k) - \frac{1}{|N_i|} \sum_{j \in N_i} \boldsymbol{Y}_j(k+1, H_P|k) \right] \right\} \tag{8.77}$$

优化性能指标（8.73）中，w_i 表示分布式电源是否接收外部电压参考值 U_{ref}，与牵制点增益类似，若可以直接接收则 $w_i > 0$，否则 $w_i = 0$。这里需要说明的是，控制系统显式解的复杂性在于 H_i 的求逆过程，我们可以通过离线求取 H_i 的逆再在线求取控制量 $v_i(k)$ 从而简化计算复杂性。

图 8.12 给出了基于输入输出反馈线性化的微电网分布式非线性预测控制的流程图，具体步骤由下文描述：

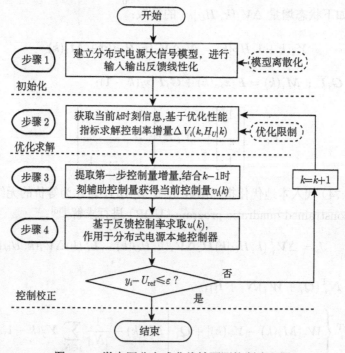

图 8.12　微电网分布式非线性预测控制流程图

步骤 1：推导出分布式电源大信号模型式（8.59），进行输入输出反馈线性化以及离散化处理，获得系统预测模型；

步骤 2：获得当前 k 时刻本地及相邻分布式单元的信息，基于分布式预测优化性能指标式（8.73）求解当前控制增量 $\Delta \boldsymbol{V}_i(k, H_U|k)$；

步骤 3：提取 $\Delta \boldsymbol{V}_i(k, H_U)$ 的第一步控制增量，结合 $k-1$ 时刻辅助预测控制量获得当前辅助控制量 $v_i(k)$；

步骤 4：根据反馈控制律式（8.66）求取分布式电源二次电压控制量；

步骤 5：判断分布式电源输出电压与电压额定值之间的差异是否小于阈值，若仍大于阈值，则至下一时刻 $k+1$，获取新的测量值，重复上述步骤。

本节中，采用分布式协同控制调节二次频率控制量 $u_{\omega i}$ 使输出频率收敛至额定参考值 ω_{ref}。根据多输入多输出非线性模型式（8.59）的频率特性，输出变量 y_{i2} 与输入变量 u_{i2} 的直接关系可以由 y_{i2} 的一次微分获得，说明频率控制的相对度为 $r=1$：

$$\dot{y}_{i2} = L_{F_i} h_{i2} + L_{g_{i2}} h_{i2} u_{i2} \tag{8.78}$$

上式可以写成如下一阶系统形式：

$$\dot{y}_{i2} = \dot{\omega}_i = (\dot{\omega}_{ni} + \dot{u}_{\omega i}) - m_{Pi} \dot{P}_i \tag{8.79}$$

由于 ω_{ni} 为一常数值，可以得到如下公式：

$$\dot{u}_{\omega i} = \dot{\omega}_i + m_{Pi} \dot{P}_i \tag{8.80}$$

二次频率控制除了实现频率恢复的控制目标，还需要实现各分布式电源的有功功率均分，即 $P_i/P_k = P_{\max,i}/P_{\max,k}$，$\forall i, k \in n$。由于频率下垂系数 m_{pi} 通常取为与功率容量成反比，即 $m_{pi}/m_{pk} = P_{\max,k}/P_{\max,i}$，则满足以下关系式：

$$m_{P1} P_1 = m_{P2} P_2 = \cdots = m_{Pn} P_n \tag{8.81}$$

因此，二次频率控制可以由如下公式实现：

$$u_{\omega i} = \int (e_{\omega i} + e_{Pi}) \tag{8.82}$$

式中，

$$e_{\omega i} = c_\omega \sum_{j \in N_i} a_{ij}(\omega_j - \omega_i) + d_i(\omega_{\mathrm{ref}} - \omega_i)$$

$$e_{Pi} = c_P \mathrm{sig}\left[\sum_{j \in N_i} a_{ij}(m_{Pj} P_j - m_{Pi} P_i) \right]^\alpha$$

式中，a_{ij} 代表微电网通信网络的邻接矩阵元素；$\mathrm{sig}(*)^a = \mathrm{sgn}(*)|*|^a$（$a>0$）表示符号函数。二次频率控制项由两部分组成，$e_{\omega i}$ 侧重于实现输出频率收敛至参考值，e_{Pi} 侧重于实现有功功率均分，c_ω 和 c_P 表示相应的控制参数。图 8.13 描述

了微电网分布式非线性预测电压控制和分布式比例积分频率控制的整体控制框图，两者都基于稀疏通信网络实现信息交互，避免了采用集中控制器的弊端。

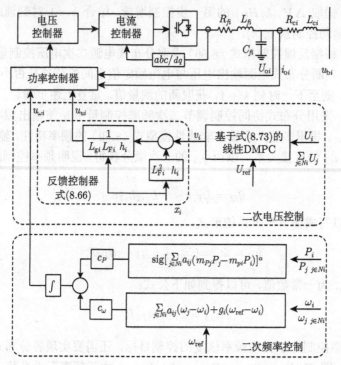

图 8.13　微电网分布式非线性预测电压控制和比例积分二次频率控制框图

8.3.4　算例分析

为了验证本节所介绍方法的有效性，采用 MATLAB/Simulink 搭建如图 8.14 所示的仿真系统和通信网络拓扑，基于图中分布式信息交互模式进行通信。系统模型参数与控制参数如表 8.3 所示。

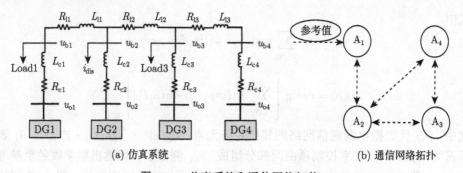

(a) 仿真系统　　　　　　　　　　　　　　　(b) 通信网络拓扑

图 8.14　仿真系统和通信网络拓扑

表 8.3　微电网模型参数和控制参数

参数		数值	参数		数值
DC 侧电压		750V	DG1, 3		30kW, 20kvar
MG 额定电压		380V/50Hz	DG2, 4		15kW, 10kvar
频率下垂系数	m_{P1}，m_{P3}	1×10^{-5}rad/(W·s)	输出线路	R_{c1}/X_{c1}	$0.2\Omega/0.35\Omega$
	m_{P2}，m_{P4}	2×10^{-5}rad/(W·s)		R_{c2}/X_{c2}	$0.1\Omega/0.22\Omega$
电压下垂系数	n_{Q1}，n_{Q3}	0.75×10^{-3}V/var		R_{c3}/X_{c3}	$0.08\,\Omega/0.15\,\Omega$
	n_{Q2}，n_{Q4}	1.5×10^{-3}V/var		R_{c4}/X_{c4}	$0.15\Omega/0.25\Omega$
负载容量	$r_{\text{load1}}/X_{\text{load1}}$	$5.8080\Omega/2.9040\Omega$	连接线路	R_{L1}/X_{L1}	$0.05\,\Omega/0.1\Omega$
	$r_{\text{load3}}/X_{\text{load3}}$	$5.8080\Omega/2.9040\Omega$		R_{L2}/X_{L2}	$0.13\Omega/0.2\Omega$
				R_{L3}/X_{L3}	$0.08\Omega/0.13\Omega$
一次电压控制参数	$q/w/r$	10/10/0.1	二次频率控制	c_ω/c_P	15/15
	T_s	0.01s		α	3

1. 基于 IOFL 的 DMPC 控制性能

仿真场景 A 中，初始时微电网运行在一次控制方式下，$t = 0.5\text{s}$ 时二次控制启动，由于 DG1 为牵制点，对应式（8.73）的参考权重矩阵 $\boldsymbol{W}_1 = \text{diag}\{10, 10, \cdots, 10\}$，$\boldsymbol{W}_2 = \boldsymbol{W}_3 = \boldsymbol{W}_4 = \boldsymbol{0}$。$t = 1.5\text{s}$ 时，负荷 $S_1 = 10\text{kW} + 5\text{kvar}$ 接入母线 2，$t = 2.5\text{s}$ 时负荷切除，仿真结果如图 8.15 所示。

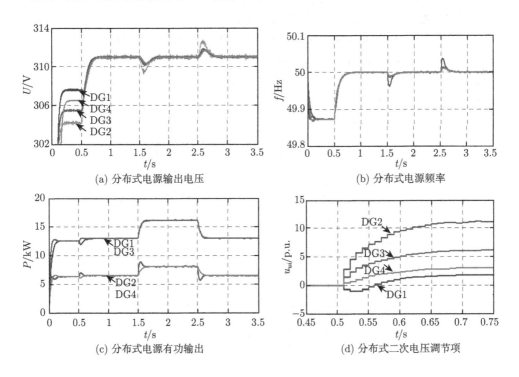

(a) 分布式电源输出电压

(b) 分布式电源频率

(c) 分布式电源有功输出

(d) 分布式二次电压调节项

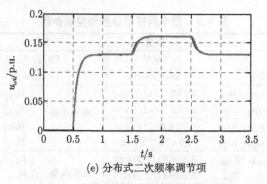

(e) 分布式二次频率调节项

图 8.15　仿真场景 A 控制策略效果

在初始阶段 (0∼0.5s)，由于下垂特性分布式电源输出电压和频率偏离额定值，当二次控制启动时，输出电压经过 22 步步长（0.23s）收敛至额定值，二次电压控制输入 u_{ui} 如图 8.15(d) 所示。在微电网出现负荷接入切除时，由于供需功率失衡，电压和频率出现了小波动后收敛至额定值，运行过程中各分布式电源输出有功功率按比例均分，即 $P_1{:}P_2{:}P_3{:}P_4 = 2{:}1{:}2{:}1$。

2. 时变通信拓扑及线路参数摄动

微电网首先运行于一次控制作用下，分布式协同二次控制 $t = 0.5\mathrm{s}$ 时按图 8.16 所示的时变通信拓扑每隔 4 个采用周期（0.04s）以 $G(\mathrm{a}) \to G(\mathrm{b}) \to G(\mathrm{c}) \to G(\mathrm{d}) \to G(\mathrm{a})$ 的顺序运行；线路参数在表 8.3 的系统参数基础上增加 50%。在 $t = 1.5\mathrm{s}$ 时负荷 $S_2 = 20\mathrm{kW} + 10\mathrm{kvar}$ 接入母线 2，在 $t = 2.5\mathrm{s}$ 时负荷切除。运行曲线如图 8.17 所示，出现供需功率失衡时，在分布式协同控制作用下电压和频率经过 0.4s 收敛至额定值，有功功率实现均分。

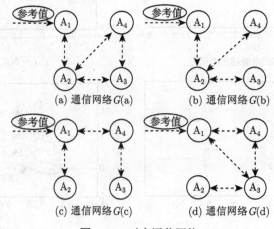

(a) 通信网络 $G(\mathrm{a})$　　　　　(b) 通信网络 $G(\mathrm{b})$

(c) 通信网络 $G(\mathrm{c})$　　　　　(d) 通信网络 $G(\mathrm{d})$

图 8.16　时变通信网络

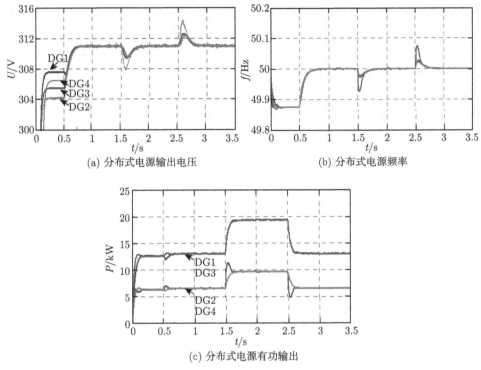

(a) 分布式电源输出电压

(b) 分布式电源频率

(c) 分布式电源有功输出

图 8.17 仿真场景 B 控制策略效果

3. 通信延时的影响

仿真场景 C 侧重于研究通信延时对微电网二次控制性能的影响，以图 8.16 的 G(a) 为通信拓扑，初始时微电网运行在一次控制方式下，$t = 0.5$s 时二次控制启动。图 8.18 描述了基于输入输出反馈线性化的分布式非线性预测控制在通信延时 $\tau = 350$ms 和 $\tau = 420$ms 下的分布式电源输出电压幅值，由图中衰减振荡和发散振

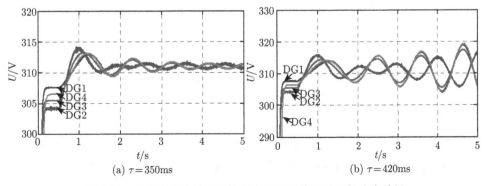

(a) $\tau = 350$ms

(b) $\tau = 420$ms

图 8.18 分布式非线性预测控制在不同通信延时下的仿真结果

荡的波形曲线可知，该控制策略对应的时延裕度介于 [350ms, 420ms]。图 8.19 描述了微电网在常规分布式协同控制作用下经历通信延时 $\tau = 120$ms 和 $\tau = 150$ms 的仿真曲线，由图中衰减振荡和发散振荡的波形曲线可知，该控制策略对应的延时裕度介于 [120ms, 150ms]。上述两种情况的比较说明，本节介绍的控制策略较常规分布式控制提高了控制系统的通信延时鲁棒性，这是由于 IOFL-DMPC 可以实现对未来运行趋势的预测进而缓解控制系统的干扰影响。

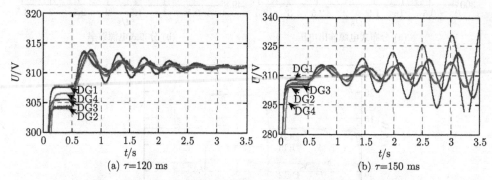

图 8.19　常规分布式协同控制在不同通信延时下的仿真结果

4. 与 IOFL 分布式协同电压控制比较

为了说明本章所提出方法能够较大地改善微电网控制系统的动态性能，将它与基于输出反馈线性化但不包含预测机制的分布式协同控制方法进行仿真比较 [44]。$t = 0.5$s 时微电网二次控制启动，两种控制策略的控制效果对比如图 8.20 所示。由图可见，在基于 IOFL 的分布式协同控制下各分布式电源输出电压经过 0.35s 收敛至额定值，而本章所提出方法的响应时间为 0.23s，由于系统的预测机制，其动态性能有了明显的改善。

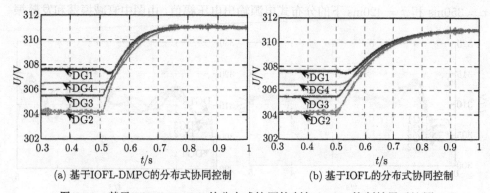

图 8.20　基于 IOFL-DMPC 的分布式协同控制与 IOFL 控制效果对比图

参 考 文 献

[1] Wang Y Z, Cheng D Z, Hong Y G, et al. Finite-time stabilizing excitation control of a synchronous generator[J]. International Journal of Systems Science, 2002, 33(1): 13-22.

[2] 丁世宏, 李世华. 有限时间控制问题综述 [J]. 控制与决策, 2011, 26(2): 161-169.

[3] Bhat S P, Bernstein D S. Finite-time stability of continuous autonomous systems[J]. SIAM Journal on Control and Optimization, 2000, 38(3): 751-766.

[4] Hong Y G, Huang J, Xu Y S. On an output feedback finite-time stabilisation problem[J]. IEEE Transactions on Automatic Control, 2001, 46(2): 305-309.

[5] Wang X L, Hong Y G. Distributed finite-time χ-consensus algorithms for multi-agent systems with variable coupling topology[J]. Journal of Systems Science and Complexity, 2010, 23(2): 209-218.

[6] Wang L, Xiao F. Finite-time consensus problems for networks of dynamic agents[J]. IEEE Transactions on Automatic Control, 2010, 55(4): 950-955.

[7] Xiao F, Wang L, Chen J, et al. Finite-time formation control for multi-agent systems[J]. Automatica, 2009, 45(11): 2605-2611.

[8] 顾伟, 薛帅, 王勇, 等. 基于有限时间一致性的直流微电网分布式协同控制 [J]. 电力系统自动化, 2016, 40(24): 49-55, 84.

[9] Guo F H, Wen C Y, Mao J F, et al. Distributed secondary voltage and frequency restoration control of droop-controlled inverter-based microgrids[J]. IEEE Transactions on Power Electronics, 2015, 62(7): 4355-4364.

[10] 李一琳, 董萍, 刘明波, 等. 基于有限时间一致性的直流微电网分布式协调控制 [J]. 电力系统自动化, 2018, 42(16): 96-103.

[11] Chen G, Guo Z J. Distributed secondary control for droop-controlled autonomous microgrid[C]// Proceeding of the 34th Chinese Control Conference (CCC), Hangzhou, Zhejiang, 2015: 9008-9013.

[12] Lu X Q, Yu X H, Lai J G, et al. A novel distributed secondary coordination control approach for islanded microgrids[J]. IEEE Transactions on Smart Grid, 2018, 9(4): 2726-2740.

[13] Deng Z C, Xu Y L, Sun H B, et al. Distributed, bounded and finite-time convergence secondary frequency control in an autonomous microgrid[J]. IEEE Transactions on Smart Grid, 2019, 10(3): 2776-2788.

[14] Zuo S, Davoudi A, Song Y D, et al. Distributed finite-time voltage and frequency restoration in islanded AC microgrids[J]. IEEE Transactions on Industrial Electronics, 2016, 63(10): 5988-5997.

[15] Dehkordi N M, Sadati N, Hamzeh M. Distributed robust finite-time secondary voltage and frequency control of islanded microgrids[J]. IEEE Transactions on Power Systems,

2017, 32(5): 3648-3659.

[16] Li Y L, Dong P, Liu M B, et al. A distributed coordination control based on finite-time consensus algorithm for a cluster of DC microgrids[J]. IEEE Transactions on Power Systems, 2019, 34(3): 2205-2215.

[17] 田宏奇. 滑模控制理论及其应用 [M]. 武汉: 武汉出版社, 1995.

[18] 刘金琨, 孙富春. 滑模变结构控制理论及其算法研究与进展 [J]. 控制理论与应用, 2016, 24(3): 407-418.

[19] 胡跃明. 变结构控制理论与应用 [M]. 北京: 科学出版社, 2003.

[20] 马超. 基于滑模的多机器人一致性的研究 [D]. 北京: 华北电力大学, 2017.

[21] 郭耀华. 基于一致性理论的卫星编队滑模/反步协同控制研究 [D]. 北京: 北京理工大学, 2015.

[22] 王志鹏. 四旋翼稳定控制算法及其一致性编队控制的研究 [D]. 北京: 北京理工大学, 2015.

[23] 金治群, 牛玉刚, 邹媛媛. 带有滑模观测器的多智能体一致性控制 [J]. 控制理论与应用, 2017, 34(2): 251-259.

[24] Liu H Y, Cheng L, Tan M, et al. Consensus tracking of general linear multi-agent systems: Fast sliding-mode algorithms[C]// Proceedings of the 32nd Chinese Control Conference, 2013: 7302-7307.

[25] Pilloni A, Pisano A, Usai E. Robust finite-time frequency and voltage restoration of inverter-based microgrids via sliding-mode cooperative control[J]. IEEE Transactions on Industrial Electronics, 2018, 65(1): 907-917.

[26] Ge P D, Dou X B, Quan X J, et al. Extended-state-observer-based distributed robust secondary voltage and frequency control for an autonomous microgrid[J]. IEEE Transactions on Sustainable Energy, 2020, 11(1): 195-205.

[27] Gholami M, Pilloni A, Pisano A, et al. Robust consensus-based secondary voltage restoration of inverter-based islanded microgrids with delayed communication[C]// IEEE Conference on Decision and Control, Miami Beach America, 2018: 811-816.

[28] Bidram A, Davoudi A, Lewis F L, et al. Distributed adaptive voltage control of inverter-based microgrids[J]. IEEE Transactions on Energy Conversion, 2014, 29(4): 862-872.

[29] Lu X Q, Yu X H, Lai J G, et al. Distributed secondary voltage and frequency control for islanded microgrids with uncertain communication links[J]. IEEE Transactions on Industrial Information, 2017, 13(2): 448-460.

[30] Mahmud M A, Hossain M J, Pota H R, et al. Robust nonlinear distributed controller design for active and reactive power sharing in islanded microgrids[J]. IEEE Transactions on Energy Conversion, 2014, 29(4): 893-903.

[31] Li Q, Peng C B, Wang M L, et al. Distributed secondary control and management of islanded microgrids via dynamic weights[J]. IEEE Transactions on Smart Grid, 2019, 10(2): 2196-2207.

[32] Alghamdi S, Schiffer J F, Fridman E. Distributed secondary frequency control design for microgrids: trading off L2-Gain performance and communication efforts under time-varying delays[C]. 2018 European Control Conference, Limassol, 2018: 758-763.

[33] Shafiee Q, Stefanović Č, Dragičević T, et al. Robust networked control scheme for distributed secondary control of islanded microgrids[J]. IEEE Transactions on Industrial Electronics, 2014, 61(10): 5363-5374.

[34] Krishna A, Schiffer J, Raisch J. A consensus-based control law for accurate frequency restoration and power sharing in microgrids in the presence of clock drifts[C]// European Control Conference, Limassol, 2018: 2575-2580.

[35] 席裕庚. 预测控制 [M]. 北京: 国防工业出版社, 2013.

[36] Shadmand M B, Balog R S, Abu-Rub H. Model predictive control of PV sources in a smart DC distribution system: Maximum power point tracking and droop control[J]. IEEE Transactions on Energy Conversion, 2014, 29(4): 913-921.

[37] Shan Y H, Hu J F, Li Z L, et al. A model predictive control for renewable energy based AC microgrids without any PID regulators[J]. IEEE Transactions on Power Electronics, 2018, 33(11): 9122-9126.

[38] 魏永松, 郑毅, 李少远, 等. 面向大规模网络化系统的分布式预测控制 [J]. 控制理论与应用, 2017, 34(8): 997-1007.

[39] Vaccarini M, Longhi S, Katebi M R. Unconstrained networked decentralized model predictive control[J]. Journal of Process Control, 2009, 19(2): 328-339.

[40] Zheng Y, Li S Y, Li N. Distributed model predictive control over network information exchange for large-scale systems[J]. Control Engineering Practice, 2011, 19(7): 757-769.

[41] Zheng Y, Li S Y, Tan R M. Distributed model predictive control for on-connected microgrid power management[J]. IEEE Transactions on Control Systems Technology, 2018, 26(3): 1028-1039.

[42] Lou G N, Gu W, Xu Y L, et al. Distributed MPC-based secondary voltage control scheme for autonomous droop-controlled microgrids[J]. IEEE Transactions on Sustainable Energy, 2017, 8(2): 792-804.

[43] Slotine J, Li W P. Applied Nonlinear Control[M]. NJ, USA: Prentice-Hall, 2009.

[44] Bidram A, Davoudi A, Lewis F L, et al. Distributed cooperative secondary control of microgrids using feedback linearization[J]. IEEE Transactions on Power Systems, 2013, 28(3): 3462-3470.

[45] Chen F, Chen Z Q, Xiang L Y, et al. Reaching a consensus via pinning control[J]. Automatica, 2009, 45(5): 1215-1220.

[46] Guerrero J M, Vasquez J C, Matas J, et al. Hierarchical control of droop-controlled AC and DC microgrids-a general approach toward standardization[J]. IEEE Transactions on Industrial Electronics, 2011, 58(1): 158-172.

[47] 季虹菲. 基于预测控制的多智能体系统一致性问题研究 [D]. 上海: 上海交通大学, 2010.

[48] Horn R A, Johnson C R. Matrix Analysis[M]. Cambridge: Cambridge University, 1990.

[49] Zhang H T, Chen M Z Q, Stan G B. Fast consensus via predictive pinning control[J]. IEEE Transactions on Circuits and Systems, 2011, 58(4): 2247-2258.

[50] Simpson-Porco J, Shafiee Q, Dorfler F, et al. Secondary frequency and voltage control of islanded microgrids via distributed averaging[J]. IEEE Transactions on Industrial Electronics, 2015, 62(11): 7025-7037.

[51] Lou G N, Gu W, Sheng W X, et al. Distributed Model Predictive Secondary Voltage Control of Islanded Microgrids With Feedback Linearization[J]. IEEE Access, 2018, 6: 50169-50178.

[52] Pogaku N, Prodanovic M, Green T C. Modeling, analysis and testing of autonomous operation of an inverter-based microgrid[J]. IEEE Transactions on Power Electronics, 2007, 22(2): 613-625.

[53] Isidori A. Nonlinear Control Systems[M]. NY, USA: Springer-Verlag, 1995.

[54] Lee C W, Suh S M. Model prediction based dual-stage actuator control in discrete-time domain[J]. IEEE Transactions on Magnetics, 2011, 47(7): 1830-1836.

[55] Galias Z, Yu X H. Euler's discretization of single input sliding-mode control systems[J]. IEEE Transactions on Automatic Control, 2007, 52(9): 1726-1730.

[56] Wakasa Y, Tanaka K, Nishimura Y. Distributed output consensus via LMI based model predictive control and dual decomposition[J]. International Journal of Innovative Computing Information and Control, 2011, 7(10): 5801-5812.

第9章　微电网分布式控制器硬件在环实时仿真

9.1 概　述

先进的控制策略以及最新的研发设备在推广应用之前通常需要经历验证阶段，以确保满足实际现场需求。目前在电力系统领域主要的验证方法包括动模实验、数字仿真及数模混合实时仿真。

① 动模实验采用与原型系统具有相同物理性质且参数标幺值一致的模拟元件，根据相似原理搭建与真实系统相比通常是等比例缩小的物理系统进行实验，属于一种物理模拟方法 [1-3]。动模系统与真实系统在物理特性上基本一致，在实验过程中可以直接观察到各种现象的物理过程，因此动模实验是最为精确的验证方法之一。

② 数字仿真通过在一定的假设条件下建立电力系统内部各种物理设备的数学模型，并借助专门的数学求解工具进行求解，以得出所需要的结果，是一种建立在数学模型基础上对原型系统进行仿真研究的方法 [4,5]。

③ 数模混合实时仿真技术也被称为半实物实时仿真技术，利用替代定理将动模系统与实时数字仿真系统两者之间通过戴维南等值电路和诺顿等值电路建立数模混合实时接口，实现模拟系统和实时数字仿真系统之间能量与信号的交换，从而扩展了实时仿真研究的范围 [6,7]。

上述验证方法中动模实验系统一旦建立，其设备参数以及连接方式将难以改变，只具备相对单一的试验验证功能。同时，动模实验系统是按照实际设备和真实环境建立起来的物理实验平台，其设备昂贵、占地面积大、可扩展性差，很难满足大规模复杂系统的需求。数字仿真方法的成本低，可扩展性强，对于大规模系统试验验证具有很大的优势。随着计算机技术的快速发展，数字仿真技术已广泛用于电力系统的运行、设计和科学研究各个方面。但是，数字仿真结果的真实性很大程度上依赖于数学建模的精确性以及仿真求解算法的准确性。因此，首先必须完成对系统内部所有元件的建模，这对于一些新的领域和现象的研究会产生一定的困难。另外，现有的仿真求解算法通常无法同时满足精确性和高效性。这些缺陷大大降低了数字仿真的可信度。

因此，动模实验和数字仿真都有其特点和适用范围，为了取长补短、相互配合，最大限度地发挥两种方法的优势，考虑将动模实验和数字仿真结合，数模混合实时仿真技术应运而生 [3,8]。在进行电力系统相关研究过程中，虽然系统庞大，但是研究的主要对象可能仅仅是一台设备或者一个控制单元, 在数模混合实时仿真中, 为了保证主要研究对象的准确性, 研究的对象采用真实的物理设备, 而除此之外庞大的电力网络拓扑以及系统内其他的电力设备将采用数字模型的方法进行模拟, 在保留系统规模的同时, 最大限度地保证了研究结果的真实性。

　　微电网作为可再生能源消纳的主要手段, 系统内部具有大量分布式电源以电力电子装置为接口接入, 动态特性多变, 控制系统复杂, 数字仿真无法精确地反映系统的物理现象, 同时, 大量的电力电子设备和可再生能源系统造价高, 搭建真实的微电网系统具有一定的困难, 因此, 采用数模混合实时仿真进行微电网控制策略研究具有较大的优势。

　　本章将介绍数模混合实时仿真技术的两种主要应用模式 [9~13]: 快速控制原型 (rapid control prototyping, RCP) 仿真和硬件在环 (hardware in the loop, HIL) 仿真, 并介绍了现有的五种实时仿真系统: RTDS、HYPERSIM、ADPSS、dSPACE 与 RT-LAB, 综合考虑微电网分布式控制数模混和实时仿真的需要, 选择 RT-LAB 作为本章的实时仿真系统, 并基于 RT-LAB 设计了微电网分布式控制器硬件在环实时仿真架构, 搭建了基于 RT-LAB 的微电网分布式控制器硬件在环实时仿真平台, 将微电网中分布式控制器实物接入仿真平台中, 开展微电网分布式控制器硬件在环实时仿真测试, 以验证微电网分布式控制策略的有效性及硬件在环实时仿真平台的可靠性。

9.2　微电网分布式控制数模混合实时仿真

9.2.1　数模混合实时仿真技术

　　数模混合实时仿真是一种针对实际运行过程的实时仿真测试技术, 它提高了仿真结果的置信度。数模混合实时仿真主要包括 RCP 和 HIL 这两种应用模式。

1. RCP 仿真

　　RCP 仿真主要运用在控制器开发的初期阶段, 对于已有的目标控制设备, 通过快速地建立控制器模型, 并对整个控制系统进行多次离线的以及在线的试验来验证控制系统软、硬件方案的可行性 [13]。在 RCP 仿真中, 控制算法通过实时仿真机实现, 以模拟待开发的真实控制器。通过数模转换接口或者通信接口, 实时仿真机与目标控制设备进行信息交互, 实时采集实际受控对象的状态信息, 并产生实时的控制信号作用于实际受控对象。RCP 仿真的结构示意图如图 9.1 所示。

　　RCP 仿真中实时仿真软件的仿真对象是控制器, 通过实时测试发现控制算法中存在的问题, 实时修改控制算法和参数, 最终得到符合要求的控制原型。RCP 仿真利用了实时仿真软件在线实时调参的功能, 极大地缩减了控制器设计的周期, 提高了开发研究的效率。

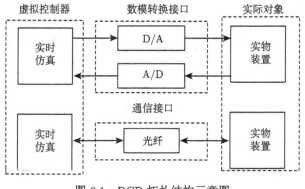

图 9.1　RCP 拓扑结构示意图

2. HIL 仿真

HIL 仿真又分为控制器硬件在环（controller hardware in the loop，CHIL）仿真和功率硬件在环（power hardware in the loop，PHIL）仿真 [9]，CHIL 仿真中实时仿真机的仿真对象是受控对象模型，而控制策略通过硬件控制器实现。实时仿真机通过数模转换接口或者通信接口，将受控对象的实时仿真状态信号发送至控制器，并接收来自控制器的实时控制信号，CHIL 仿真的结构示意图如图 9.2 所示。

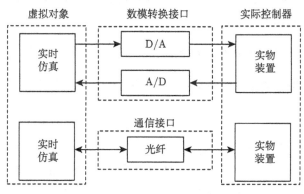

图 9.2　CHIL 拓扑结构示意图

CHIL 仿真能够在实时条件下模拟整个系统的运行状态，并接收真实控制器的控制指令。通过系统运行状况可以反映控制器的控制效果，将故障问题暴露在控制器实际投运之前，降低了实际系统承受各种突发状况的风险，为深入研究系统性能提供了有效路径 [10]。

CHIL 仿真主要应用于对低功率控制设备的测试，对于吸收和输出信号功率水平相对较高的功率器件的数模混合实时仿真不再适用，故 PHIL 仿真被提出，其结构示意图如图 9.3 所示。

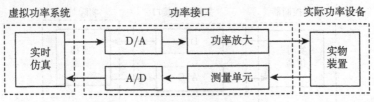

图 9.3　PHIL 仿真拓扑结构示意图

在 PHIL 仿真中，一方面实际功率设备的输出信号经传感器测量后，通过 A/D 转换为数字信号反馈给实时仿真机；另一方面实时仿真机读取测量值，利用测量值实时解算虚拟功率系统模型得到下一步仿真侧的数字信号，再通过 D/A 转换和功率放大环节传递至实际功率设备。PHIL 仿真与 CHIL 仿真相比，其功率接口能够实现更高功率水平信号的传递。对于 PHIL 仿真系统而言，功率接口是连接实时仿真机和实物装置的桥梁，功率接口中可采取不同的功率放大方式，选择不同的反馈信号和控制信号，如此便形成了不同的接口算法[11,12,14-17]。接口算法对于实现 PHIL 仿真系统实时仿真与实物装置的连接起着至关重要的作用。

本章主要采用 CHIL 仿真模式，微电网模型运行在实时仿真机中以模拟真实微电网的运行状态，同时，将微电网的二次控制设备通过数模转换接口或者通信接口连接到实时仿真环境中，从而实现对硬件实物的在线测试，并通过实时仿真测试结果以验证其控制保护功能。

9.2.2　控制器硬件在环实时仿真架构

目前常见的电力系统实时仿真系统主要有以下 5 种[13,18-22]。

1. RTDS

RTDS 是加拿大 RTDS 公司开发的一种专门用于研究电力系统中电磁暂态现象的仿真装置[23]。RTDS 仿真装置支持电力系统行业权威的元件模块库 PSCAD，其含有丰富的控制模型，用户能够通过连接现有的元件模块而组建电力拓扑和相关的控制回路，并且支持用户友好的图像设计界面进行电力系统模型搭建。然而，RTDS 仿真引擎的设计初衷是针对传统大电网实时仿真，对于系统低频特性的仿真效果较好，但对于换流器等高频特性元件的仿真效果不甚理想。由于硬件结构及手动并行任务分配方式存在局限性，其仿真规模受到限制。近年来，RTDS 正在开发新的硬件平台，通过变步长的方式，扩大全电磁暂态实时仿真的规模至万级节点。但该技术目前仅限于纯数字仿真，大规模外接电力电子装置的接口技术还未有进展。

2. HYPERSIM

HYPERSIM 是加拿大魁北克 TEQSIM 公司利用并行计算机研制的一套实时仿真系统 [24]。HYPERSIM 提供了大量电力系统和控制系统元件模型,用户可根据实际电力系统的一次接线图在 HYPERSIM 中挑选相应的元件模型搭建电力系统实时仿真模型,并对模型进行分析,通过映射任务、生成代码、运行仿真的步骤实现电力系统实时仿真,也可以通过外接实际硬件设备进行数模混合实时仿真。HYPERSIM 最高可支持 512 个微处理器的配置并采用共享存储构架,其仿真规模可以相当大,但不同计算机性能不同,会制约实时仿真模型的规模。

3. ADPSS

ADPSS 是中国电力科学研究院利用高性能 PC 机和高速通信网络研发的全数字实时仿真装置 [25]。ADPSS 的模型开发工具采用 MATLAB/Simulink 软件包,其提供了丰富的电力电子、电力元件模型库,用户可利用这些模型完成各种复杂结构的电力电子、电力系统模型的搭建。在软件方面,ADPSS 通过采用并行计算算法以及并行处理系统以提高仿真的实时性;在硬件方面,ADPSS 提供了多核 CPU 硬件系统以满足多核并行运行的需求。ADPSS 以电力系统分析综合程序 PSASP 和交直流电磁暂态程序 ETSDAC 为基础,支持机电暂态实时仿真、电磁暂态实时仿真以及机电暂态–电磁暂态混合实时仿真,但是目前其电磁暂态方面的模型还有不足,仍需要大力发展。

4. dSPACE

dSPACE 是由德国的 dSPACE 公司开发的一套基于 MATLAB/Simulink 的实时仿真系统 [26],具有实时性强、可靠性高、扩充性好等优点。dSPACE 能够实现与 MATLAB/Simulink/RTW 之间的无缝连接,其硬件系统中的处理器具有高速的计算能力,并配备了丰富的 I/O 接口,用户可以根据需要进行组合,其软件系统的功能强大且使用方便,包括实现代码自动生成、下载、试验和调试的整套工具。然而,dSPACE 系统主要针对快速控制原型的开发,不具备大规模电力系统仿真的处理能力,往往需要配合 RTDS 等仿真平台才能进行实时仿真。

5. RT-LAB

RT-LAB 是加拿大 OPAL-RT 公司推出的一套基于 MATLAB/Simulink 开发的工业级半实物仿真系统 [27-29]。RT-LAB 支持把复杂的模型划分成多个可以并行执行的子模型,并自动分配到网络中的多个目标机节点上,或者分配到一台具有 SMP 对称多处理器目标机系统的多个处理器上,从而构成一个可伸缩的分布式并行实时仿真系统。实时仿真过程中可以利用 Windows 窗口实时监控目标机运行的整个计算过程。RT-LAB 硬件系统具备以下优势。

（1）模型运算可在 FPGA、CPU 的多个内核之间进行，其提供两种运行方式：高性能多核 CPU 相结合的方式以及 FPGA 结合高性能多核 CPU 的方式；

（2）在 FPGA 上运行步长最低可达到 0.25μs，在 CPU 上运行步长最低可达到 10μs；

（3）运行时可以动态选择监控任意模型变量以及实时调整模型参数；

（4）支持多种 I/O 接口和通信设备。

RT-LAB 仿真平台是具有高实时性、分布式计算能力以及丰富 I/O 接口的半实物实时仿真平台，可以在该平台上实现工程项目的设计、纯数字仿真、快速原型开发以及硬件在环测试的全套解决方案。由于 RT-LAB 具有用户友好的图像设计操作界面，且能够满足高频电力电子系统仿真的实时性和精度要求，另外能够外接设备对其进行闭环测试，因此很适合微电网系统的数模混合实时仿真，本章基于 RT-LAB 设计了微电网分布式控制器硬件在环实时仿真架构，如图 9.4 所示。

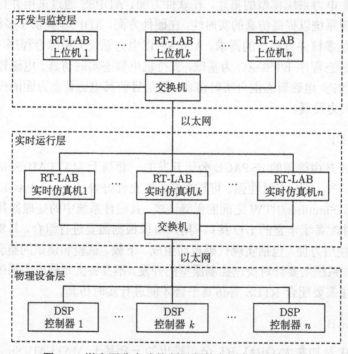

图 9.4　微电网分布式控制器硬件在环实时仿真架构

如图 9.4 所示，微电网分布式控制仿真架构主要包括三个层级：开发与监控层、实时运行层以及物理设备层。

在开发与监控层中，首先通过上位机 RT-LAB 软件将基于 MATLAB/Simulink

开发的微电网仿真模型进行实时化并根据需求分解为多个子系统，并通过编译将实时仿真模型转化为 C 代码，然后通过以太网交换机分发并载入实时运行层的 RT-LAB 实时仿真机中运行。在实时仿真过程中，可通过 RT-LAB 的用户界面实时监测仿真系统运行状态，同时可以下发实时指令控制系统运行。

在实时运行层中，RT-LAB 实时仿真机通过网线与 RT-LAB 上位机进行信号交互，实时解算微电网仿真模型得到系统状态信息。多个并行的 RT-LAB 实时仿真机之间可以通过 PCIe 总线连接以实现同步信号交互，因此 RT-LAB 实时仿真机可根据实际微电网仿真规模进行扩展，同时，通过通信接口与物理设备层交换系统实时状态与控制信号。

在物理设备层中，采用高性能 DSP 控制器实现微电网分布式控制算法，模拟真实微电网中的控制设备。实时仿真过程中，通过 DSP 控制器接收来自实时仿真机的系统状态信息，并产生控制信号回传给实时仿真机，实现对分布式控制算法性能的测试。同时，对于微电网内多个分布式电源，采用多个 DSP 控制器分别进行控制，并通过 DSP 的外设接口实现控制器间的信息交互，以模拟微电网分布式通信的过程。

9.2.3 控制器硬件在环实时仿真流程

在基于 RT-LAB 的硬件在环实时仿真测试平台中实现微电网分布式控制器硬件在环实时仿真的具体流程如图 9.5 所示。

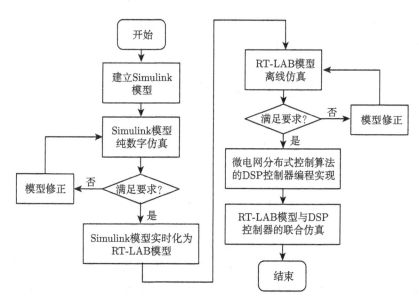

图 9.5 微电网分布式控制器硬件在环实时仿真流程

其具体流程如下。

1）模型的建立

在 MATLAB/Simulink 环境下建立所要研究的微电网分布式控制仿真模型, 通过离线仿真的方法对仿真模型进行修正并检测仿真模型的正确性。

2）模型的转化

将 MATLAB/Simulink 离线仿真模型转化为 RT-LAB 实时仿真模型。首先需要对 Simulink 离线仿真模型进行子系统划分, 通常将运算量较大的仿真模型划分为 SM 主级子系统（比如微电网中比较复杂的分布式电源模型）, 将运算量较小的仿真模型划分为 SS 次级子系统（比如微电网中比较简单的分布式电源模型或者接口控制模块）, 将用户监控部分划分为 SC 控制台子系统（比如微电网系统中需要实时监测或者控制的变量）。模型转化完成后, 首先在离线状态下对 RT-LAB 模型进行调试, 调试无错后方能进行 RT-LAB 模型的编译、加载与运行。

3）分布式控制算法的控制器实现

将微电网分布式控制算法用 DSP 控制器编程实现。在硬件在环实时仿真过程中, DSP 控制器通过通信接口接收实时仿真机的状态信息, 并经过分布式控制算法计算产生控制信号回传于实时仿真机。

4）模型的编译、加载与运行

通过 RT-LAB 上位机软件对模型的描述文件进行编译, 系统将自动生成实时仿真机可执行的目标文件, 在 DSP 控制器与实时仿真机建立物理连接并启动运行的前提下, 将可执行程序加载至实时仿真机中, 待在线监控窗口自动弹出后即可执行仿真, 实现系统的实时运行和监控。

9.3　微电网分布式控制实时仿真测试

9.3.1　仿真测试平台

1. 硬件平台架构

仿真测试平台主要由上位机、实时仿真机、数字控制器和交换机组成。实时仿真机型号为 OP5700, 其内含 CPU 及 FPGA 板卡, 可完成 CPU 上最小 $10\mu s$ 的实时计算, 以及 FPGA 上亚微秒级的实时计算, 并可以通过 I/O 接口或者通信接口与被测控制器进行实时信号交互。同时, OP5700 还支持高速 PCIe 总线, 可以将多台 OP5700 连接在一起进行超大规模系统的实时仿真, 满足大型微电网模型的实时计算以及分布式控制实时通信的需求。平台采用 TI 公司型号为 TMS320F28377 的 DSP 作为数字控制器, 其具有强大的数字处理能力以及丰富的外设接口和扩展能力, 可以实现微电网系统开关阀级控制策略以及上层协调控制策略。在微电网分布式控制仿真平台中，DSP 控制器与实时仿真机均通过网口进行数据交互，仿真测试平台连接示意图如图 9.6 所示。

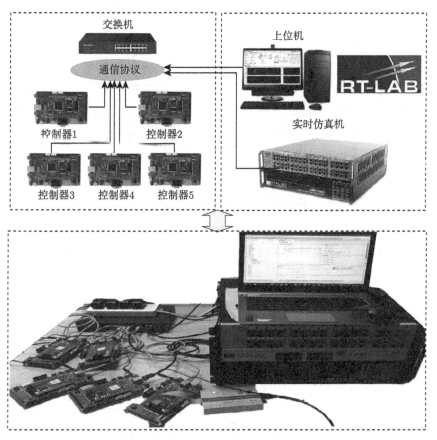

图 9.6　微电网分布式控制实时仿真测试平台

2. 软件平台架构

RT-LAB 实时仿真机以及 DSP 控制器构成的分布式控制系统的软件平台架构如图 9.7 所示。

图 9.7 中，微电网主电路拓扑以及分布式电源一次控制器在实时仿真机中以模型的形式运行。实时仿真机将微电网运行状态信息通过通信接口发送至目标 DSP 控制器。值得注意的是，实时仿真机与 DSP 控制器设置在同一个子网下，实时仿真系统中每个 DG 通过不同的通道发送信息，每个通道对应一个通信 ID，通信时每个 DG 将本地状态信息采集后通过对应 ID 的通道将数据发送至目标 IP 地址的 DSP 控制器，DSP 控制器之间通过信息交互共享本地信息，并实现微电网分布式二次控制算法，最后将二次控制信号通过对应 ID 的通道回传至实时仿真系统中对

应的 DG。

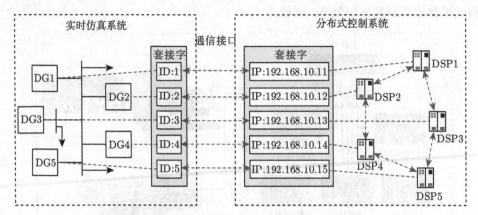

图 9.7 微电网分布式控制实时仿真软件平台架构

下面以微电网分布式电压协同控制为例，具体说明微电网分布式控制器硬件在环仿真中，DSP 控制器以及实时仿真机的具体软件运行流程，其流程图如图 9.8 所示。

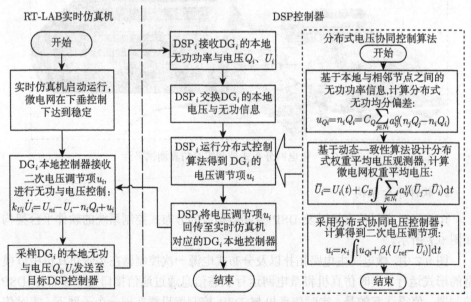

图 9.8 微电网分布式控制实时仿真软件运行流程图

由图 9.8 所示，微电网分布式电压协同控制的控制器硬件在环仿真具体通过以下步骤实现：

步骤 1 实时仿真机启动运行，微电网在 DG 的下垂控制下到达稳定运行状态；

步骤 2 启动微电网的二次电压控制,实时仿真机与 DSP 控制器进行通信,微电网的第 i 个分布式电源 DG_i 接收上一个控制周期结束时第 i 个 DSP 控制器 DSP_i 发送的二次电压调节项 u_i,并利用 u_i 调节本地电压,进行系统的无功功率均分和电压恢复控制;

步骤 3 DG_i 采集本地无功与电压 Q_i、U_i,并通过通信接口发送至对应的 DSP_i;

步骤 4 DSP_i 接收 DG_i 发送的本地无功与电压 Q_i、U_i;

步骤 5 DSP_i 与指定的 DSP 控制器通过通信接口互相交换对应 DG 的本地无功与电压信息;

步骤 6 DSP_i 利用本地 DG 和邻近 DG 的无功和电压信息进行分布式电压协同控制算法计算,其具体计算方法可参见 7.3 节,得到下一个控制周期的二次电压调节项 u_i;

步骤 7 DSP_i 将二次电压调节项 u_i 通过通信接口回传至实时仿真机中微电网对应的 DG,至此完成一个周期的微电网分布式电压协同控制。

9.3.2 仿真测试算例

本节测试算例的微电网系统架构、微电网模型参数、控制参数以及仿真场景设置可参照 7.4.4 节第 2 部分。

1. 不同 PI 控制器参数对分布式控制延时裕度的影响

本部分仍采用两组分布式控制器参数 $k_p = 0$, $k_i = 6$ 和 $k_p = 0.2$, $k_i = 6$ 验证 7.4.4 节第 2 部分所提延时裕度计算方法的有效性。图 9.9 和图 9.10 分别为在控制器参数 $k_p = 0$, $k_i = 6$ 和 $k_p = 0.2$, $k_i = 6$ 下,不同通信延时对应的控制器硬件在环仿真测试结果。

由图 9.9(a) 和图 9.10(a) 可知,在两组控制器参数下,$\tau = 0\text{ms}$ 时,均实现了二次电压控制目标,且动态响应过程近似;对比图 9.9(b) 和图 9.10(b),在发生近似程度衰减振荡时,在控制器参数 $k_p = 0$, $k_i = 6$ 下的通信延时为 $\tau = 80\text{ms}$,而在控制器参数 $k_p = 0.2$, $k_i = 6$ 下的通信延时 $\tau = 130\text{ms}$;类似地,对比图 9.9(c) 和图 9.10(c),在发生近似程度的发散振荡时,在控制器参数 $k_p = 0$, $k_i = 6$ 下的通信延时为 $\tau = 105\text{ms}$,而在控制器参数 $k_p = 0.2$, $k_i = 6$ 下的通信延时 $\tau = 180\text{ms}$。以上结果说明,当两组控制器参数在无延时动态性能类似的情况下,在发生相同程度衰减振荡或者相同程度发散振荡时,控制器参数 $k_p = 0.2$, $k_i = 6$ 对应的延时裕度比控制器参数 $k_p = 0$, $k_i = 6$ 对应的延时裕度要大。此外,从硬件在环仿真结果容易得出,控制器参数 $k_p = 0$, $k_i = 6$ 对应的延时裕度处于 80ms 与 105ms 之间,控制器参数 $k_p = 0.2$, $k_i = 6$ 对应的延时裕度处于 130ms 与 180ms 之间,分别与表 7.3 给出的理论延时裕度 $\tau_d = 84\text{ms}$ 与 $\tau_d = 152\text{ms}$ 相符合,说明控制器硬件在环仿真结果同样验证 7.4.4 节所提出的延时裕度计算方法的正确性。

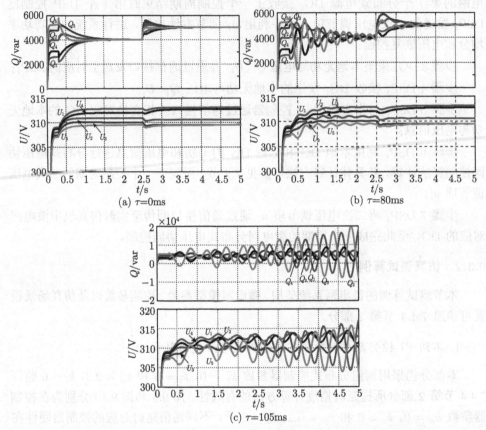

图 9.9　控制器参数 $k_p = 0$, $k_i = 6$ 下不同通信延时的控制效果图

　　将控制器硬件在环仿真结果与 7.4.4 节第 2 部分纯数字仿真结果对比, 两组控制器参数在 0.3s 启动二次电压控制瞬时, 两者的动态响应特性存在较为明显的差异, 即控制器硬件在环仿真结果比纯数字仿真结果在输出无功功率和电压上有一个较大的瞬时超调, 这是因为在启动电压二次控制后, DSP 控制器从实时仿真机采集微电网状态信号, 并经过 DSP 计算产生控制信号, 然后将控制信号回传至实时仿真机, 这个过程受到 DSP 控制器采样延时、计算延时以及通信延时等实际因素的影响。此外, 在控制器参数 $k_p = 0$, $k_i = 6$ 下, 发生类似程度的衰减振荡或者发散振荡时, 纯数字仿真对应通信延时分别为 $\tau = 80\text{ms}$ 与 $\tau = 95\text{ms}$, 而控制器硬件在环仿真对应通信延时分别为 $\tau = 80\text{ms}$ 与 $\tau = 105\text{ms}$; 同样地, 在控制器参数 $k_p = 0.2$, $k_i = 6$ 下, 发生近似程度的衰减振荡或者发散振荡时, 纯数字仿真分别对应通信延时 $\tau = 125\text{ms}$ 与 $\tau = 160\text{ms}$, 而控制器硬件在环测试分别对应通信延时

$\tau = 130\mathrm{ms}$ 与 $\tau = 180\mathrm{ms}$。根据以上结果分析，控制器硬件在环仿真结果与纯数字仿真结果相比，在相同的控制器参数下，在发生近似程度的衰减振荡或者发散振荡时，控制器硬件在环仿真结果的通信延时更长，或者，在近似的通信延时下，控制器硬件在环仿真结果的振荡衰减速度更快，之所以产生以上差异，是因为纯数字仿真并非实时计算，其动态响应时间与仿真模型的计算步长和模型的求解方法有关，控制信号并未同时作用于受控对象，故控制效果与实际情况会存在一定的差异，而控制器硬件在环仿真的微电网实时仿真模型是基于严格的并行计算，各个 DG 子系统将实时的状态信号同时采集发送至各个 DSP 控制器，各个 DSP 控制器之间也是同时计算并产生控制信号作用于各个 DG 子系统，因而在相同情况下受控对象能够更快到达稳定，其动态响应时间尺度与真实情况近似，仿真的置信度更高，仿真结果更接近于实际。

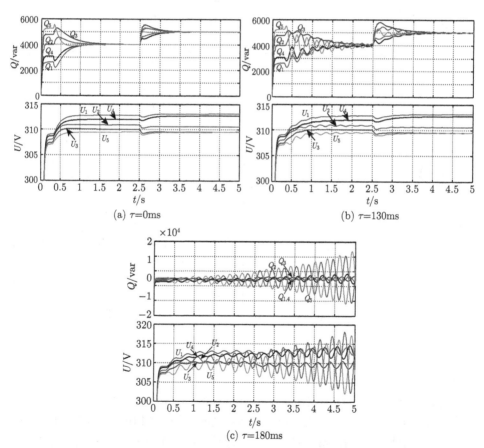

图 9.10　控制器参数 $k_{\mathrm{p}} = 0.2, k_{\mathrm{i}} = 6$ 下不同通信延时的控制效果图

2. 不同牵制点对分布式控制延时裕度的影响

本部分通过控制器硬件在环仿真研究在同样的控制器参数 $k_p=0.2$，$k_i=6$ 下，单牵制点与多牵制点两种条件对分布式控制通信延时的影响。图 9.11 和图 9.12 分别为在单牵制点与多牵制点下，不同通信延时对应的控制器硬件在环仿真结果。

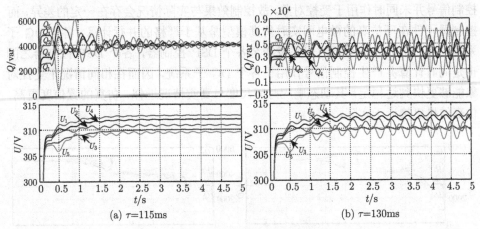

图 9.11　单牵制点下不同通信延时的控制效果图

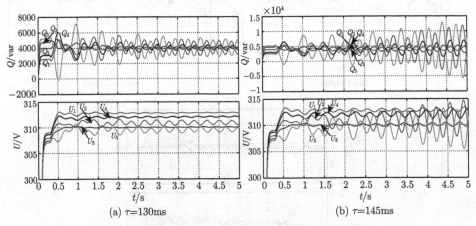

图 9.12　多牵制点下不同通信延时的控制效果图

对比图 9.11(a)、(b) 不同通信延时的控制效果，在通信延时 $\tau=115\mathrm{ms}$ 时，分布式电源输出无功功率和电压呈现出振荡衰减的趋势，且到达稳定的时间约为 5s，当通信延时增加至 $\tau=130\mathrm{ms}$，系统发生发散振荡；图 9.12(a)、(b) 显示，随着通信延时增加，控制效果呈现出与图 9.11 相似的趋势，通信延时 $\tau=130\mathrm{ms}$ 和 $\tau=145\mathrm{ms}$ 分别对应系统衰减振荡和发散振荡的情况。以上结果说明，在单牵制点与多牵制点下，随着通信延时增加，系统均会在某一通信延时下发生发散振荡，在这个仿真实例中，单牵制点下的延时裕度处于 115ms 与 130ms 之间，多牵制点下的延时裕度处于 130ms 与 145ms 之间。进一步对比图 9.11(a) 与图 9.12(a)，以及图 9.11(b) 与图 9.12(b)，此两种情况中单牵制点下与多牵制点下系统发生衰减振荡或者发散振荡的程度近似，但多牵制点下的通信延时更长，同样对比图 9.11(b) 与图 9.12(a)，当单牵制点下与多牵制点下发生相同的通信延时时，单牵制点下系统已经发生发散振荡，但多牵制点下则表现出衰减振荡，以上结果说明，在其他条件相同情况下，多牵制点相比于单牵制点具有更大的延时裕度。同样将控制器硬件在环仿真结果与 7.4.4 节纯数字仿真结果对比，其存在的差异及其造成的原因与上一小节类似，此处不再赘述。

参 考 文 献

[1] 解大, 顾羽洁, 徐涛, 等. 微电网仿真与实验系统 (一) 总体设计 [J]. 实验室研究与探索, 2011, 30(9): 74-78.

[2] 解大, 顾羽洁, 徐涛, 等. 微电网仿真与实验系统 (二) 建模仿真及实现 [J]. 实验室研究与探索, 2011, 30(10): 53-58, 145.

[3] 罗建民, 戚光宇, 何正文, 等. 电力系统实时仿真技术研究综述 [J]. 继电器, 2006, 34(18): 79-86.

[4] 汤涌. 电力系统数字仿真技术的现状与发展 [J]. 电力系统自动化, 2002, 26(17): 66-70.

[5] 王潇. 微网实时仿真技术研究 [D]. 天津: 天津大学, 2017.

[6] 李明节, 朱艺颖, 于钊, 等. 新一代电力系统数模混合仿真平台构建及应用 [J/OL]. 电网技术: 1-8. https://doi.org/10.13335/j.1000-3673.pst.2018.1899[2019-04-08].

[7] 宋强, 刘钟淇, 张洪涛, 等. 大功率电力电子装置实时仿真的研究进展 [J]. 系统仿真学报, 2006, 18(12): 3329-3333.

[8] 柳勇军, 梁旭, 闵勇. 电力系统实时数字仿真技术 [J]. 中国电力, 2004, 37(4): 44-47.

[9] Saffet A, Robert F, Tom C, et al. Electric machinery diagnostic/testing system and power hardware-in-the-loop studies[C]// The 4th IEEE International Symposium, 2003: 361-366.

[10] 刘延彬, 金光. 半实物仿真技术的发展现状 [J]. 仿真技术, 2003, (1): 27-32.

[11] Ren W, Sloderbeck M. Interfacing issues in real-time digital simulators[J]. IEEE Trans on Power Delivery, 2011, 26(2): 1221-1230.

[12] 陈磊, 闵勇, 叶骏, 等. 数字物理混合仿真系统的建模及理论分析: (一) 系统结构与模型 [J]. 电力系统自动化, 2009, 33(23): 9-13.

[13] 周林, 贾芳成, 郭珂, 等. 采用 RT-LAB 的光伏发电仿真系统试验分析 [J]. 高电压技术, 2010, 36(11): 2814-2820.

[14] 陈磊, 闵勇, 叶骏, 等. 数字物理混合仿真系统的建模及理论分析: (二) 接口稳定性与相移分析 [J]. 电力系统自动化, 2009, 33(24): 26-29.

[15] 周俊. 交直流电网数字物理混合仿真技术的研究 [D]. 武汉: 华中科技大学, 2012.

[16] Mahdi D. Stability analysis and implementation of powerhardware-in-the-loop for power system testing[D]. Australia:Queensland University of Technology, 2015.

[17] Kuffel R, Wierckx R P, Duchen H, et al. Expanding an analogue HVDC simulator's modeling capability using a real-time digital simulator(RTDS)[C]// 1st International Conference on Digital Power System Simulators, Texas, USA, 1995: 199-204.

[18] 高广玲, 潘贞存, 高厚磊, 等. 基于 IEC61850 标准的实时数字仿真系统 [J]. 电力系统自动化, 2009, 33(14): 103-107.

[19] 王薇薇, 朱艺颖, 刘翀, 等. 基于 HYPERSIM 的大规模电网电磁暂态实时仿真实现技术 [J]. 电网技术, 2019, 43(4): 1138-1143.

[20] 朱艺颖, 蒋卫平, 印永华. 电力系统数模混合仿真技术及仿真中心建设 [J]. 电网技术, 2008, 32(22): 35-38.

[21] 胡涛, 朱艺颖, 张星, 等. 全数字实时仿真装置与物理仿真装置的功率连接技术 [J]. 电网技术, 2010, 34(1): 51-55.

[22] 马运东, 胡祖荣, 王芳, 等. 应用扰动观测器的定桨距风力机转速控制 [J]. 中国电机工程学报, 2011, 31(6): 79-84.

[23] 郭琦. 交直流混联电网运行控制实时仿真技术研究 [J]. 南方电网技术, 2017, 11(3): 59-64.

[24] 杨洪涛, 卜一凡, 梁志成, 等. 基于 Hypersim 的变电站自动化系统闭环测试环境的建立 [J]. 电力自动化设备, 2007, 27(11): 79-82.

[25] 陈磊, 张侃君, 夏勇军, 等. 基于 ADPSS 的高压直流输电系统机电暂态–电磁暂态混合仿真研究 [J]. 电力系统保护与制, 2013, (12): 136-142.

[26] 周冰. 并网变流器实时仿真技术研究 [D]. 北京: 北京交通大学, 2014.

[27] 朱琳, 谭伟, 王佳, 等. 基于 RT-LAB 的机电–电磁暂态混合实时仿真及其在 MMC-HVDC 中的应用 [J]. 智能电网, 2016, 4(3): 312-322.

[28] Li W. User guide to ePHASORsim's modelica based library[R]. Montréal:The Opal-RT Technologies Inc, 2015.

[29] Jalili M V, Robert E, Lapointe V, et al. A real-time transient stability simulation tool for large-scale power systems[C]// IEEE Power and Energy Society General Meeting. San Diego, USA, 2012: 1-7.

附录 A 变量坐标变换

在微电网的控制策略设计中，根据研究问题的需要，经常会涉及坐标变换的问题。坐标变换是将一个坐标系下的一组变量转换成另一个坐标系下的一组变量的过程，两组变量之间的关联用转换矩阵表示，如果矩阵是可逆的，则称此情景下变量坐标变换是可逆的。在电力系统问题的分析中，常用到的坐标系主要有：abc 三相静止坐标系、$dq0$ 两相旋转坐标系、$\alpha\beta0$ 两相静止坐标系、$xy0$ 同步旋转坐标系及 120 对称分量坐标系，本书中主要涉及 abc 坐标系、$dq0$ 坐标系及 $\alpha\beta0$ 坐标系之间变量的变换，以下分别对其坐标系转换原理进行阐述。

A.1 abc 坐标系与 $dq0$ 坐标系之间的变量坐标变换

abc 三相静止坐标系下的变量与 $dq0$ 两相旋转坐标系下的变量之间的变换又称作派克变换（Park 变换），或称 $3s/2r$ 变换，Park 变换是本书中涉及较多的一种坐标变换。图 A.1 为 abc 三相静止坐标系与 $dq0$ 两相旋转坐标系在某时刻的相对位置关系示意图，其中 $dq0$ 旋转坐标系取 d 轴超前于 q 轴 90° 的情形（d 轴滞后 q 轴 90° 的情形变换方法类似），0 轴为独立轴，图中未画出。$dq0$ 坐标系相对于 abc 坐标系以角速度 ω 旋转，其中 d 轴与 a 轴的夹角 $\theta = \omega t + \varphi_0$，其中 φ_0 为 d 轴相对于 a 轴的初始夹角。

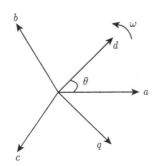

图 A.1 abc 坐标系与 $dq0$ 坐标系的相对位置关系示意图

假设 abc 三相静止坐标系下某一时刻的三相对称电流 i_a、i_b、i_c 分别为

$$\begin{cases} i_a = I_M \cos(\omega' t + \alpha_0) \\ i_b = I_M \cos(\omega' t + \alpha_0 - 120°) \\ i_c = I_M \cos(\omega' t + \alpha_0 + 120°) \end{cases} \tag{A.1}$$

式（A.1）中，I_M 为每相电流的幅值；ω' 为每相电流的角频率；α_0 为 A 相参考电流的初始相角。将 abc 坐标系下的变量 i_a、i_b、i_c 分别投影到 $dq0$ 轴并乘以待定系数 k_1、k_2，得到 $dq0$ 坐标系下的变量如下所示：

$$
\begin{bmatrix} i_d \\ i_q \\ i_0 \end{bmatrix} = k_1 \begin{bmatrix} \cos(\theta) & \cos(\theta - 120°) & \cos(\theta + 120°) \\ \sin(\theta) & \sin(\theta - 120°) & \sin(\theta + 120°) \\ k_2 & k_2 & k_2 \end{bmatrix} \begin{bmatrix} i_a \\ i_b \\ i_c \end{bmatrix} \tag{A.2}
$$

对上式进行化简，可以得到

$$
\begin{cases}
i_d = \dfrac{3}{2} k_1 I_M \cos[(\omega' - \omega)t + (\alpha_0 - \varphi_0)] \\[2mm]
i_q = \dfrac{3}{2} k_1 I_M \sin[(\omega' - \omega)t + (\alpha_0 - \varphi_0)] \\[2mm]
i_0 = k_1 k_2 (i_a + i_b + i_c) = 0
\end{cases} \tag{A.3}
$$

由式（A.3）可知，若令 abc 坐标系下的正弦量 i_a、i_b、i_c 的角频率 ω' 与 $dq0$ 坐标系的旋转角速度 ω 相等，则可将 abc 坐标系下的正弦交流量 i_a、i_b、i_c 转换为 $dq0$ 坐标系下的直流量 i_d、i_q、i_0 进行分析。式（A.3）中根据对系数 k_1、k_2 的不同确定方法，可将 Park 变换分以下两种。

1）恒幅值 Park 变换

比较式（A.1）与式（A.3），令变换前后 i_a、i_b、i_c 与 i_d、i_q 的幅值相等，可以得 $k_1 = 2/3$。对于 k_2 的取值，当 abc 三相对称时，根据式（A.3），k_2 无论取何值，i_0 均为 0；当 abc 三相不对称时，为了使 i_0 的幅值与 abc 坐标系的零序分量的幅值相等，此时取 $k_2 = 1/2$。综上得到从 abc 坐标系到 $dq0$ 坐标系的 Park 变换矩阵：

$$
C_{3s/2r} = \frac{2}{3} \begin{bmatrix} \cos(\theta) & \cos(\theta - 120°) & \cos(\theta + 120°) \\ \sin(\theta) & \sin(\theta - 120°) & \sin(\theta + 120°) \\ \dfrac{1}{2} & \dfrac{1}{2} & \dfrac{1}{2} \end{bmatrix} \tag{A.4}
$$

矩阵 $C_{3s/2r}$ 的行列式不为零，故其为非奇异矩阵，则从 $dq0$ 坐标系到 abc 坐标系的变换矩阵可通过取 $C_{3s/2r}$ 的逆矩阵得到

$$
C_{2r/3s} = C_{3s/2r}^{-1} = \begin{bmatrix} \cos(\theta) & \sin(\theta) & 1 \\ \cos(\theta - 120°) & \sin(\theta - 120°) & 1 \\ \cos(\theta + 120°) & \sin(\theta + 120°) & 1 \end{bmatrix} \tag{A.5}
$$

2）恒功率 Park 变换

将 abc 坐标系与 $dq0$ 坐标系下的瞬时电流和瞬时电压分别表示为 $i_{abc} = [i_a\ i_b\ i_c]^T$，$u_{abc} = [u_a\ u_b\ u_c]^T$，$i_{dq0} = [i_d\ i_q\ i_0]^T$，$u_{dq0} = [u_d\ u_q\ u_0]^T$，对应坐

标系下的瞬时功率分别表示为

$$
\begin{cases}
p_{abc} = i_{abc}^{\mathrm{T}} u_{abc} \\
p_{dq0} = i_{dq0}^{\mathrm{T}} u_{dq0}
\end{cases}
\tag{A.6}
$$

定义恒功率 Park 变换矩阵：

$$
C_{3s/2r} = k_1 \begin{bmatrix}
\cos(\theta) & \cos(\theta - 120°) & \cos(\theta + 120°) \\
\sin(\theta) & \sin(\theta - 120°) & \sin(\theta + 120°) \\
k_2 & k_2 & k_2
\end{bmatrix}
\tag{A.7}
$$

将 i_{abc} 与 i_{dq0}，u_{abc} 与 u_{dq0} 之间的转换关系表示为

$$
\begin{cases}
i_{dq0} = C_{3s/2r} i_{abc} \\
u_{dq0} = C_{3s/2r} u_{abc}
\end{cases}
\tag{A.8}
$$

将式（A.8）代入式（A.6），可以得到

$$
\begin{aligned}
p_{dq0} &= i_{dq0}^{\mathrm{T}} u_{dq0} = (C_{3s/2r} i_{abc})^{\mathrm{T}} (C_{3s/2r} u_{abc}) \\
&= i_{abc}^{\mathrm{T}} (C_{3s/2r}^{\mathrm{T}} C_{3s/2r}) u_{abc} = i_{abc}^{\mathrm{T}} u_{abc} = p_{abc}
\end{aligned}
\tag{A.9}
$$

$$
C_{3s/2r}^{\mathrm{T}} C_{3s/2r} = E
\tag{A.10}
$$

式（A.10）中，E 为单位矩阵，故 $C_{3s/2r}$ 为正交矩阵，即变换矩阵 $C_{3s/2r}$ 的转置矩阵与其逆矩阵相同，将式（A.7）代入式（A.10）得

$$
\begin{cases}
k_1^2 [\cos^2 \theta + \cos^2(\theta - 120°) + \cos^2(\theta + 120°)] = 1 \\
3 k_1^2 k_2^2 = 1
\end{cases}
\tag{A.11}
$$

化简得

$$
\begin{cases}
\dfrac{3}{2} k_1^2 = 1 \\
3 k_1^2 k_2^2 = 1
\end{cases}
\tag{A.12}
$$

则 $k_1 = \sqrt{\dfrac{2}{3}}$，$k_2 = \sqrt{\dfrac{1}{2}}$，故可得到保证变换前后瞬时功率不变条件下的 Park 变换矩阵及其逆矩阵：

$$
C_{3s/2r} = \sqrt{\frac{2}{3}} \begin{bmatrix}
\cos(\theta) & \cos(\theta - 120°) & \cos(\theta + 120°) \\
\sin(\theta) & \sin(\theta - 120°) & \sin(\theta + 120°) \\
\sqrt{\dfrac{1}{2}} & \sqrt{\dfrac{1}{2}} & \sqrt{\dfrac{1}{2}}
\end{bmatrix}
\tag{A.13}
$$

$$C_{2r/3s} = C_{3s/2r}^{-1} = C_{3s/2r}^{\mathrm{T}} = \sqrt{\frac{2}{3}} \begin{bmatrix} \cos(\theta) & \sin(\theta) & \sqrt{\frac{1}{2}} \\ \cos(\theta - 120°) & \sin(\theta - 120°) & \sqrt{\frac{1}{2}} \\ \cos(\theta + 120°) & \sin(\theta + 120°) & \sqrt{\frac{1}{2}} \end{bmatrix} \tag{A.14}$$

A.2 abc 坐标系与 $\alpha\beta0$ 坐标系之间的变量坐标变换

abc 三相静止坐标系下的变量与 $\alpha\beta0$ 两相静止坐标系下的变量之间的变换又称作克拉克变换（Clark 变换），或称 $3s/2s$ 变换，Clark 变换是本书中涉及的另一种典型的坐标变换。图 A.2 为 abc 三相静止坐标系与 $\alpha\beta0$ 两相静止坐标系的相对位置关系示意图，其中 α 轴与 a 轴重合，β 轴超前于 α 轴 90°，显然 abc 坐标系与 $\alpha\beta0$ 坐标系之间的变换可看成是 abc 坐标系与 $dq0$ 坐标系变换当 q 轴超前于 d 轴且 $\theta = 0°$ 的特殊情形，因此可根据 Park 变换矩阵得到对应的 Clark 变换矩阵。

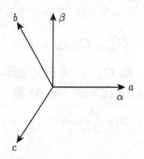

图 A.2 abc 坐标系与 $\alpha\beta0$ 坐标系的相对位置关系示意图

1）恒幅值 Clark 变换

令式（A.4）、式（A.5）中的 $\theta = 0°$，并将与 q 轴变量相关的系数取负，可得 Clark 变换的恒幅值变换矩阵及其逆矩阵：

$$C_{3s/2s} = \frac{2}{3} \begin{bmatrix} 1 & -\frac{1}{2} & -\frac{1}{2} \\ 0 & \frac{\sqrt{3}}{2} & -\frac{\sqrt{3}}{2} \\ \frac{1}{2} & \frac{1}{2} & \frac{1}{2} \end{bmatrix} \tag{A.15}$$

$$C_{2s/3s} = \begin{bmatrix} 1 & 0 & 1 \\ -\dfrac{1}{2} & \dfrac{\sqrt{3}}{2} & 1 \\ -\dfrac{1}{2} & -\dfrac{\sqrt{3}}{2} & 1 \end{bmatrix} \tag{A.16}$$

2）恒功率 Clark 变换

同样令式（A.13）、式（A.14）中的 $\theta = 0°$。且将与 q 轴变量相关的系数取负，可得 Clark 变换的恒功率变换矩阵及其逆矩阵：

$$C_{3s/2s} = \sqrt{\dfrac{2}{3}} \begin{bmatrix} 1 & -\dfrac{1}{2} & -\dfrac{1}{2} \\ 0 & \dfrac{\sqrt{3}}{2} & -\dfrac{\sqrt{3}}{2} \\ \sqrt{\dfrac{1}{2}} & \sqrt{\dfrac{1}{2}} & \sqrt{\dfrac{1}{2}} \end{bmatrix} \tag{A.17}$$

$$C_{2s/3s} = \sqrt{\dfrac{2}{3}} \begin{bmatrix} 1 & 0 & \sqrt{\dfrac{1}{2}} \\ -\dfrac{1}{2} & \dfrac{\sqrt{3}}{2} & \sqrt{\dfrac{1}{2}} \\ -\dfrac{1}{2} & -\dfrac{\sqrt{3}}{2} & \sqrt{\dfrac{1}{2}} \end{bmatrix} \tag{A.18}$$

A.3　$\alpha\beta0$ 坐标系与 $dq0$ 坐标系之间的变量坐标变换

$\alpha\beta0$ 两相静止坐标系下的变量与 $dq0$ 两相旋转坐标系下的变量之间的变换简称为 $2s/2r$ 变换。图 A.3 为某一时刻 $\alpha\beta0$ 两相静止坐标系与 $dq0$ 两相旋转坐标

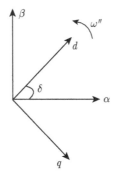

图 A.3　$\alpha\beta0$ 坐标系与 $dq0$ 坐标系的相对位置关系示意图

系的相对位置关系示意图，其中 $dq0$ 旋转坐标系同样取 d 轴超前于 q 轴 90° 的情形，$dq0$ 坐标系相对于 $\alpha\beta0$ 坐标系以角速度 ω'' 旋转，其中 d 轴与 α 轴的夹角 $\delta = \omega''t + \phi_0$，其中 ϕ_0 为 d 轴与 α 轴的初始夹角。

以电流变换为例，将 $\alpha\beta0$ 坐标系下的电流变量 i_α、i_β 分别投影到 d、q 轴，并令 $\alpha\beta0$ 坐标系下的 i_0 与 $dq0$ 坐标系下的 i_0 相等，得

$$\begin{bmatrix} i_d \\ i_q \\ i_0 \end{bmatrix} = \begin{bmatrix} \cos\delta & \sin\delta & 0 \\ \sin\delta & -\cos\delta & 0 \\ 0 & 0 & 1 \end{bmatrix} \begin{bmatrix} i_\alpha \\ i_\beta \\ i_0 \end{bmatrix} = C_{2s/2r} \begin{bmatrix} i_\alpha \\ i_\beta \\ i_0 \end{bmatrix} \tag{A.19}$$

式中，

$$C_{2s/2r} = \begin{bmatrix} \cos\delta & \sin\delta & 0 \\ \sin\delta & -\cos\delta & 0 \\ 0 & 0 & 1 \end{bmatrix} \tag{A.20}$$

矩阵 $C_{2s/2r}$ 即从 $\alpha\beta0$ 两相静止坐标系到 $dq0$ 两相旋转坐标系的变换矩阵，通过求该矩阵的逆矩阵得到从 $dq0$ 两相旋转坐标系到 $\alpha\beta0$ 两相静止坐标系的变换矩阵：

$$C_{2r/2s} = C_{2s/2r}^{-1} = \begin{bmatrix} \cos\delta & \sin\delta & 0 \\ \sin\delta & -\cos\delta & 0 \\ 0 & 0 & 1 \end{bmatrix} \tag{A.21}$$

附录 B 锁相环结构

在微电网控制过程中，功率计算以及坐标变换中需要获得坐标变换的角度，相角提取显得尤为重要，尤其是并离网平滑切换过程中，需要保持逆变器和电网之间的相位同步。目前提取相角的实现方法有很多，例如零交叉检测法、网络电压滤波法以及锁相环（phase-locked loop，PLL）等，其中锁相环由于具有方法简便、性能优越、易于实现的优点，目前使用最为普遍。

图 B.1 是一种常见的基于正交信号的锁相环控制结构图，由鉴相器（PD）、低通滤波器（LF）和频率/相角发生器（FPG）组成。

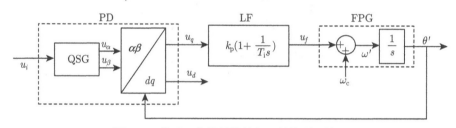

图 B.1　基于正交信号的锁相环的控制结构图

假设系统此时的输入信号为 $u_i = U\sin(\theta) = U\sin(\omega t + \phi)$，输入信号经过正交信号发生器（QSG）后的输出信号为

$$u_{\alpha\beta} = \begin{bmatrix} u_\alpha \\ u_\beta \end{bmatrix} = U \begin{bmatrix} \sin(\theta) \\ -\cos(\theta) \end{bmatrix} \tag{B.1}$$

上式的信号再经过 Park 变换，当锁相环调谐至输入信号的频率时，其输出信号可以表示为

$$u_{dq} = \begin{bmatrix} u_d \\ u_q \end{bmatrix} = U \begin{bmatrix} \sin(\theta - \theta') \\ -\cos(\theta - \theta') \end{bmatrix} \tag{B.2}$$

式中，θ' 为锁相环最终输出的相角信号。

图 B.2 为基于正交信号的锁相环对应坐标图，输入信号用正交的 $\alpha\beta 0$ 静止参考系上的一个虚拟向量表示。上述式（B.1）的作用相当于把虚拟矢量信号根据 θ 分解投射到 $\alpha\beta$ 轴上，上述式（B.2）则是相当于把矢量信号根据 θ' 投射到 dq 轴上，当锁相环调谐至接近输入频率时，$\omega \approx \omega'$，此时虚拟矢量信号和 $dq0$ 参考坐标系有着相同的角速度。

当锁相环实现很好的相角跟踪时, $dq0$ 参考坐标系的某一轴将与虚拟矢量重合。如图 B.2 所示, PD 环节输出的 u_q 连接到 LF 环节的 PI 调节器上, PI 调节器会使得系统达到稳态时 $u_q = 0$, 此时虚拟向量与 d 轴重合, 正交于 q 轴旋转, u_d 信号的幅值即为输入电压矢量的幅值, 锁相环检测到的相角将滞后于输入电压的相角, 即 $\theta' = \theta - \pi/2$。同理, 若选择 PI 调节器和 PD 环节输出的 u_d 相连, 则达到稳态时 $u_d = 0$, 虚拟向量最终与 q 轴重合, 正交于 d 轴旋转, u_q 信号提供输入电压矢量的幅值, 锁相环检测到的相角与输入电压相角一致, 即 $\theta' = \theta$。

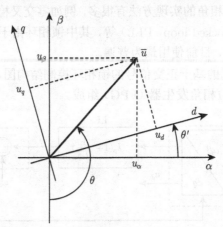

图 B.2   基于正交信号的锁相环对应坐标图

在实际应用中, 可以根据需要选择不同的锁相环实现方式。在微电网控制过程中, 经常采用虚拟向量与 d 轴重合的方式, 在这种情况下, 与电网同步的 $dq0$ 旋转坐标系上 d 轴上的电流分量负责向电网输入有功功率, q 轴上的电流分量负责向电网输入无功功率。

在锁相环设计过程中, PI 控制器对控制系统的性能具有重要影响, 以下基于闭环小信号模型介绍一种 PI 控制器参数调试方法。以虚拟向量与 q 轴重合为例, 当锁相环的输出相角与正弦输入信号非常接近时, 可得 $\theta' \approx \theta$, $\sin(\theta' - \theta) \approx \theta' - \theta$, 图 B.1 中三个环节的传递函数分别为

$$u_{\mathrm{d}}(s) = \frac{U}{2}[\Theta(s) - \Theta'(s)] \tag{B.3}$$

$$u_{\mathrm{f}}(s) = k_{\mathrm{p}}\left(1 + \frac{1}{T_{\mathrm{i}}s}\right)u_{\mathrm{d}}(s) \tag{B.4}$$

$$\Theta'(s) = \frac{1}{s}u_{\mathrm{f}}(s) \tag{B.5}$$

由此，系统闭环传递函数为

$$H(s) = \frac{\Theta'(s)}{\Theta(s)} = \frac{k_\mathrm{p}s + \dfrac{k_\mathrm{p}}{T_\mathrm{i}}}{s^2 + k_\mathrm{p}s + \dfrac{k_\mathrm{p}}{T_\mathrm{i}}} \tag{B.6}$$

上式是一个二阶传递函数，说明锁相环在工作的过程中表现出低通滤波器的特性，根据典型二阶传递函数的归一化形式得到阻尼系数 ξ 和无阻尼自然频率 ω_n 分别如下：

$$\xi = \frac{\sqrt{k_\mathrm{p}T_\mathrm{i}}}{2}, \quad \omega_\mathrm{n} = \sqrt{\frac{k_\mathrm{p}}{T_\mathrm{i}}} \tag{B.7}$$

整定时间 t_s 是控制系统的一个重要性能指标，整定时间表示从开始时刻到相应处于系统阶跃输入的稳态响应 1% 误差以内所需的时间，一般取为 $t_\mathrm{s} = 4.6\tau, \tau = 1/\xi\omega_\mathrm{n}$。

综合上述内容，锁相环的 PI 调节器参数取为如下：

$$k_\mathrm{p} = 2\xi\omega_\mathrm{n} = \frac{9.2}{t_\mathrm{s}}, \quad T_\mathrm{i} = \frac{2\xi}{\omega_\mathrm{n}} = \frac{t_\mathrm{s}\xi^2}{2.3} \tag{B.8}$$

附录 C 典型微电网算例系统

C.1 CIGRE 微电网算例系统

国际大电网会议 (Conference International des Grands Reseaux Electriques, CIGRE) 组织于 2005 年提出了该 0.4kV 微电网算例系统，其系统架构如图 C.1 所示[1]。

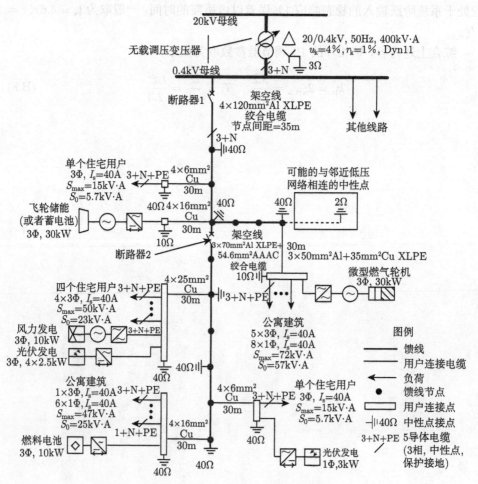

图 C.1 CIGRE 低压微电网算例系统

该微电网系统包含了目前几种重要的微电源,包括光伏电池、风机、微型燃气轮机、燃料电池以及飞轮储能(或者蓄电池储能),各微电源的安装位置及容量配置信息如图 C.1 所示,微电源总装机容量设置为馈线中最大负荷需求的 2/3(约为 100kW)。微电源及负荷通过连接线接至馈线各个节点,该馈线通过一个断路器与低压母线隔离,可通过控制该断路器的开断实现微电网的并离网运行。低压母线通过 20/0.4kV 无载调压变压器接至 20kV 高压母线,该变压器采用常见的 Dyn11 连接方式,其高压绕组上安装了调压分接头,提供了 ±5% 五个挡位的电压调节范围,其具体参数如图 C.1 所示。根据研究需要,可在微电网馈线中间插入第二个分段断路器,或者对接于低压母线的其他线路进行适当的扩展。

关于该微电网系统中负荷的配置,图中"四个住宅用户 $4 \times 3\Phi$,$I_s = 40A$,$S_{max} = 50kVA$,$S_0 = 23kVA$"表示该线路为 4 个三相对称负载供电,线路的电流上限 I_s 为 40A,线路的最大负荷需求 S_{max} 为 50kVA,当前负荷需求 S_0 为 23kVA,其他负荷含义可类比得出,算例系统当前总的最大负荷需求为 116.4kVA,所有负荷的功率因数均为 0.85(滞后)。

图中线路具体参数如表 C.1 所示,表中 R_{ph}、X_{ph} 分别为各线型的每相电阻与电抗,当线型的中性线与三相线规格不同时,给出对应线型的中性线电阻 $R_{neutral}$,否则 $R_{neutral}$ 与 R_{ph} 取值相等,此外给出了各线型的零序电阻与电抗 R_0、X_0。

表 C.1   系统网络参数表   (单位:Ω/km)

线型	R_{ph}	X_{ph}	$R_{neutral}$	R_0	X_0
$4 \times 120mm^2 Al$	0.284	0.083		1.136	0.417
$3 \times 70mm^2 Al + 54.6mm^2 AAAC$	0.497	0.086	0.630	2.387	0.447
$4 \times 6mm^2 Cu$	3.690	0.094		13.64	0.472
$4 \times 16mm^2 Cu$	1.380	0.082		5.52	0.418
$4 \times 25mm^2 Cu$	0.871	0.081		3.48	0.409
$3 \times 50mm^2 Al + 35mm^2 Cu$	0.822	0.077	0.524	2.04	0.421

C.2   CERTS 微电网算例系统

美国电气可靠性技术解决方案联盟 CERTS 于 2008 年提出了该 0.48kV 微电网算例系统,用于验证将小型分布式电源集成到微电网中的可行性,其系统架构如图 C.2 所示[2,3]。

该微电网系统中有 A、B、C 三条馈线,馈线 A 为一条有公共接地中性点的四线电缆,馈线 B 为由单个微源和单个负载组成的三相三线制系统,通过一个隔离变压器与外部相连接,馈线 A 及馈线 B 组成的微电网可通过如图所示静态开关与配电网隔离。具体线型可根据实际情况选用。微电网系统中配置 3 个微电源和 4

个负荷组，微电源均采用装机容量为 100kW 的微型燃气轮机，4 个负荷组均包括
可通过远程控制在 0~90kW 与 0~45kvar 范围内变化的负载，以及从低阻抗故障
到高阻抗故障在 60~83kW 范围内变化的故障负载。其他负载包括负荷组 1 中的
一个可在 0~20 马力 (1 马力 =735W) 范围内变化的感应电动机。系统中其他相关
的保护设备以及数字采集设备此处不再赘述。该微网系统被用于验证对等控制模
式下微电网的相关保护和控制方法，研究者同样可根据研究需要依据该算例系统
搭建仿真或者实验平台进行仿真或实验验证。

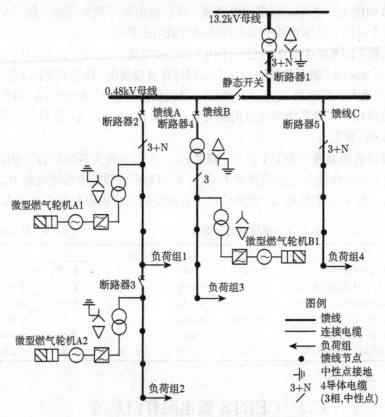

图 C.2　CERTS 低压微电网算例系统

C.3　鹿西岛微电网示范工程

鹿西岛并网型微网示范工程是国家 863 计划"含分布式电源的微电网关键技
术研发"课题的两个示范工程之一，为海岛、偏远地区的绿色能源接入提供了可靠
的解决方案 [4]，其系统结构图如图 C.3 所示。

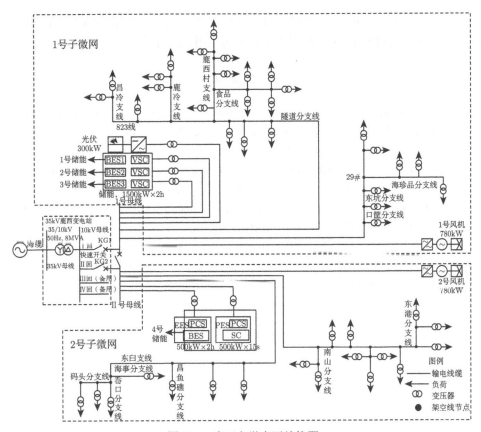

图 C.3　鹿西岛微电网结构图

　　该微电网母线电压等级为 10kV，通过 35/10kV 变压器接至 35kV 母线，并通过海缆连接至大电网。微网内的分布式电源通过变压器连接到 I 号和 II 号母线上，四条馈线分别给岛上的各个区域负荷供电，用户通过变压器连接至馈线上的各个节点。

　　鹿西岛工程建设规模为：风力发电系统 1560kW、光伏发电系统 300kW、储能系统铅酸电池 2000kW×2h、超级电容 500kW×15s。该微电网由 2 个并网型子微网构成，两个子微网的电源和负荷构成情况如表 C.2 所示。

表 C.2　鹿西岛微电网子微网构成

电源负荷构成	1 号子微网	2 号子微网
风机	一组 780kW 异步风力发电机组	一组 780kW 异步风力发电机组
储能	500kW×2h×3 铅酸电池储能	500kW×2h 铅酸电池储能 500kW×15s 超级电容储能
光伏	300kW	无
负荷	口筐、鹿港区域	东白、昌鱼礁区域

　　鹿西岛微电网有并网和孤岛两种运行模式，能够实现运行模式的无缝切换，通过风、光、储协调控制，保证电网稳定性和岛上用电可靠性。

参 考 文 献

[1] Papathanassiou S, Hatziargyriou N D, Strunz K. A Benchmark low voltage microgrid network[EB/OL]. https://www.researchgate.net/publication/237305036_A_Benchmark_Low_Voltage_Microgrid_Network.pdf[2005-01-01].

[2] Lasseter R H, Eto J H, Schenkman B, et al. CERTS microgrid laboratory test bed[J]. IEEE Transactions on Power Delivery, 2011, 26(1): 325-332.

[3] Eto J H, Lasseter R, Schenkman B, et al. CERTS Microgrid Laboratory Test bed: PIER final project report[EB/OL]. http://eta-publications.lbl.gov/sites/default/files/certs-microgrid-laboratory-test-bed-2008.pdf[2009-02-01].

[4] 中国储能网. 国家 863 课题项目鹿西岛微电网项目通过验收 [EB/OL]. http://www.china-smartgrid.com.cn/news/20140627/522576.shtml[2014-06-27].